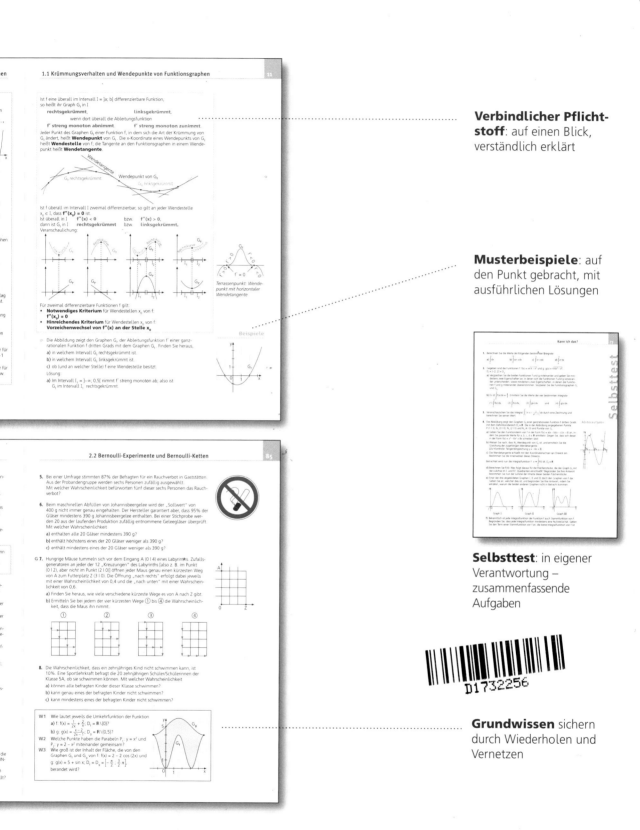

Verbindlicher Pflicht-stoff: auf einen Blick, verständlich erklärt

Musterbeispiele: auf den Punkt gebracht, mit ausführlichen Lösungen

Selbsttest: in eigener Verantwortung – zusammenfassende Aufgaben

Grundwissen sichern durch Wiederholen und Vernetzen

Mathematik für Gymnasien

Schätz
Eisentraut

C.C.BUCHNER
DUDEN PAETEC
Schulbuchverlag

delta

Mathematik für Gymnasien
Herausgegeben von Ulrike Schätz und Franz Eisentraut

delta 12 wurde verfasst von
Birgit Brandl, Dr. Matthias Brandl, Thomas Carl, Franz Eisentraut, Stefan Ernst, Stephan Kessler, Helmut Perzl, Dr. Karl-Heinz Sänger, Ulrike Schätz, Prof. Dr. Volker Ulm und Rosemarie Wagner unter besonderer Mitwirkung von Dr. Rudolf Schätz.

Bildnachweis:

Alimdi.net / Martin Moxter, Deisenhofen – S. 49; allOver Gallerie-Photo / B. Kirchhoff, Plourivo – S. 128; AllPosters, Oostrum – S. 158; Andreas Buck, Dortmund – S. 113; Deutsches Museum, München – S. 77, 86, 117; dpa Picture-Alliance / akg-images, Frankfurt – S. 25; dpa Picture-Alliance / All Canada Photos, Frankfurt – S. 128; dpa Picture-Alliance / ASA, Frankfurt – S. 63; dpa Picture-Alliance / Augenklick Foto Rauchensteiner, Frankfurt – S. 76; dpa Picture-Alliance / Richard Bryant Arcaid, Frankfurt – S. 128; dpa Picture-Alliance / Klett GmbH, Frankfurt – S. 58; dpa Picture-Alliance / newscom Picture History, Frankfurt – S. 75; dpa Picture-Alliance, Frankfurt – S. 9 (2), 102, 104, 149; Fotoagentur Westend61 / Achim Sass, Fürstenfeldbruck – S. 94; http://www.galton.de – S. 96; http://www.mathe-kaenguru.de – S. 92; http://www.prada-transformer.com – S. 149 (4); http://www.wikipedia.com – S. 81; Dr. Heinrich Oidtmann, Linnich – S. 46; Dr. Rudolf Schätz, München – S. 46; Sólarfilma s.f., Reykjavik, Island – S. 46; Tcherevkoff, The Image Maker, Columbus Books Limited, London 1988, S. 95 – S. 158; Technische Universität München – S. 117 (2); Ullstein-Bild, Berlin – S. 95; Verlagsarchiv – S. 86; Wildner + Designer, Fürth – S. 105, 106.

Bitte beachten: An keiner Stelle im Schülerbuch dürfen Eintragungen vorgenommen werden! Das gilt besonders für Lösungswörter und für die Leerstellen in Aufgaben und Tabellen.

Gestaltung und Herstellung:
Wildner+Designer GmbH, Fürth · www.wildner-designer.de

Dieses Werk folgt der reformierten Rechtschreibung und Zeichensetzung. Ausnahmen bilden Texte, bei denen künstlerische, philologische oder lizenzrechtliche Gründe einer Änderung entgegenstehen.

1. Auflage   4 3 2 1   2014 2012 2010

Die letzte Zahl bedeutet das Jahr dieses Druckes.
Alle Drucke dieser Auflage sind, weil untereinander unverändert, nebeneinander benutzbar.

www.ccbuchner.de
www.duden-paetec.de

ISBN 978-3-7661-**8262**-3 (C. C. BUCHNERS VERLAG)
ISBN 978-3-8355-**1090**-6 (DUDEN PAETEC Schulbuchverlag)

Jedes Kapitel beginnt mit einer **Auftaktseite**, die historische Informationen zu Mathematikerinnen oder Mathematikern und ihren Arbeiten mit Bezug zum Kapitel bietet.

Jedes Unterkapitel beginnt mit Arbeitsaufträgen, die zur Beschäftigung mit den relevanten Fragestellungen hinführen.

Der Informationsteil jedes Unterkapitels enthält den Pflichtstoff; er ist textlich prägnant gehalten und in einem gelb unterlegten Kasten übersichtlich dargestellt.

Die Beispiele werden ausführlich behandelt und vermitteln zusammen mit dem Informationsteil ein gründliches Verständnis des Lehrstoffs. Da erfahrungsgemäß bei Schülerinnen und Schülern gelegentlich dennoch Verständnislücken auftreten, schließen sich an die Beispiele einige kurze Verständnisfragen an, die solche Lücken gezielt aufspüren sollen. Damit können die Schülerinnen und Schüler ihr Verständnis auch selbst testen und vor der Bearbeitung der Aufgaben die Inhalte noch einmal genauer durchgehen.

Das Aufgabenangebot ist besonders reichhaltig bemessen, um der Lehrkraft eine gezielte Auswahl zu ermöglichen. Die Aufgaben sind sowohl inhaltlich als auch methodisch vielfältig gestaltet. Am Anfang stehen die unerlässlichen „Fingerübungen". Bei einigen dieser Übungen sind zur Selbstkontrolle auch Lösungshinweise angegeben. Daran schließen sich Aufgaben mit steigendem Schwierigkeitsgrad an, die sowohl innermathematische wie auch anwendungsbezogene Fragestellungen enthalten. Bei der Zusammenstellung der Aufgaben wurde auf die permanente (implizite) Vernetzung mit bereits erarbeiteten Inhalten geachtet, um das mathematische Grundwissen zu sichern und es in wechselnden Zusammenhängen immer wieder zum Einsatz zu bringen. So wird die Effizienz der Übungsphasen gesteigert und die Erfahrung eines kumulativen Lernens bei den Schülerinnen und Schülern motivierend unterstützt. Offene Aufgabenstellungen regen die Jugendlichen zum Nachdenken und Ausprobieren an. Die Einforderung verbalisierter Lösungen fördert die mathematisch-sachlogische Ausdrucksweise und das vertiefte Verständnis der gelernten Zusammenhänge. Aufgaben, die sich besonders gut für eine Partner- oder Gruppenarbeit eignen, sind durch das Symbol **G** gekennzeichnet. Aufgaben, die in Abiturprüfungen gestellt wurden, sind als Abituraufgabe gekennzeichnet.

Das Symbol 🖥 kennzeichnet Aufgaben, die für die Bearbeitung mit **D**ynamischer **G**eometrie-**S**oftware **(DGS)** bzw. mit einem Funktionsplotter oder mit einem Tabellenkalkulationsprogramm vorgesehen sind.

Der Aufgabenteil jedes Unterkapitels wird durch drei **Wiederholungsfragen** abgeschlossen. Diese sind unabhängig vom Inhalt des jeweiligen Unterkapitels.

Jedes Kapitel enthält als Zusatzangebot **Themenseiten**, die zur Beschäftigung mit interessanten und anwendungsbezogenen Fragestellungen anregen und die Inhalte des Kapitels ergänzen bzw. vertiefen. Ihre Bearbeitung ist fakultativ. Die Inhalte dieser Seiten können bei der Wahl von Themen für **Seminare** wertvolle Hilfestellung leisten.

Am Ende jedes Kapitels werden in dem Unterkapitel **Üben – Festigen – Vertiefen** noch einmal zahlreiche und vielfältige Aufgaben – unter besonderer Berücksichtigung der Inhalte des entsprechenden Kapitels – angeboten. Danach kann jede Schülerin und jeder Schüler anhand eines Selbsttests (**Kann ich das?**) den eigenen Kenntnisstand überprüfen. Diese Tests streben nicht das Niveau von Schulaufgaben an.

1. Bilden Sie jeweils f'(x) und berechnen Sie dann $f(x_0)$ und $f'(x_0)$.

    a) $f(x) = 3x^2 - 7x$; $x_0 = 4$ **b)** $f(x) = 0{,}5x^4 + 2x^3 - 4x^2 + 1$; $x_0 = -1$

    c) $f(x) = (2 - x)^3$; $x_0 = 2$ **d)** $f(x) = \sqrt{4x}$; $x_0 = 9$

    e) $f(x) = \sqrt{(2x + 1)^3}$; $x_0 = 1{,}5$ **f)** $f(x) = e^{3x}$; $x_0 = \ln 2$

    g) $f(x) = \dfrac{2}{x^2 + 1}$; $x_0 = 0$ **h)** $f(x) = \dfrac{e^x}{e^x + e^{-x}}$; $x_0 = \ln 3$

    i) $f(x) = \ln \dfrac{2 + x}{2 - x}$; $x_0 = 0$ **j)** $f(x) = \dfrac{2x^2 + 2}{x^2}$; $x_0 = 0{,}5$

    k) $f(x) = \dfrac{e^x - 2}{e^x + 1}$; $x_0 = \ln 4$ **l)** $f(x) = [\ln (4x)]^2$; $x_0 = e^2$

    m) $f(x) = 2 \sin (4x)$; $x_0 = \dfrac{\pi}{6}$ **n)** $f(x) = \dfrac{\cos x}{\sin x}$; $x_0 = \dfrac{\pi}{2}$

    o) $f(x) = e^{\cos x}$; $x_0 = \dfrac{3}{2}\pi$ **p)** $f(x) = \dfrac{1}{x} \ln x$; $x_0 = e$

2. Zeigen Sie jeweils, dass die Funktion F eine Stammfunktion der Funktion f ist.

    a) $F: F(x) = (1 - x)^2$; $D_F = \mathbb{R}$ $f: f(x) = 2x - 2$; $D_f = \mathbb{R}$

    b) $F: F(x) = \ln (e^2 x)$; $D_F = \mathbb{R}^+$ $f: f(x) = \dfrac{1}{x}$; $D_f = \mathbb{R}^+$

    c) $F: F(x) = (x - 1)e^x$; $D_F = \mathbb{R}$ $f: f(x) = xe^x$; $D_f = \mathbb{R}$

    d) $F: F(x) = \dfrac{4(1 + \ln x)}{x}$; $D_F = \mathbb{R}^+$ $f: f(x) = \dfrac{4}{x^2} \ln \dfrac{1}{x}$; $D_f = \mathbb{R}^+$

Hinweis:

- *Ist x_0 eine Nullstelle des Zählers **und** eine Nullstelle des Nenners des Terms f(x) einer gebrochenrationalen Funktion f **und***

- *existiert der Grenzwert $\lim\limits_{x \to x_0} f(x)$,*

*so nennt man x_0 eine **stetig hebbare Definitionslücke** der Funktion f.*

3. a) Zeigen Sie, dass die Funktion f: $f(x) = \dfrac{x(x^2 - 4)}{x - 2}$; $D_f = D_{f\,max}$, eine stetig hebbare Definitionslücke besitzt, und skizzieren Sie den Graphen G_f.

    b) Zeigen Sie, dass der Graph G_f der Funktion f: $f(x) = \dfrac{x^2 - 4}{x^2}$; $D_f = \mathbb{R}\backslash\{0\}$, symmetrisch zur y-Achse ist. Ermitteln Sie die Nullstellen und den Pol (jeweils mit Vielfachheit) von f sowie das Verhalten von f für $x \to \pm\infty$ und skizzieren Sie G_f.

    c) Zeigen Sie, dass die Funktion f: $f(x) = \dfrac{e^x}{1 + e^x}$; $D_f = \mathbb{R}$, umkehrbar ist, und ermitteln Sie ihre Umkehrfunktion f^{-1}.

    d) Der Graph G_f einer gebrochenrationalen Funktion f mit $D_f = \mathbb{R}\backslash\{1\}$ besitzt die Geraden g und h mit den Gleichungen x = 1 bzw. y = x − 2 als Asymptoten sowie den Hochpunkt H (−1 | −5) und den Tiefpunkt T (3 | 3). Skizzieren Sie einen möglichen Funktionsgraphen G_f.

    e) Gegeben sind die Funktionen f: $f(x) = \dfrac{1}{1 - 2x}$; $D_f = \mathbb{R}\backslash\{0{,}5\}$, und g: $g(x) = x^2 - 2$; $D_g = \mathbb{R}$. Zeigen Sie mit und ohne Verwendung ihrer Ableitungsfunktionen f' und g', dass die Graphen G_f und G_g einander im Punkt B (1 | −1) berühren.

    f) Der Graph G_f einer ganzrationalen Funktion dritten Grads mit $D_f = \mathbb{R}$ schneidet die x-Achse im Punkt S (−4 | 0), berührt die x-Achse im Punkt N (2 | 0) und schneidet die y-Achse im Punkt T (0 | 2). Die Gerade g: y = 2 hat mit G_f drei Punkte gemeinsam; ermitteln Sie deren Koordinaten.

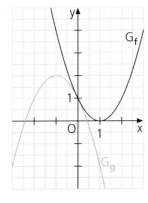

4. Die Abbildung zeigt die zueinander kongruenten Graphen zweier quadratischer Funktionen f und g mit $D_f = \mathbb{R} = D_g$. Welcher Zusammenhang besteht zwischen deren Funktionstermen f(x) und g(x)?

    (1) $g(x) = f(x) + 2$ (2) $g(x) = -f(x + 2) + 2$

    (3) $g(x - 2) - 2 = -f(x)$ (4) $g(x + 2) = 2 - f(x)$

5. Ermitteln Sie jeweils die Koordinaten der Extrempunkte des Graphen G_f der Funktion f.

    a) f: $f(x) = x^4 - 0{,}5x^2$; $D_f = \mathbb{R}$ **b)** f: $f(x) = x + \dfrac{x + 1}{x}$; $D_f = \mathbb{R}\backslash\{0\}$

    c) f: $f(x) = x \cdot e^{1 - x}$; $D_f = \mathbb{R}$ **d)** f: $f(x) = (4x - 2) \cdot e^{2x}$; $D_f = \mathbb{R}$

    e) f: $f(x) = \dfrac{8x}{x^2 + 4}$; $D_f = \mathbb{R}$ **f)** f: $f(x) = 0{,}5 \cdot (\ln x)^2$; $D_f = \mathbb{R}^+$

    g) f: $f(x) = 2 - 2 \cos (2x)$; $D_f =]-1; 4[$ **h)** f: $f(x) = e^{x^2}$; $D_f = \mathbb{R}$

6. Gegeben sind die Graphen G_{f_1}, G_{f_2} und G_{f_3} der drei ganzrationalen Funktionen f_1, f_2 und f_3. Ordnen Sie jedem dieser Graphen den Graphen der zugehörigen Ableitungsfunktion zu.

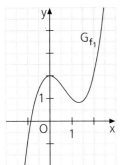
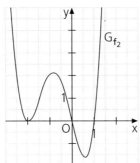
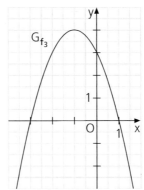

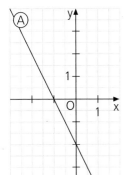
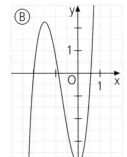
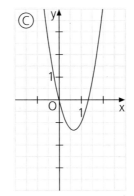

7. Gegeben sind die Punkte A $(3 \mid -2 \mid 3)$, B $(3 \mid 2 \mid 3)$, C $(6 \mid 2 \mid 7)$ und D $(6 \mid -2 \mid 7)$ sowie E $(3 \mid 6 \mid 3)$ und F $(3 \mid -6 \mid 3)$.

Abituraufgabe

    a) Zeigen Sie, dass das Viereck ABCD ein Rechteck und das Viereck ECDF ein gleichschenkliges Trapez ist. Berechnen Sie den Flächeninhalt dieses Rechtecks und die Größen der vier Innenwinkel dieses Trapezes.

    b) Bei der Rotation des Rechtecks ABCD um die Achse AB entsteht ein gerader Kreiszylinder; ermitteln Sie dessen Volumen und dessen Oberflächeninhalt.

8. Durch die beiden Gleichungen $K_1: x_1^2 + x_2^2 + x_3^2 - 16x_3 = -15$ und $K_2: x_1^2 + x_2^2 + x_3^2 - 24x_2 - 16x_3 = -159$ werden die Kugeln K_1 und K_2 beschrieben.

    a) Ermitteln Sie jeweils die Koordinaten des Kugelmittelpunkts M_1 bzw. M_2 und die Radiuslänge r_1 bzw. r_2.

    b) Zeigen Sie, dass diese beiden Kugeln einander schneiden und dass der Punkt Q $(2 \mid 6 \mid 5)$ sowohl auf K_1 als auch auf K_2 liegt. Berechnen Sie die Größe φ des Winkels, den die Radien $[M_1Q]$ und $[M_2Q]$ miteinander einschließen.

9. **a)** Ermitteln Sie die beiden Einheitsvektoren $\overrightarrow{w_1}$ und $\overrightarrow{w_2}$, die sowohl auf dem Vektor $\vec{u} = \begin{pmatrix} 2 \\ -3 \\ -2 \end{pmatrix}$ als auch auf dem Vektor $\vec{v} = \begin{pmatrix} -1 \\ 4 \\ 1 \end{pmatrix}$ senkrecht stehen.

    b) Die Punkte A $(10 \mid 0 \mid 0)$, B $(0 \mid 4 \mid 0)$, O $(0 \mid 0 \mid 0)$ und S $(0 \mid 0 \mid 6)$ sind die Eckpunkte einer dreiseitigen Pyramide. Berechnen Sie das Pyramidenvolumen auf zwei verschiedene Arten.

10. Zeigen Sie, dass alle Punkte, die vom Ursprung O (0 | 0 | 0) doppelt so weit entfernt sind wie vom Punkt A (6 | 3 | 0), auf einer Kugel liegen. Ermitteln Sie die Koordinaten des Kugelmittelpunkts M und die Radiuslänge der Kugel.

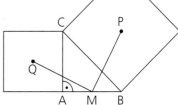

11. Das Dreieck ABC ist gleichschenklig und rechtwinklig. Die Punkte P und Q sind Mittelpunkte von Quadratdiagonalen; M ist der Mittelpunkt der Strecke [AB]. Zeigen Sie, dass die Strecken [MP] und [MQ] gleich lang sind.

12. Ein Laplace-Tetraeder trägt auf seinen vier Flächen die Zahlen 1; 2; 2 bzw. 3; es wird zweimal geworfen. Aus den beiden geworfenen Zahlen (als geworfen gilt die auf der unten liegenden Fläche des Tetraeders stehende Zahl) wird der Summenwert berechnet.

a) Geben Sie mithilfe eines Baumdiagramms alle möglichen Ergebnisse und ihre Wahrscheinlichkeiten an.

b) Ermitteln Sie die Wahrscheinlichkeiten der drei Ereignisse
E_1: „Der Summenwert der beiden geworfenen Zahlen ist eine ungerade Zahl",
E_2: „Die beim ersten Wurf geworfene Zahl ist eine 1" und
$E_3 = E_1 \cup E_2$.

c) Untersuchen Sie, ob die Ereignisse E_1 und E_2 aus Teilaufgabe b) voneinander stochastisch unabhängig sind.

13. Beim Drehen eines Glücksrads treten die Ziffern 0 und 1 mit den Wahrscheinlichkeiten P(0) = 75% und P(1) = 25% auf.

a) Zeichnen Sie ein passendes Glücksrad.

b) Finden Sie heraus, wie oft dieses Glücksrad mindestens gedreht werden muss, damit mit einer Wahrscheinlichkeit von mehr als 95% mindestens einmal die Ziffer 1 erscheint.

14. Der Vorstand eines Vereins besteht aus sechs Frauen und drei Männern. Auf wie viele verschiedene Arten können sich die Vorstandsmitglieder in einer Reihe nebeneinander aufstellen, wenn die drei Männer in der Mitte stehen sollen?

15. 40% der Gäste eines Sommerfests sind **m**ännlich; 30% der Gäste trinken nur Fruchtsaft; 42% der Gäste sind **w**eiblich und trinken nicht nur Fruchtsaft.

	F	F̄	
m			
w			
			1,00

a) Übertragen Sie die Vierfeldertafel in Ihr Heft und ergänzen Sie sie dann dort.

b) Untersuchen Sie die Ereignisse
E_1: „Ein zufällig ausgewählter Gast trinkt nur Fruchtsaft" und
E_2: „Ein zufällig ausgewählter Gast ist weiblich"
auf stochastische Unabhängigkeit.

c) Ermitteln Sie die Wahrscheinlichkeit des Ereignisses
E_3: „Ein zufällig ausgewählter Gast ist männlich und trinkt nicht nur Fruchtsaft".
Beschreiben Sie das Gegenereignis des Ereignisses E_3 in Worten.

KAPITEL 1
Fortführung der Infinitesimalrechnung

Bernhard Riemann
geb. 17. 9. 1826 in Breselenz bei Dannenberg/Elbe
gest. 20. 7. 1866 in Selasca am Lago Maggiore (Italien)
Mathematiker

Georg Friedrich Bernhard Riemann war das zweite Kind des Pastors Friedrich Riemann und seiner Ehefrau Charlotte, geb. Ebell. Er wurde zunächst von seinem Vater und dem Dorfschullehrer in Breselenz unterrichtet. Mit vierzehn Jahren wechselte er auf das Gymnasium in Hannover und besuchte dann von 1842 bis 1846 das Gymnasium in Lüneburg. Mit zwanzig Jahren begann Riemann ein Studium der Theologie und Philosophie an der Universität Göttingen, wechselte aber bald zu einem Mathematikstudium über, das er nach einem Jahr in Berlin fortsetzte. Im Jahr 1849 kehrte er an die Universität Göttingen zurück, wurde dort Assistent von Wilhelm Eduard Weber und promovierte zwei Jahre später. Er wurde zunächst Privatdozent und konnte dann im Jahr 1859 den Lehrstuhl für Mathematik übernehmen, den vor ihm Carl Friedrich Gauß innegehabt hatte. Aus gesundheitlichen Gründen unternahm Riemann zusammen mit seiner Frau und seiner Tochter mehrere Reisen nach Italien, konnte sich aber nicht wirklich erholen und starb im Jahr 1866 mit knapp 40 Jahren.

Auf Riemann geht eine Reihe von Begriffen der Analysis, der Zahlentheorie und der Geometrie zurück. Die sogenannte **Riemann'sche Vermutung** (aus der sich Aussagen über die Anzahl der Primzahlen unter einer gegebenen Größe folgern lassen) ist eines der ungelösten Probleme der Mathematik, für dessen Lösung die Clay Foundation ein Preisgeld von 1 Million Dollar ausgesetzt hat. Durch Albert Einstein gewann die **Riemann'sche Geometrie** eine wichtige Rolle in der Physik; er wies auf deren besondere Bedeutung für die Allgemeine Relativitätstheorie hin.

Die mathematischen Erkenntnisse, welche die Aufstellung der Allgemeinen Relativitätstheorie ermöglicht haben, verdanken wir den geometrischen Untersuchungen von Gauß und Riemann. Riemann hat die zweidimensionale Flächentheorie von Gauß auf gekrümmte Räume mit beliebig vielen Dimensionen übertragen.
Die Naturgesetze nehmen erst dann ihre logisch befriedigende Form an, wenn man sie als Gesetze im vierdimensionalen Raum-Zeit-Kontinuum ausdrückt.

Albert Einstein

Arbeitsaufträge

1. Ermitteln Sie jeweils die Koordinaten der Achsen- und der Extrempunkte des Graphen G_f der Funktion f: $x \mapsto f(x)$; $D_f = D_{f\,max}$. Finden Sie heraus, in welchem Punkt von G_f der Wert der Steigung des Funktionsgraphen ein lokales Extremum besitzt. Ordnen Sie Funktionen und Funktionsgraphen einander zu.

(A) $f(x) = x^2(2x - 3)$

(B) $f(x) = \dfrac{x - 1}{x^2}$

(C) $f(x) = x \cdot e^{2-x}$

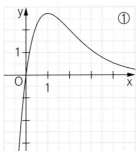
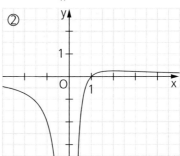
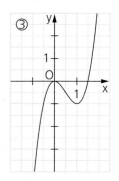

2.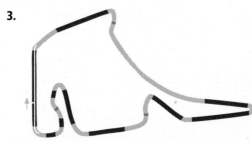
Die nebenstehende Abbildung zeigt den Graphen einer in ganz $\mathbb{R}$ differenzierbaren Funktion f sowie den Graphen ihrer Ableitungsfunktion.

a) Ordnen Sie G_f und $G_{f'}$ passend zu und begründen Sie Ihre Entscheidung.

b) Im Intervall $]-1{,}5;\,-1[$ fällt $G_{f'}$ streng monoton; im Intervall $]-1;\,0[$ steigt $G_{f'}$ streng monoton. Beschreiben Sie jeweils, was dies für den Verlauf des Graphen G_f bedeutet.

3.

Die Abbildung zeigt den Streckenverlauf des Hockenheimrings nach dem Umbau im Jahr 2002. Rot gekennzeichnet sind Streckenabschnitte, auf denen die Fahrzeuge geradeaus fahren und deshalb die Lenkung keinen Einschlag nach rechts oder nach links aufweist.

a) Finden Sie heraus, wie viele Streckenabschnitte mit Rechtseinschlag der Lenkung und wie viele Streckenabschnitte mit Linkseinschlag durchfahren werden.

b) An welchen drei Punkten der Strecke wechselt der Fahrer von Rechts- auf Linkseinschlag oder von Links- auf Rechtseinschlag ohne dazwischen liegenden geraden Streckenabschnitt?

4. a) Skizzieren Sie den Graphen einer im Intervall $]-4;\,4[$ definierten Funktion, der für $x = -3$ die Steigung -3, für $x = -2$ die Steigung -2, für $x = -1$ die Steigung -1 usw. besitzt.

b) Skizzieren Sie den Graphen einer im Intervall $]-4;\,4[$ definierten Funktion, der für $x = -3$ die Steigung 3, für $x = -2$ die Steigung 2, für $x = -1$ die Steigung 1 usw. besitzt.

Ist f eine überall im Intervall I =]a; b[differenzierbare Funktion, so heißt ihr Graph G_f in I

rechtsgekrümmt, **linksgekrümmt**,

wenn dort überall die Ableitungsfunktion

f′ streng monoton abnimmt. **f′ streng monoton zunimmt**.

Jeder Punkt des Graphen G_f einer Funktion f, in dem sich die Art der Krümmung von G_f ändert, heißt **Wendepunkt** von G_f. Die x-Koordinate eines Wendepunkts von G_f heißt **Wendestelle** von f; die Tangente an den Funktionsgraphen in einem Wende- punkt heißt **Wendetangente**.

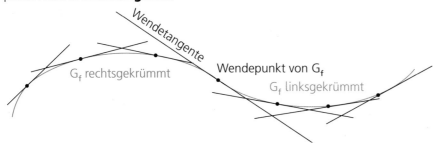

Ist f überall im Intervall I zweimal differenzierbar, so gilt an jeder Wendestelle $x_0 \in I$, dass **f″(x_0) = 0** ist.

Ist überall in I **f″(x) < 0** bzw. **f″(x) > 0**,

dann ist G_f in I **rechtsgekrümmt** bzw. **linksgekrümmt**.

Veranschaulichung:

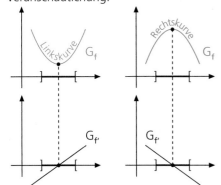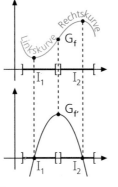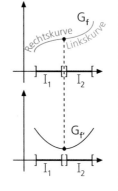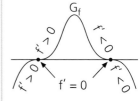

Terrassenpunkt: Wende- punkt mit horizontaler Wendetangente

Für zweimal differenzierbare Funktionen f gilt:
- **Notwendiges Kriterium** für Wendestellen x_0 von f:
  f″(x_0) = 0
- **Hinreichendes Kriterium** für Wendestellen x_0 von f:
  Vorzeichenwechsel von f″(x) an der Stelle x_0

Beispiele

○ Die Abbildung zeigt den Graphen $G_{f′}$ der Ableitungsfunktion f′ einer ganz- rationalen Funktion f dritten Grads mit dem Graphen G_f. Finden Sie heraus,

a) in welchem Intervall G_f rechtsgekrümmt ist.

b) in welchem Intervall G_f linksgekrümmt ist.

c) ob (und an welcher Stelle) f eine Wendestelle besitzt.

Lösung:

a) Im Intervall I_1 =]−∞; 0,5[nimmt f′ streng monoton ab; also ist G_f im Intervall I_1 rechtsgekrümmt.

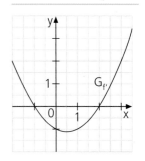

b) Im Intervall $I_2 = {]}0,5; \infty{[}$ nimmt f' streng monoton zu; also ist G_f im Intervall I_2 linksgekrümmt.

c) An der Stelle $x_0 = 0,5$ ändert G_f die Art seiner Krümmung; $x_0 = 0,5$ ist also eine Wendestelle von f.

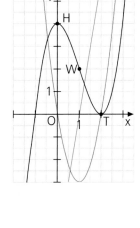

○ Untersuchen Sie das Monotonie- und das Krümmungsverhalten des Graphen G_f der Funktion f: $f(x) = x^3 - 3x^2 + 4$; $D_f = \mathbb{R}$, und stellen Sie Ihre Ergebnisse in einer Tabelle dar. Die Abbildung zeigt die Graphen der Funktionen f, f' und f''.

Lösung:

x	$-\infty < x < 0$	x = 0	0 < x < 1	x = 1	1 < x < 2	x = 2	$2 < x < \infty$
f'(x)	f'(x) > 0	f'(x) = 0	f'(x) < 0			f'(x) = 0	f'(x) > 0
Vorzeichenwechsel von f'(x)		von + nach −				von − nach +	
G_f	ist streng monoton steigend	hat den Hochpunkt H (0 | 4)	ist streng monoton fallend			hat den Tiefpunkt T (2 | 0)	ist streng monoton steigend
f''(x)	f''(x) < 0			f''(x) = 0	f''(x) > 0		
Vorzeichenwechsel von f''(x)				von − nach +			
G_f	ist rechtsgekrümmt			hat den Wendepunkt W (1 | 2)	ist linksgekrümmt		

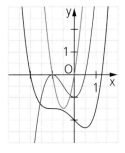

○ Untersuchen Sie das Monotonie- und das Krümmungsverhalten des Graphen G_f der Funktion f: $f(x) = 0,5x^4 + x^3 - x - 2$; $D_f = \mathbb{R}$, und stellen Sie Ihre Ergebnisse in einer Tabelle dar. Die Abbildung zeigt die Graphen der Funktionen f, f' und f''; ordnen Sie richtig zu.

Lösung: f': $f'(x) = 2x^3 + 3x^2 - 1$; $D_{f'} = \mathbb{R}$ f'': $f''(x) = 6x^2 + 6x$; $D_{f''} = \mathbb{R}$

x	$-\infty < x < -1$	x = −1	−1 < x < 0	x = 0	0 < x < 0,5	x = 0,5	$0,5 < x < \infty$
f'(x)	f'(x) < 0	f'(x) = 0	f'(x) < 0			f'(x) = 0	f'(x) > 0
Vorzeichenwechsel von f'(x)		*kein* Vorzeichenwechsel von f'(x)				von − nach +	
G_f	streng monoton fallend	Terrassenpunkt (−1 | −1,5)	streng monoton fallend			Tiefpunkt $(0,5 \| -2\frac{11}{32})$	streng monoton steigend
f''(x)	f''(x) > 0	f''(x) = 0	f''(x) < 0	f''(x) = 0	f''(x) > 0		
Vorzeichenwechsel von f''(x)		von + nach −		von − nach +			
G_f	linksgekrümmt	Wendepunkt (−1 | −1,5)	rechtsgekrümmt	Wendepunkt (0 | −2)	linksgekrümmt		

Der Graph G_f (schwarz) besitzt einen Tiefpunkt $T\,(0,5\,|-2\frac{11}{32})$ und zwei Wende-
punkte $W_1\,(-1\,|-1,5)$ und $W_2\,(0\,|-2)$; W_1 ist ein Wendepunkt mit horizontaler
Wendetangente, also ein Terrassenpunkt von G_f. Der Graph der Funktion f' ist rot,
der Graph von f'' ist grün eingetragen.

○ Untersuchen Sie den Verlauf des Graphen G_f der Funktion f: $f(x) = 0,25x^3$; $D_f = \mathbb{R}$.
Lösung:

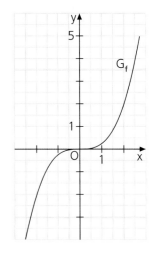

x	$-\infty < x < 0$	$x = 0$	$0 < x < \infty$
$f'(x) = 0,75x^2$	$f'(x) > 0$	$f'(x) = 0$	$f'(x) > 0$
Vorzeichenwechsel von $f'(x)$		*kein* Vorzeichen-wechsel von $f'(x)$	
G_f	ist streng monoton steigend	besitzt eine hori-zontale Tangente	ist streng monoton steigend
$f''(x) = 1,5x$	$f''(x) < 0$	$f''(x) = 0$	$f''(x) > 0$
Vorzeichenwechsel von $f''(x)$		von – nach +	
G_f	ist rechtsgekrümmt	hat den Wende-punkt $W\,(0\,|\,0) = O$	ist linksgekrümmt

Der Punkt W ist ein Wendepunkt von G_f mit (der x-Achse als) horizontaler Wendetangente, also ein Terrassenpunkt von G_f; G_f besitzt keine Extrempunkte.

○ Wie viele Wendepunkte kann der Graph einer ganzrationalen Funktion n-ten Grads
($n \in \mathbb{N}\setminus\{1;\,2\}$) höchstens besitzen?
○ Für welche Werte von $n \in \mathbb{N}\setminus\{1;\,2\}$ ist der Ursprung O Wendepunkt des Graphen
der Funktion f: $f(x) = x^n$; $D_f = \mathbb{R}$?

---

1. Die Abbildungen zeigen die Graphen $G_{f''}$ der zweiten Ableitungsfunktionen f'' von   **Aufgaben**
ganzrationalen Funktionen f; sämtliche Achsenpunkte von $G_{f''}$ sind Gitterpunkte.
Finden Sie jeweils das Intervall / die Intervalle heraus, in dem/denen der Graph G_f
der Funktion f rechtsgekrümmt ist, sowie das Intervall / die Intervalle, in dem/denen
G_f linksgekrümmt ist, und geben Sie die Abszissen der Wendepunkte von G_f an.

a)   b)   c)

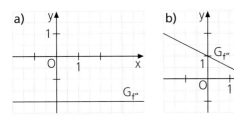 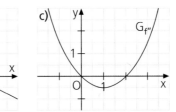

d)   e)   f)

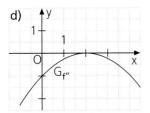 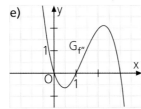 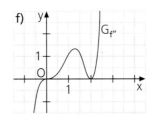

2. Bestimmen Sie jeweils das Intervall/die Intervalle, in dem/denen G_f rechtsgekrümmt ist, und das Intervall/die Intervalle, in dem/denen G_f linksgekrümmt ist; ermitteln Sie dann die Koordinaten aller Wendepunkte des Graphen G_f der Funktion f.
Entscheiden Sie bei jedem Wendepunkt, ob dort die Tangentensteigung von G_f ein lokales Maximum oder ein lokales Minimum besitzt. Kontrollieren Sie Ihre Ergebnisse mithilfe eines Funktionsplotters.

a) f: $f(x) = x^2 - 3x + 1$; $D_f = \mathbb{R}$ **b)** f: $f(x) = x^3 - 3x^2$; $D_f = \mathbb{R}$

c) f: $f(x) = x^4 - x^3 - 3x^2 + 1$; $D_f = \mathbb{R}$ **d)** f: $f(x) = x^6 - 2x^4 - 3x^2$; $D_f = \mathbb{R}$

$(-1 \mid -4)$; $(-\frac{1}{2} \mid \frac{7}{16})$;
$(1 \mid -4)$; $(1 \mid -2)$
Wendepunkte zu 2. **L**

3. Gegeben ist die Funktion f: $f(x) = -x^3 + 3x^2$; $D_f = \mathbb{R}$; ihr Graph ist G_f.
Untersuchen Sie das Monotonie- und das Krümmungsverhalten von G_f und stellen Sie es in einer Tabelle dar. Ermitteln Sie die Koordinaten der Extrempunkte und des Wendepunkts von G_f. Die Wendetangente t berandet zusammen mit den Koordinatenachsen ein rechtwinkliges Dreieck TON. Berechnen Sie den Flächeninhalt A_{TON} sowie die Größen der beiden spitzen Innenwinkel dieses Dreiecks.

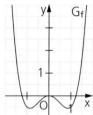

4. Vorgelegt ist die Funktion f: $f(x) = x^4 - 1{,}5x^2$; $D_f = \mathbb{R}$; ihr Graph ist G_f (siehe nebenstehende Abbildung).

a) Zeigen Sie rechnerisch, dass G_f symmetrisch zur y-Achse ist.

b) Ermitteln Sie die Koordinaten der beiden Wendepunkte von G_f. Berechnen Sie die Größen der Winkel, die die Wendetangenten miteinander bilden, ohne die Gleichungen der Wendetangenten aufzustellen.

$(-\frac{1}{2} \mid -\frac{5}{16})$; $(0 \mid 0)$;
$(\frac{1}{2} \mid -\frac{5}{16})$; $(1 \mid -1)$;
$(1 \mid 2)$

Wendepunkte zu 3., 4. und 5. **L**

5. Gegeben ist die Funktion f: $f(x) = x^4 - 2x^3$; $D_f = \mathbb{R}$; ihr Graph ist G_f.
Ermitteln Sie die Koordinaten der Wendepunkte W_1 und W_2 ($x_{W_2} > x_{W_1}$) von G_f und berechnen Sie die Länge der Strecke, die die beiden Koordinatenachsen aus der Wendetangente t_{W_2} herausschneidet.

6. Weisen Sie nach, dass alle drei Wendepunkte des Graphen G_f der Funktion f: $f(x) = -0{,}15x^5 + 2x^3 - 5x - 2$; $D_f = \mathbb{R}$, auf einer Geraden liegen.

7. Die Abbildungen zeigen die Graphen G_f von fünf Funktionen f. Für welche dieser Funktionen gilt sowohl $f'(0) > 0$ als auch $f'(1) < 0$ und außerdem stets $f''(x) < 0$?

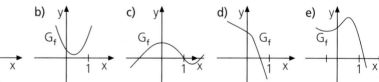

a)   **b)**   **c)**   **d)**   **e)**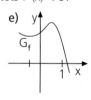

Abituraufgabe

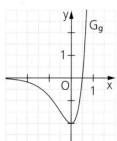

8. Die Abbildung zeigt den Graphen G_g der Funktion g: $x \mapsto (4x - 2) \cdot e^{2x}$; $D_g = \mathbb{R}$.

a) Berechnen Sie die Nullstelle von g.
G_g besitzt einen Tiefpunkt; berechnen Sie dessen Koordinaten.

b) Weisen Sie nach, dass G_g genau einen Wendepunkt W besitzt, und bestimmen Sie eine Gleichung der Wendetangente t_w.

c) Vorgelegt ist die Schar von Funktionen f_a: $f_a(x) = (2ax - 2) \cdot e^{ax}$; $a \in \mathbb{R}\backslash\{0\}$; $D_{f_a} = \mathbb{R}$.
(1) Zeigen Sie, dass g sowie h: $h(x) = (-4x - 2) \cdot e^{-2x}$; $D_h = \mathbb{R}$, Funktionen der Schar sind. Geben Sie die Parameterwerte an.
(2) Der Graph jeder Funktion der Schar besitzt genau einen Wendepunkt $W_a\left(-\frac{1}{a} \mid f_a\left(-\frac{1}{a}\right)\right)$. Zeigen Sie, dass alle Wendepunkte auf einer Parallelen p zur x-Achse liegen, und geben Sie eine Gleichung von p an.

(3) Die Wendetangente jedes Graphen der Schar schließt mit den Koordinatenachsen ein rechtwinkliges Dreieck ein. Für bestimmte Werte von a ist dieses Dreieck gleichschenklig. Beschreiben Sie einen Weg, um diese Werte von a rechnerisch zu ermitteln (Rechnungen sind nicht erforderlich).

9. Gegeben ist die Funktion $f: f(x) = 1 - (\ln x)^2$; $D_f = \mathbb{R}^+$; ihr Graph ist G_f.

a) Bestimmen Sie die Nullstellen von f und ermitteln Sie das Verhalten von f an den Rändern des Definitionsbereichs.

b) Untersuchen Sie das Monotonieverhalten von G_f und bestimmen Sie Lage und Art des Extrempunkts E von G_f. Geben Sie die Wertemenge von f an.

c) Ermitteln Sie die Koordinaten des Wendepunkts W von G_f und beschreiben Sie das Krümmungsverhalten von G_f. Bestimmen Sie eine Gleichung der Wendetangente t_W.

d) Zeichnen Sie G_f und t_w und kontrollieren Sie Ihre Zeichnung mithilfe eines Funktionsplotters.

10. Die nebenstehende Abbildung zeigt den Graphen G_f der Funktion
$f: f(x) = 2 \cdot \dfrac{e^x - 4}{e^x + 4}$; $D_f = \mathbb{R}$.

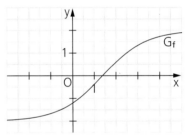

a) Berechnen Sie die Koordinaten des Schnittpunkts S von G_f mit der y-Achse. Bestimmen Sie das Verhalten von f für $x \to -\infty$ und für $x \to +\infty$.
Hinweis: Zur Bestimmung des Grenzwerts für $x \to +\infty$ kann z. B. zunächst im Zähler und im Nenner e^x ausgeklammert werden.

b) Untersuchen Sie das Monotonieverhalten von G_f mithilfe der ersten Ableitung von f. [*Zur Kontrolle*: $f'(x) = 16 \cdot \dfrac{e^x}{(e^x + 4)^2}$]

c) $W (\ln 4 \mid 0)$ ist der einzige Wendepunkt von G_f (Nachweis nicht erforderlich). Zeigen Sie, dass die Gerade n mit der Gleichung $y = -x + \ln 4$ durch W verläuft und auf der Wendetangente senkrecht steht. Berechnen Sie den Abstand d des Ursprungs von der Geraden n.

d) Verschieben Sie G_f um $\ln 4$ nach links (Ergebnis: G_{f*}) und geben Sie f* an. Zeigen Sie, dass G_{f*} punktsymmetrisch zum Ursprung ist. Welche Bedeutung hat somit der Punkt W für G_f?

G 11. a) Begründen Sie, dass der Graph jeder ganzrationalen Funktion dritten Grads genau einen Wendepunkt besitzt.

b) Untersuchen Sie, unter welcher Voraussetzung der Wendepunkt des Graphen der Funktion $f: f(x) = ax^3 + bx^2 + cx + d$; $a \in \mathbb{R}\backslash\{0\}$; $b, c, d \in \mathbb{R}$; $D_f = \mathbb{R}$, auf der y-Achse liegt.

c) Begründen Sie, dass der Graph jeder Funktion $f: x \mapsto x^{2n+1}$; $n \in \mathbb{N}$; $D_f = \mathbb{R}$, den Ursprung als Wendepunkt besitzt.

12. Vorgelegt ist die Funktion $f: f(x) = \dfrac{e^x}{1+x}$; $D_f = \mathbb{R}\backslash\{-1\}$; ihr Graph ist G_f.

a) Geben Sie Lage und Art des Pols von f sowie die Gleichungen der Asymptoten von G_f an.

b) Untersuchen Sie das Monotonie- und das Krümmungsverhalten von G_f und stellen Sie es tabellarisch dar. Skizzieren Sie G_f.

G 13. Legt man die umgangssprachliche Bedeutung des Worts *Krümmung* zugrunde, dann sind gerade Linien, Strahlen, Strecken und Streckenzüge die einzigen ungekrümmten Linien. Übertragen Sie diese Feststellung in eine Aussage der Mathematik und untersuchen Sie, ob diese Aussage auch mit dem Krümmungsbegriff der Analysis aufrechterhalten werden kann.

14. Die Abbildungen zeigen die Graphen von vier ganzrationalen Funktionen.

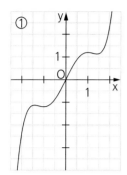 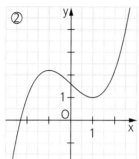 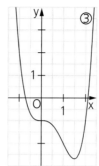 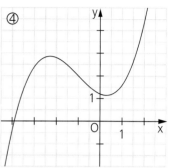

a) Entnehmen Sie den Graphen mit der Genauigkeit, die die Abbildungen erlauben, die Koordinaten der Extrempunkte und der Wendepunkte.

b) Die Graphen gehören zu den Funktionen ($D_{f_1} = D_{f_2} = D_{f_3} = D_{f_4} = \mathbb{R}$)

$$f_1: f_1(x) = 0{,}3(x + 2)(x - 1)^2 + 1, \qquad f_2: f_2(x) = x^4 - 2x^3 - 1,$$

$$f_3: f_3(x) = 0{,}2x^5 - x^3 + 2x, \qquad f_4: f_4(x) = 0{,}2(x^3 + 3x^2 - 2x + 6).$$

Ordnen Sie Funktionen und Funktionsgraphen einander zu und geben Sie mehrere Möglichkeiten an, die Zuordnung zu begründen.
Überprüfen Sie Ihre Zuordnung mithilfe eines Funktionsplotters.

G 15. Skizzieren Sie jeweils den Graphen G_f einer in $D_f = \,]{-3};\,3[$ definierten und zweimal differenzierbaren Funktion f mit den angegebenen Eigenschaften.

a) Für jeden Wert von $x \in D_f$ gilt $f'(x) > 0 \wedge f''(x) > 0$.

b) Für jeden Wert von $x \in D_f$ gilt $f'(x) > 0 \wedge f''(x) < 0$.

c) Für jeden Wert von $x \in D_f\backslash\{1\}$ gilt $f'(x) > 0$, und es ist $f'(1) = 0$.

d) Für jeden Wert von $x \in D_f$ gilt $f''(x) < 0$; für $x = 1$ hat f' eine Nullstelle mit Vorzeichenwechsel.

e) f' und f'' besitzen jeweils genau eine Nullstelle mit Vorzeichenwechsel.

f) G_f besitzt zwei Wendepunkte, aber keinen relativen Extrempunkt.

G 16.

```
Der Abschwung der Industrieproduktion verlangsamte sich
im März erstmals seit fünf Monaten.
```

Skizzieren Sie ein Diagramm mit einem möglichen zeitlichen Verlauf der Industrieproduktion im ersten Quartal, der dieser Meldung entspricht, und verdeutlichen Sie in diesem Kontext die folgende Aussage:
Ein Punkt W (x_0 | $f(x_0)$), in dem ein Funktionsgraph G_f die in der Umgebung von W betragsgrößte Steigung besitzt, ist ein Wendepunkt dieses Funktionsgraphen.

W1 Wie lautet die Lösungsmenge der Gleichung $e^x - 3 - \dfrac{18}{e^x} = 0$ über $G = \mathbb{R}$?

W2 Welche Abmessungen sollten für eine kreiszylindrische Dose ($V = 120$ cm³) gewählt werden, damit ihr Oberflächeninhalt minimal ist?

W3 Welchen Wert hat der Parameter k, wenn ein radioaktives Element mit einer Halbwertszeit von 4 Tagen gemäß der Formel $m(t) = m_0 e^{-kt}$ zerfällt?
Hinweis: m(t) ist die Masse des Elements nach der Zeit t; $m_0 = m(0)$.

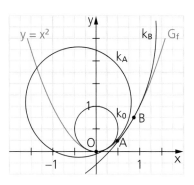

Das **Vorzeichen** der 2. Ableitung f″ einer Funktion f legt bekanntlich fest, ob der Graph G_f von f *links-* oder *rechtsgekrümmt* ist. Ist der **Betrag** von f″(x) vielleicht ein Maß für die „Stärke" der Krümmung von G_f? Dass dies *nicht* der Fall ist, zeigt das Gegenbeispiel f: $f(x) = x^2$; $D_f = \mathbb{R}$: Die Normalparabel ist in der Umgebung ihres Scheitels O offenbar *stärker* gekrümmt als abseits des Scheitels, obwohl f″(x) überall den *gleichen* Wert 2 hat.

1. Prüfen Sie, ob für die Graphen der Funktionen g: $g(x) = \sin x$, h: $h(x) = \sqrt{x}$ und k: $k(x) = e^x$; $D = D_{max}$, eine ähnlich schlechte Übereinstimmung zwischen der Stärke der Krümmung und dem Betrag des Werts der 2. Ableitung vorliegt. Formulieren Sie für die gegebenen Funktionen eine Vermutung, in welcher Weise die Abweichung mit dem Wert der 1. Ableitung zusammenhängen könnte.

Der anschaulichen Erwartung an das Krümmungsmaß entspricht die Definition für die **Krümmung** κ: $\quad \kappa = \lim\limits_{\Delta s \to 0} \left| \dfrac{\Delta \varphi}{\Delta s} \right|$, wobei $\Delta\varphi$ die Änderung des Tangenten-

steigungswinkels zwischen zwei Punkten des Graphen G_f ist, zwischen denen die Bogenlänge Δs liegt. Man kann zeigen, dass daraus für die Krümmung κ von G_f im Punkt P (x | f(x)) des Graphen die Formel $\kappa = \left| \dfrac{f''(x)}{\sqrt{[1 + (f'(x))^2]^3}} \right|$ folgt. Für $\kappa > 0$ ist der

Kreis k_P mit Radiuslänge $r = \dfrac{1}{\kappa}$, der den Graphen G_f einer Funktion f im Punkt P $\in G_f$ von der konkaven Seite her berührt, der Kreis, der G_f in diesem Punkt am besten annähert; k_P heißt **Krümmungskreis** von G_f im Punkt P. *Beispiel*: Für den Krümmungskreis k_0: $x^2 + (y - r_0)^2 = r_0^2$ der Normalparabel P: $y = f(x) = x^2$ in ihrem Scheitel O (0 | 0) ergibt sich wegen $f'(x) = 2x$, $f''(x) = 2$,

$f'(0) = 0$ und $f''(0) = 2$ zunächst $r_0 = \left| \dfrac{\sqrt{(1 + 0^2)^3}}{2} \right| = \dfrac{1}{2}$ und dann k_0: $x^2 + (y - 0,5)^2 = 0,25$.

Die Mittelpunkte aller Krümmungskreise von G_f bilden zusammen die **Evolute** von G_f.

2. Elementargeometrische Konstruktion von Krümmungskreisen mit Geogebra: Zeichnen Sie den Graphen G_f einer Funktion. Setzen Sie drei Gleiterpunkte auf G_f und konstruieren Sie den Kreis k* durch diese drei Punkte. Schiebt man nun die drei Punkte genügend nahe aufeinander zu, so gibt k* näherungsweise den Krümmungskreis k für den mittleren der drei Punkte wieder.

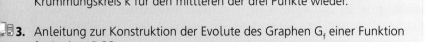

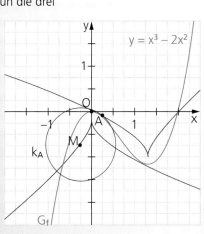

3. Anleitung zur Konstruktion der Evolute des Graphen G_f einer Funktion f mit einer DGS:
- Zeichnen Sie den Graphen G_f der gewählten Funktion f.
- Setzen Sie einen Gleiterpunkt A auf G_f.
- Berechnen Sie die Koordinaten des Mittelpunkts M des Krümmungskreises von G_f in A:

$$x_M = x_A - f'(x_A) \cdot \frac{1 + f'(x_A)^2}{f''(x_A)}; \quad y_M = y_A + \frac{1 + f'(x_A)^2}{f''(x_A)}.$$

- Mithilfe der Punkte M und A lässt sich nun der Krümmungskreis von G_f in A zeichnen. Versetzt man anschließend M in den Spurmodus, so zeichnet die DGS bei Verschieben von A längs G_f die Evolute von G_f.

Themenseite

Arbeitsaufträge

1. Erläutern Sie anhand der Abbildung eine mögliche Vorgehensweise zur Ermittlung des Flächeninhalts $A(r)$ eines Kreises mit der Radiuslänge r und berechnen Sie dann für r = 2,000 cm mithilfe eines Tabellenkalkulationsprogramms den Kreisflächeninhalt auf mm² gerundet.

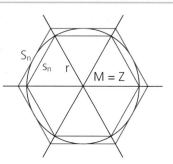

2. Ermitteln Sie einen Näherungswert für den Inhalt A des getönten Flächenstücks. Zeichnen Sie dazu zunächst in ein Koordinatensystem (Einheit 10 cm) das Quadrat OVER mit O (0 I 0), V (1 I 0), E (1 I 1) und R (0 I 1) sowie den Parabelbogen P mit der Gleichung $y = x^2$ und mit $0 \leq x \leq 1$. Legen Sie dann mit dem Zufallszahlengenerator Ihres Taschenrechners die Koordinaten von n Punkten fest und ermitteln Sie die Anzahl k derjenigen dieser n Punkte, die im getönten Bereich (oder auf dessen Rand) liegen. Die relative Häufigkeit $\frac{k}{n}$ liefert dann einen Schätzwert für den Flächeninhalt A des getönten Bereichs. Verbessern Sie den Näherungswert für A, indem Sie auch die Ergebnisse Ihrer Mitschüler und Mitschülerinnen verwenden.

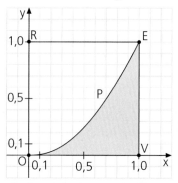

3. Zeichnen Sie dreimal den Graphen G_f der Funktion f: $f(x) = x^2$; $D_f = \mathbb{R}$, für $0 \leq x \leq 1$; Einheit: 10 cm.

   a) Das Intervall [0; 1] wird in zwei gleich lange Teilintervalle zerlegt. Über jedem Teilintervall werden zwei Rechtecke errichtet, die dem Graphen G_f (1) „einbeschrieben" bzw. (2) „umbeschrieben" sind. Berechnen Sie den Wert der „Untersumme" s_2, den Wert der „Obersumme" S_2 sowie den Wert der Differenz $S_2 - s_2$.

   b) Das Intervall [0; 1] wird in vier gleich lange Teilintervalle zerlegt. Über jedem Teilintervall werden zwei Rechtecke errichtet, die dem Graphen G_f (1) „einbeschrieben" bzw. (2) „umbeschrieben" sind. Berechnen Sie den Wert der „Untersumme" s_4, den Wert der „Obersumme" S_4 sowie den Wert der Differenz $S_4 - s_4$.

   c) Das Intervall [0; 1] wird in acht gleich lange Teilintervalle zerlegt. Über jedem Teilintervall werden zwei Rechtecke errichtet, die dem Graphen G_f (1) „einbeschrieben" bzw. (2) „umbeschrieben" sind. Berechnen Sie den Wert der „Untersumme" s_8, den Wert der „Obersumme" S_8 sowie den Wert der Differenz $S_8 - s_8$.

   Übertragen Sie die Tabelle in Ihr Heft und ergänzen Sie sie dann dort.

n	s_n	S_n	$S_n - s_n$
2			
4			
8			

   Was fällt Ihnen auf?

Ermittlung des Flächeninhalts „unter" dem Graphen G_f einer positivwertigen Funktion

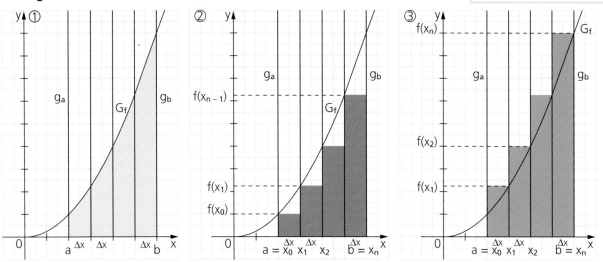

Um den Inhalt A des Flächenstücks zu ermitteln, das von G_f, der x-Achse und den beiden zur y-Achse parallelen Geraden g_a und g_b mit den Gleichungen x = a und x = b; b > a, berandet wird, teilt man zunächst das Intervall [a; b] in n Teilintervalle der Länge $\Delta x = \frac{b-a}{n}$ und damit den Bereich zwischen den beiden Geraden g_a und g_b in n Streifen der Breite Δx (Abb. ①).

Es ergeben sich dann als Teile dieser Streifen

- die größten n „auf der x-Achse stehenden" Rechtecke, deren obere Seiten (gerade noch) unter G_f im jeweiligen Streifen liegen (Abb. ②). Addiert man ihre Flächeninhalte, so ist der Summenwert kleiner oder gleich A; man erhält also eine untere Schranke für A (die **Untersumme** s_n) sowie
- die kleinsten n „auf der x-Achse stehenden" Rechtecke, deren obere Seiten (gerade noch) über G_f im jeweiligen Streifen liegen (Abb. ③). Addiert man ihre Flächeninhalte, so ist der Summenwert größer oder gleich A; man erhält somit eine obere Schranke für A (die **Obersumme** S_n).

Es gilt $s_n \leqq A \leqq S_n$.

Im Fall einer überall im Intervall [a; b] streng monoton zunehmenden Funktion f ergibt sich z. B.

$s_n = f(x_0) \cdot \Delta x + f(x_1) \cdot \Delta x + f(x_2) \cdot \Delta x + \ldots + f(x_{n-1}) \cdot \Delta x$ und
$S_n = f(x_1) \cdot \Delta x + f(x_2) \cdot \Delta x + f(x_3) \cdot \Delta x + \ldots + f(x_n) \cdot \Delta x$.

Existieren die beiden Grenzwerte $\lim\limits_{n \to \infty} s_n$ und $\lim\limits_{n \to \infty} S_n$ **und** gilt $\lim\limits_{n \to \infty} s_n = \lim\limits_{n \to \infty} S_n$,

dann nennt man

- die Funktion f (Riemann-)**integrierbar** im Intervall [a; b] und
- den Grenzwert $\lim\limits_{n \to \infty} s_n$ (bzw. $\lim\limits_{n \to \infty} S_n$) das **bestimmte Integral** der Funktion f

  mit den Integrationsgrenzen a und b.

Für den gemeinsamen Grenzwert schreibt man $\int\limits_a^b f(x)\,dx$ und liest dies „Integral f(x)dx von

a bis b"; **f(x)** heißt **Integrand, a** die **untere Grenze** und **b** die **obere Grenze**

des bestimmten Integrals $\int\limits_a^b f(x)\,dx$. Die Berechnung von $\int\limits_a^b f(x)\,dx$ nennt man **Integration**.

Hinweis: Das Symbol $\int$ (eigentlich ein langgezogenes S) weist auf die Summen s_n und S_n, das Symbol dx auf die „Streifenbreite" Δx hin.

*„Utile erit $\int$ pro omnia"
1675 zum ersten Mal
von Leibniz verwendet.*

Beispiele

● Zeichnen Sie jeweils den Graphen G_f der Funktion f, tönen Sie die Fläche zwischen G_f und der x-Achse im Intervall $I = [a; b]$ und berechnen Sie die angegebenen Schranken für den Inhalt A dieser Fläche.

a) f: $f(x) = 0{,}25x^3$; $D_f = \mathbb{R}$; $I = [1; 3]$; Untersumme s_2; Obersumme S_2
b) f: $f(x) = \sin x$; $D_f = \mathbb{R}$; $I = [0; \frac{\pi}{2}]$; Untersumme s_4; Obersumme S_4

Lösung:

a)

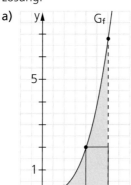 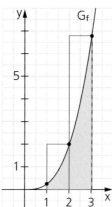

Untersumme:
$s_2 = 1 \cdot f(1) + 1 \cdot f(2) =$
$= 1 \cdot (0{,}25 + 2) = 2{,}25$

Obersumme:
$S_2 = 1 \cdot f(2) + 1 \cdot f(3) =$
$= 1 \cdot (2 + 6{,}75) = 8{,}75$

Schranken für den Flächeninhalt: $2{,}25 < A < 8{,}75$

b)

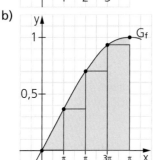 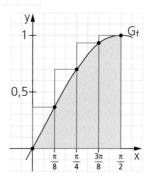

Untersumme:
$$s_4 = \frac{\pi}{8} \cdot f(0) + \frac{\pi}{8} \cdot f\left(\frac{\pi}{8}\right) + \frac{\pi}{8} \cdot f\left(\frac{\pi}{4}\right)$$
$$+ \frac{\pi}{8} \cdot f\left(\frac{3\pi}{8}\right) \approx$$
$$\approx \frac{\pi}{8} \cdot (0 + 0{,}3827 + 0{,}7071 + 0{,}9239) \approx$$
$$\approx 0{,}7908$$

Obersumme:
$$S_4 = \frac{\pi}{8} \cdot f\left(\frac{\pi}{8}\right) + \frac{\pi}{8} \cdot f\left(\frac{\pi}{4}\right) + \frac{\pi}{8} \cdot f\left(\frac{3\pi}{8}\right)$$
$$+ \frac{\pi}{8} \cdot f\left(\frac{\pi}{2}\right) \approx$$
$$\approx \frac{\pi}{8} \cdot (0{,}3827 + 0{,}7071 + 0{,}9239 + 1) \approx$$
$$\approx 1{,}1835$$

Schranken für den Flächeninhalt:
$0{,}79 < A < 1{,}19$

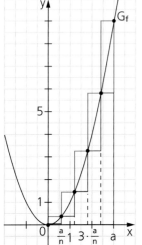

● Zeichnen Sie den Graphen der Funktion f: $f(x) = x^2$; $D_f = \mathbb{R}$, in Ihr Heft.
Teilen Sie das Intervall $I = [0; a]$; $a \in \mathbb{R}^+$, in n (n $\in \mathbb{N}\setminus\{1\}$) gleich lange Teilintervalle. Über jedem Teilintervall werden zwei Rechtecke errichtet, die dem Graphen G_f (1) „einbeschrieben" bzw. (2) „umbeschrieben" sind. Berechnen Sie den Wert der Untersumme s_n und den Wert der Obersumme S_n sowie den Wert der Differenz $S_n - s_n$ und ermitteln Sie die Grenzwerte $\lim_{n\to\infty} s_n$, $\lim_{n\to\infty} S_n$ sowie $\lim_{n\to\infty} (S_n - s_n)$. Deuten Sie Ihre Ergebnisse.

Hinweis:
$1^2 + 2^2 + 3^2 + \ldots + n^2 = \dfrac{n(n + 1)(2n + 1)}{6}$ für jeden Wert von n $\in \mathbb{N}$.

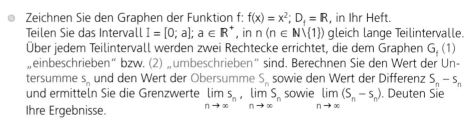

Lösung:

Das Intervall I wird in n Teilintervalle der Länge $\Delta x = \frac{a}{n}$ geteilt.

Untersumme:

$$s_n = \frac{a}{n} \cdot \left[f(0) + f\left(\frac{a}{n}\right) + f\left(2 \cdot \frac{a}{n}\right) + f\left(3 \cdot \frac{a}{n}\right) + \ldots + f\left((n-1) \cdot \frac{a}{n}\right)\right] =$$

$$= \frac{a}{n} \cdot \left[0 + \left(\frac{a}{n}\right)^2 + 2^2 \cdot \left(\frac{a}{n}\right)^2 + 3^2 \cdot \left(\frac{a}{n}\right)^2 + \ldots + (n-1)^2 \cdot \left(\frac{a}{n}\right)^2\right] =$$

$$= \frac{a}{n} \cdot \left(\frac{a}{n}\right)^2 \cdot [1^2 + 2^2 + 3^2 + \ldots + (n-1)^2] = \left(\frac{a}{n}\right)^3 \cdot \frac{(n-1) \cdot n \cdot (2n-1)}{6}$$

Obersumme:

$$S_n = \frac{a}{n} \cdot \left[f\left(\frac{a}{n}\right) + f\left(2 \cdot \frac{a}{n}\right) + f\left(3 \cdot \frac{a}{n}\right) + \ldots + f\left(n \cdot \frac{a}{n}\right)\right] =$$

$$= \frac{a}{n} \cdot \left[\left(\frac{a}{n}\right)^2 + 2^2 \cdot \left(\frac{a}{n}\right)^2 + 3^2 \cdot \left(\frac{a}{n}\right)^2 + \ldots + n^2 \cdot \left(\frac{a}{n}\right)^2\right] =$$

$$= \frac{a}{n} \cdot \left(\frac{a}{n}\right)^2 \cdot [1^2 + 2^2 + 3^2 + \ldots + n^2] = \left(\frac{a}{n}\right)^3 \cdot \frac{n \cdot (n+1) \cdot (2n+1)}{6}$$

Differenz:

$$S_n - s_n = \frac{1}{6} \cdot \left(\frac{a}{n}\right)^3 \cdot [2n^3 + 3n^2 + n - (2n^3 - 3n^2 + n)] = \frac{1}{6} \cdot \left(\frac{a}{n}\right)^3 \cdot 6n^2 = \frac{a^3}{n}$$

Grenzwerte:

$$\lim_{n \to \infty} s_n = \lim_{n \to \infty}\left[\left(\frac{a}{n}\right)^3 \cdot \frac{(n-1) \cdot n \cdot (2n-1)}{6}\right] = \lim_{n \to \infty}\left[\frac{a^3}{n^3} \cdot \frac{n \cdot \left(1 - \frac{1}{n}\right) \cdot n \cdot n \cdot \left(2 - \frac{1}{n}\right)}{6}\right] =$$

$$= \lim_{n \to \infty}\left[\frac{a^3}{6} \cdot \left(1 - \frac{1}{n}\right) \cdot \left(2 - \frac{1}{n}\right)\right] = \frac{a^3}{6} \cdot 1 \cdot 2 = \frac{2a^3}{6} = \frac{a^3}{3};$$

$$\lim_{n \to \infty} S_n = \lim_{n \to \infty}\left[\left(\frac{a}{n}\right)^3 \cdot \frac{n(n+1)(2n+1)}{6}\right] = \lim_{n \to \infty}\left[\frac{a^3}{n^3} \cdot \frac{n \cdot n \cdot \left(1 + \frac{1}{n}\right) \cdot n \cdot \left(2 + \frac{1}{n}\right)}{6}\right] =$$

$$= \lim_{n \to \infty}\left[\frac{a^3}{6} \cdot \left(1 + \frac{1}{n}\right) \cdot \left(2 + \frac{1}{n}\right)\right] = \frac{a^3}{6} \cdot 1 \cdot 2 = \frac{2a^3}{6} = \frac{a^3}{3};$$

$$\lim_{n \to \infty} (S_n - s_n) = \lim_{n \to \infty} \frac{a^3}{n} = 0$$

Da $\lim\limits_{n \to \infty} s_n = \lim\limits_{n \to \infty} S_n$, d. h. $\lim\limits_{n \to \infty} (S_n - s_n) = 0$ ist, ist f in jedem Intervall [0; a]; $a \in \mathbb{R}^+$,

integrierbar; es gilt $\int\limits_0^a x^2 dx = \frac{a^3}{3}$.

○ Gegeben ist die Funktion f: $f(x) = x^3$; $D_f = \mathbb{R}$; ihr Graph ist G_f.

Das Intervall I = [0; 3] wird in n ($n \in \mathbb{N}\setminus\{1\}$) gleich lange Teilintervalle zerlegt. Über jedem Teilintervall werden zwei Rechtecke errichtet, die dem Graphen G_f (1) „einbeschrieben" bzw. (2) „umbeschrieben" sind.

Berechnen Sie den Wert der Untersumme s_n und den Wert der Obersumme S_n sowie die beiden Grenzwerte $\lim\limits_{n \to \infty} s_n$ und $\lim\limits_{n \to \infty} S_n$ und deuten Sie Ihre Ergebnisse.

Hinweis: $1^3 + 2^3 + 3^3 + \ldots + n^3 = \frac{n^2(n+1)^2}{4}$ für jeden Wert von $n \in \mathbb{N}$.

Lösung:

Das Intervall I hat die Länge 3 und wird in n gleiche Teile geteilt; also ist $\Delta x = \frac{3}{n}$.

Untersumme:

$$s_n = \frac{3}{n} \cdot \left[f(0) + f\left(\frac{3}{n}\right) + f\left(2 \cdot \frac{3}{n}\right) + f\left(3 \cdot \frac{3}{n}\right) + \ldots + f\left((n-1) \cdot \frac{3}{n}\right)\right] =$$

$$= \frac{3}{n} \cdot \left[0 + \left(\frac{3}{n}\right)^3 + 2^3 \cdot \left(\frac{3}{n}\right)^3 + 3^3 \cdot \left(\frac{3}{n}\right)^3 + \ldots + (n-1)^3 \cdot \left(\frac{3}{n}\right)^3\right] =$$

$$= \frac{3}{n} \cdot \left(\frac{3}{n}\right)^3 \cdot [1^3 + 2^3 + 3^3 + \ldots + (n-1)^3] = \left(\frac{3}{n}\right)^4 \cdot \frac{(n-1)^2 \cdot n^2}{4}$$

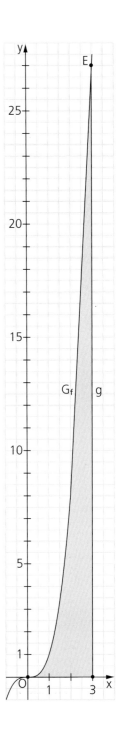

Obersumme:

$$S_n = \frac{3}{n} \cdot \left[f\left(\frac{3}{n}\right) + f\left(2 \cdot \frac{3}{n}\right) + f\left(3 \cdot \frac{3}{n}\right) + \ldots + f\left(n \cdot \frac{3}{n}\right) \right] =$$

$$= \frac{3}{n} \cdot \left[\left(\frac{3}{n}\right)^3 + 2^3 \cdot \left(\frac{3}{n}\right)^3 + 3^3 \cdot \left(\frac{3}{n}\right)^3 + \ldots + n^3 \cdot \left(\frac{3}{n}\right)^3 \right] =$$

$$= \frac{3}{n} \cdot \left(\frac{3}{n}\right)^3 \cdot [1^3 + 2^3 + 3^3 + \ldots + n^3] = \left(\frac{3}{n}\right)^4 \cdot \frac{n^2 \cdot (n+1)^2}{4}$$

Grenzwerte:

$$\lim_{n \to \infty} s_n = \lim_{n \to \infty} \left[\left(\frac{3}{n}\right)^4 \cdot \frac{(n-1)^2 \cdot n^2}{4} \right] = \lim_{n \to \infty} \left[\frac{81}{n^4} \cdot \frac{n^2 \cdot \left(1 - \frac{1}{n}\right)^2 \cdot n^2}{4} \right] = \lim_{n \to \infty} \left[\frac{81}{4} \cdot \left(1 - \frac{1}{n}\right)^2 \right] = \frac{81}{4};$$

$$\lim_{n \to \infty} S_n = \lim_{n \to \infty} \left[\left(\frac{3}{n}\right)^4 \cdot \frac{n^2 \cdot (n+1)^2}{4} \right] = \lim_{n \to \infty} \left[\frac{81}{n^4} \cdot \frac{n^2 \cdot n^2 \cdot \left(1 + \frac{1}{n}\right)^2}{4} \right] = \lim_{n \to \infty} \left[\frac{81}{4} \cdot \left(1 + \frac{1}{n}\right)^2 \right] = \frac{81}{4}$$

Da $\lim\limits_{n \to \infty} s_n = \lim\limits_{n \to \infty} S_n$ ist, ist f im Intervall I integrierbar; es gilt $\int\limits_0^3 x^3 \, dx = \frac{81}{4} = 20{,}25$:

Der von G_f, der x-Achse und der Geraden g: x = 3 berandete Bereich hat den Flächeninhalt 20,25 FE.

- ○ Was bedeutet „Die Funktion f ist im Intervall [3; 10] integrierbar"?
- ○ Was bedeuten die einzelnen „Elemente" a, b und f(x) in der Schreibweise $\int\limits_a^b f(x)\,dx$ anschaulich?
- ○ Wie kann man geometrisch $S_n - s_n$ erläutern?
- ○ Erläutern Sie $J = \int\limits_a^a x^2\,dx$ und geben Sie den Wert von J an.

Aufgaben

1. Gegeben ist jeweils der Graph G_f der Funktion f. Übertragen Sie G_f in Ihr Heft, unterteilen Sie das Intervall I in vier gleich lange Teilintervalle und zeichnen Sie die zur Untersumme s_4 und zur Obersumme S_4 gehörenden „Treppenkurven" farbig ein.

    a) I = [0; 3]   **b)** I = [1; 5]

Formulieren Sie jeweils Ihre Vermutung über die Art des Funktionsgraphen.

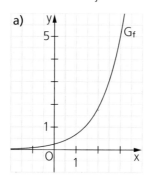

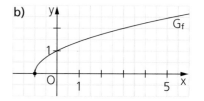

2. Berechnen Sie jeweils für die Funktion f und das Intervall I sowohl s_n als auch S_n.

    a) f: f(x) = 2x + 3; $D_f = \mathbb{R}$; n = 6; I = [−1; 5]   **b)** f: f(x) = x²; $D_f = \mathbb{R}$; n = 4; I = [0; 2]

    c) f: f(x) = sin x; $D_f = \mathbb{R}$; n = 4; I = [0; π]   **d)** f: f(x) = e^x; $D_f = \mathbb{R}$; n = 5; I = [−1; 1,5]

3. Deuten Sie jedes der bestimmten Integrale anhand einer Figur als Flächeninhalt.

    a) $\int\limits_1^{2{,}5} 0{,}5x^2\,dx$ **b)** $\int\limits_0^{\frac{\pi}{2}} \cos x\,dx$ **c)** $\int\limits_{-2}^1 (4 - x^2)\,dx$ **d)** $\int\limits_0^1 x^3\,dx$ **e)** $\int\limits_{-2}^2 e^x\,dx$ **f)** $\int\limits_{-2}^3 3\,dx$

4. Drücken Sie jeweils den Inhalt des getönten Flächenstücks durch ein Integral aus.

a)
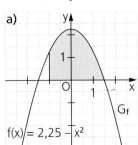
$f(x) = 2,25 - x^2$

b)
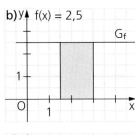
$f(x) = 2,5$

c)
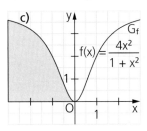
$f(x) = \dfrac{4x^2}{1 + x^2}$

d)
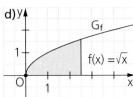
$f(x) = \sqrt{x}$

e)
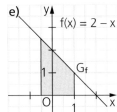
$f(x) = 2 - x$

G 5. Der Inhalt des Flächenstücks zwischen dem Parabelbogen P: $y = 0,25x^2$; $x \geqq 0$, der x-Achse und der Geraden g mit der Gleichung $x = 4$ ist $\dfrac{16}{3}$.

Ermitteln Sie mithilfe dieses Ergebnisses die Flächeninhalte der drei getönten Bereiche. Bei c) sind die Parabelbögen P und P* zueinander kongruent.

a)
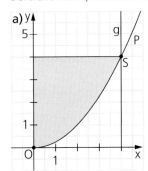

b)
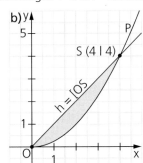
S (4 | 4)

h = OS

c)
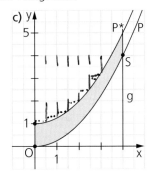
S

G 6. Für den Inhalt der getönten Fläche in der Abbildung a) gilt $A = \dfrac{b^2}{2} - \dfrac{a^2}{2}$. Ermitteln Sie Terme für den Flächeninhalt der getönten Flächen bei den Abbildungen b), c) und d).

a)
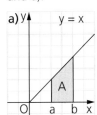
$y = x$

b)
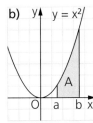
$y = x^2$

c)
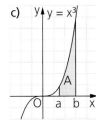
$y = x^3$

d)
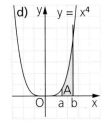
$y = x^4$

Hinweise:

- $1^2 + 2^2 + \ldots + n^2 =$
  $= \dfrac{n(n + 1)(2n + 1)}{6}$

- $1^3 + 2^3 + \ldots + n^3 =$
  $= \dfrac{n^2(n + 1)^2}{4}$

- $1^4 + 2^4 + \ldots + n^4 =$
  $= \dfrac{n(6n^4 + 15n^3 + 10n^2 - 1)}{30}$

jeweils für jeden Wert von $n \in \mathbb{N}$

7. Für den Inhalt A(a) des Flächenstücks, das von der Parabel P: $y = x^2$, der x-Achse und der Geraden g: $x = a$; $a > 0$, berandet wird, gilt $A(a) = \int\limits_0^a x^2\,dx = \dfrac{a^3}{3}$ für jeden Wert von $a \in \mathbb{R}^+$ (vgl. zweites Musterbeispiel).

a) Ermitteln Sie $\int\limits_0^1 x^2\,dx$.   **b)** Ermitteln Sie $\int\limits_0^3 x^2\,dx$.   **c)** Ermitteln Sie $\int\limits_3^4 x^2\,dx$.

d) Finden Sie heraus, für welchen Wert von a sich A(a) = 72 ergibt.

e) Finden Sie heraus, für welchen Wert von a sich $\int\limits_{a}^{3} x^2\,dx = \frac{19}{3}$ ergibt.
Geben Sie jeweils eine geometrische Deutung.

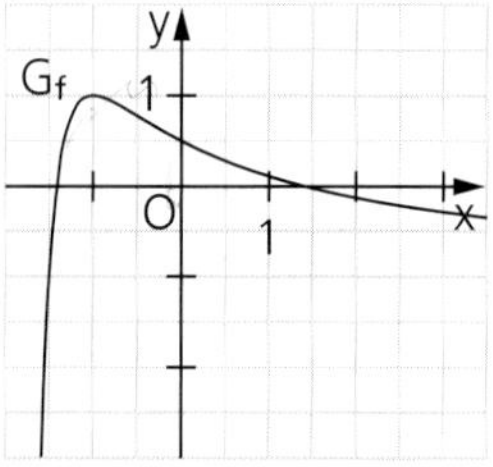

G 8. Die Abbildung zeigt den Graphen G_f der Funktion f: $f(x) = \frac{2 - x^2}{(x + 2)^2}$;
$D_f = \,]{-2};\infty[$; übertragen Sie G_f zweimal in Ihr Heft.

G_f, die x-Achse sowie die Geraden g: x = −1 und h: x = 1 beranden ein Flächenstück mit dem Inhalt A.

a) Schätzen Sie A anhand der Streifenmethode mithilfe von vier Rechtecken gleicher Breite „nach oben" ab.

b) Der Inhalt A dieses Flächenstücks lässt sich durch den Inhalt eines Trapezes abschätzen. Geben Sie die Koordinaten der Eckpunkte eines geeigneten Trapezes an und berechnen Sie seinen Flächeninhalt.

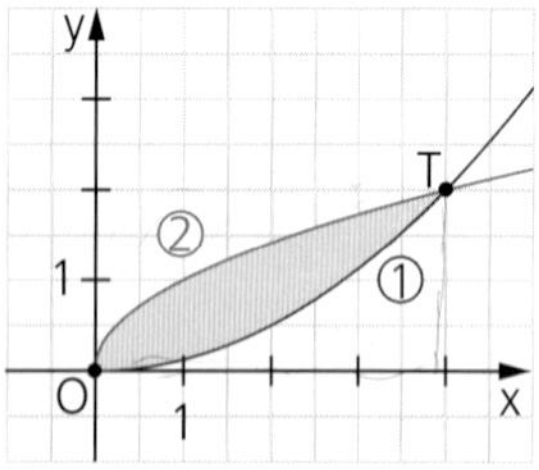

9. Gegeben sind die Funktionen f: $f(x) = \sqrt{x}$; $D_f = \mathbb{R}_0^+$, und g: $g(x) = \frac{x^2}{8}$; $D_g = \mathbb{R}_0^+$; die Abbildung zeigt ihre Graphen G_f und G_g.

a) Ordnen Sie G_f und G_g passend zu und begründen Sie Ihre Entscheidung.

b) G_f und G_g haben genau die zwei Punkte O und T gemeinsam; ermitteln Sie die Koordinaten von T sowie eine Gleichung der Geraden OT.

c) Es ist $A_1 = \int\limits_{0}^{4} f(x)\,dx = \frac{16}{3}$ und $A_2 = \int\limits_{0}^{4} g(x)\,dx = \frac{8}{3}$.

Übertragen Sie G_f und G_g in Ihr Heft und veranschaulichen Sie dann dort die folgenden vier Terme geometrisch:

(1) $I_1 = \int\limits_{0}^{4} f(x)\,dx - \int\limits_{0}^{4} g(x)\,dx$

(2) $I_2 = 8 - \int\limits_{0}^{4} f(x)\,dx$

(3) $I_3 = \int\limits_{0}^{4} \frac{x}{2}\,dx - \int\limits_{0}^{4} g(x)\,dx$

(4) $I_4 = \int\limits_{0}^{4} f(x)\,dx - \int\limits_{0}^{4} \frac{x}{2}\,dx$

Ordnen Sie I_1 bis I_4 in einer fallenden Ungleichungskette an.

d) Die Gerade h mit der Gleichung x = c; 0 < c < 4, schneidet G_f im Punkt P_c und G_g im Punkt Q_c. Ermitteln Sie denjenigen Wert c* von c, für den die Länge d der Strecke $[P_c Q_c]$ maximal ist, und geben Sie d_{max} an.
Berechnen Sie den Flächeninhalt A_3 des Dreiecks $OQ_{c*}P_{c*}$ sowie den Flächeninhalt A_4 des Dreiecks $Q_{c*}P_{c*}T$. Um wie viel Prozent ist $A_3 + A_4$ kleiner als $A_1 - A_2$ [vgl. die Teilaufgaben b) und c)]?

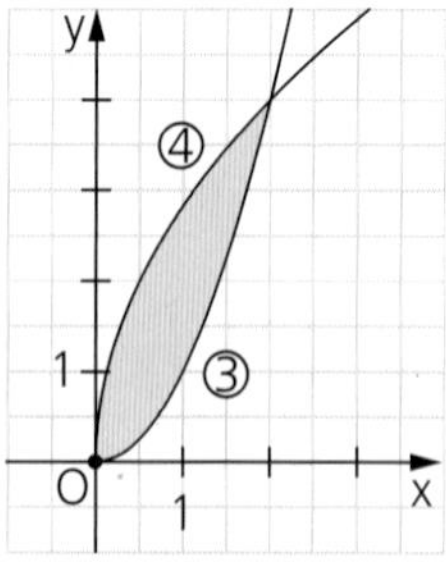

e) Begründen Sie, dass sowohl die Funktion f als auch die Funktion g umkehrbar ist, und ermitteln Sie die Umkehrfunktionen f^{-1} und g^{-1}. Die nebenstehende Abbildung zeigt die Graphen der Funktionen f^{-1} und g^{-1}; ordnen Sie sie passend zu. Beschreiben Sie, wie man den Graphen der Funktion f^{-1} zeichnerisch – ohne Verwendung des Funktionsterms – ermitteln kann. Geben Sie den Flächeninhalt A des getönten Bereichs an.

W1 Was bedeutet „Die Funktion F ist eine Stammfunktion der Funktion f."?

W2 Welches Symmetrieverhalten zeigt der Graph G_f der Funktion f: $f(x) = \frac{x^3}{x(x^2 - 4)}$; $D_f = \mathbb{R} \setminus \{-2;\,0;\,2\}$? Was ergibt $\lim\limits_{x \to \infty} \frac{x^3}{x(x^2 - 4)}$?

W3 Wie lautet der Term der Umkehrfunktion der Funktion f: $f(x) = \frac{4 - x}{1 - 4x}$; $D_f = \mathbb{R} \setminus \{0{,}25\}$? Was fällt Ihnen auf?

- *Die Mathematik ist ein buntes Gemisch von Beweistechniken. (Ludwig Wittgenstein)*
- *Wenn ich nur erst die (mathematischen) Sätze habe! Die Beweise werde ich dann schon finden. (Bernhard Riemann)*
- *In der Mathematik gibt es keine Autoritäten. Das einzige Argument für die Wahrheit ist der Beweis. (Kazimierz Urbanik)*
- *In dem Buch der Bücher hat Gott die perfekten Beweise für mathematische Sätze aufbewahrt. (Paul Erdös)*

Ein Beweis in der Mathematik ist die lückenlose und fehlerfreie Herleitung der Wahrheit einer Aussage aus anderen Aussagen, die bereits bewiesen sind, und/oder aus Axiomen.

Ludwig Wittgenstein (1889 bis 1951)

1. Beweisen Sie, dass die Innenwinkelsumme in jedem ebenen Dreieck 180° beträgt. Geben Sie an, von welchen Voraussetzungen hierbei ausgegangen wird.

2. Beweisen Sie, dass der Wert des Quadrats jeder ungeraden natürlichen Zahl ungerade ist.

3. Zeigen Sie durch einen Widerspruchsbeweis, dass $\sqrt{2}$ keine rationale Zahl ist.

In der Mathematik wurden immer wieder für spezielle Probleme Beweismethoden entwickelt, die sich dann auch als nützlich für den Beweis vieler anderer Aussagen erwiesen. Eine solche Standardmethode ist die Methode der **vollständigen Induktion**: Es kommt häufig vor, dass man die Gültigkeit einer Aussage nicht nur für eine endliche Menge natürlicher Zahlen, sondern für *alle* natürlichen Zahlen zeigen möchte.
Die Beweisführung mithilfe der vollständigen Induktion erfolgt in drei Schritten:
- Man zeigt, dass die Aussage für $n = 1$ wahr ist. (**Induktionsanfang**)
- Man setzt voraus, dass die Aussage für einen Wert n_0 von $n \in \mathbb{N}$ wahr sei. (**Induktionsvoraussetzung**)
- Man untersucht, ob (bzw. zeigt, dass) aus der Gültigkeit der Aussage für $n = n_0$ auf die Gültigkeit für den Nachfolger $n_0 + 1$ geschlossen werden kann (**Induktionsschluss**). Wenn auch dies der Fall ist, dann ist die Aussage für *jede* natürliche Zahl wahr (Giuseppe Peano 1889).

Beispiel:
Zeigen Sie durch vollständige Induktion, dass $1 + 2 + 3 + \ldots + n = \dfrac{n(n + 1)}{2}$ für jeden Wert von $n \in \mathbb{N}$ gilt.
- Induktionsanfang: $n = 1$: L. S.: 1; R. S.: $\dfrac{1(1 + 1)}{2} = 1$; L. S. = R. S. ✓
- Induktionsvoraussetzung: Die Formel sei für einen Wert n_0 von $n \in \mathbb{N}$ richtig:

$$1 + 2 + 3 + \ldots + n_0 = \frac{n_0(n_0 + 1)}{2}$$

- Induktionsschluss („Schluss von n_0 auf $n_0 + 1$"):

$$\text{L. S.: } 1 + 2 + 3 + \ldots + n_0 + n_0 + 1 = \frac{n_0(n_0 + 1)}{2} + n_0 + 1 = \frac{n_0(n_0 + 1) + 2(n_0 + 1)}{2} =$$

$$= \frac{(n_0 + 1)(n_0 + 2)}{2};$$

$$\text{R. S.: } \frac{(n_0 + 1)(n_0 + 2)}{2}; \text{ L. S. = R. S. ✓}$$

Obige Summenformel ist somit für jeden Wert von $n \in \mathbb{N}$ gültig.

4. Zeigen Sie durch vollständige Induktion, dass $(x^n)' = nx^{n-1}$ $(x \neq 0)$ für jeden Wert von $n \in \mathbb{N}$ gilt.

1. Zeichnen Sie jeweils den Graphen G_f der Funktion f und veranschaulichen Sie dann

die Integrale   (1) $\int\limits_0^1 f(x)\,dx$,   (2) $\int\limits_1^2 f(x)\,dx$ und   (3) $\int\limits_0^2 f(x)\,dx$ für

a) f: $f(x) = x$; $D_f = \mathbb{R}$,   **b)** f: $f(x) = x^2$; $D_f = \mathbb{R}$ und   **c)** f: $f(x) = x^3$; $D_f = \mathbb{R}$.
Finden Sie eine Verallgemeinerung.

2. Ermitteln Sie jeweils mithilfe geometrischer Überlegungen den Wert A(m) des

Integrals $\int\limits_0^{10} m\,x\,dx$

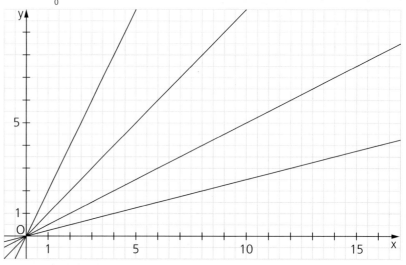

a) für $m = \frac{1}{4}$,   **b)** für $m = \frac{1}{2}$,   **c)** für $m = 1$,   **d)** für $m = 2$ sowie
e) allgemein für $m \in \mathbb{R}^+$.
Was fällt Ihnen auf?

3. Gegeben sind die drei Funktionen
a) f: $f(x) = x^2$; $D_f = \mathbb{R}$,   **b)** f: $f(x) = 0{,}25x^2$; $D_f = \mathbb{R}$,   und   **c)** f: $f(x) = 2x^2$; $D_f = \mathbb{R}$.

Veranschaulichen Sie jeweils das Integral $\int\limits_0^2 f(x)\,dx$ und berechnen Sie seinen Wert.
Finden Sie eine Verallgemeinerung.

4. Beschreiben Sie die Flächeninhalte der getönten Bereiche für
f: $x \mapsto 0{,}5(x^2 - 6x + 8)$; $D_f = \mathbb{R}$, mithilfe von Integralen und
geben Sie jeweils einen Näherungswert an.

a) 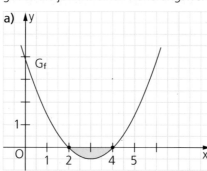   **b)**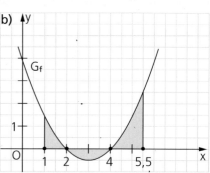

Kompliziertere Integrale lassen sich oft mithilfe von **Integrationsregeln** auf **Grundintegrale** zurückführen:

- **Faktorregel**

$$\int_a^b c \cdot f(x)\,dx = c \cdot \int_a^b f(x)\,dx;\ c \in \mathbb{R}$$

- **Summenregel**

$$\int_a^b [f(x) + g(x)]\,dx = \int_a^b f(x)\,dx + \int_a^b g(x)\,dx$$

- **Additivität des bestimmten Integrals**

$$\int_a^b f(x)\,dx = \int_a^c f(x)\,dx + \int_c^b f(x)\,dx \ (\text{Abb. } ①)$$

- **Austausch der Integrationsgrenzen**

$$\int_a^b f(x)\,dx = -\int_b^a f(x)\,dx$$

- **Übereinstimmung der Integrationgrenzen**

$$\int_a^a f(x)\,dx = 0$$

Einfache Flächenberechnungen:

- **Das Flächenstück liegt oberhalb der x-Achse** (Abb. ②)

$$A = \int_a^b f(x)\,dx$$

- **Das Flächenstück liegt unterhalb der x-Achse** (Abb. ③)
  Wenn – anders als bisher vorausgesetzt – f(x) im Integrationsintervall [a; b] nicht überall positiv, sondern überall negativ ist, also das Flächenstück ganz unterhalb der x-Achse liegt, dann ist der Wert des Integrals $\int_a^b f(x)\,dx$ negativ.

  Durch Spiegelung an der x-Achse ergibt sich ein Flächenstück mit gleichem Inhalt; somit gilt

$$A = \int_a^b [-f(x)]\,dx = -\int_a^b f(x)\,dx$$

- **Die Flächenstücke liegen teilweise unterhalb der x-Achse und teilweise oberhalb der x-Achse** (Abb. ④)
  Den Inhalt der getönten Fläche berechnet man in Teilschritten. Dazu ermittelt man zuerst die Nullstellen $x_1, x_2, \ldots, x_n$ von f im Integrationsintervall [a; b] und berechnet dann den Flächeninhalt unter Beachtung der Vorzeichen.

  Beispiel: f: $f(x) = 0{,}25(x + 1)(x - 2)(x - 4)$; $D_f = \mathbb{R}$; $a = -1{,}5$; $b = 3{,}5$

$$A = \int_a^{x_1} [-f(x)]\,dx + \int_{x_1}^{x_2} f(x)\,dx + \int_{x_2}^b [-f(x)]\,dx = \int_{-1{,}5}^{-1} [-f(x)]\,dx + \int_{-1}^2 f(x)\,dx + \int_2^{3{,}5} [-f(x)]\,dx \quad oder$$

$$A = \left| \int_{-1{,}5}^{-1} f(x)\,dx \right| + \int_{-1}^2 f(x)\,dx + \left| \int_2^{3{,}5} f(x)\,dx \right|$$

Wichtige Grundintegrale:

$$\int_a^b dx = \int_a^b 1\,dx = b - a$$

$$\int_a^b x\,dx = \frac{b^2}{2} - \frac{a^2}{2}$$

$$\int_a^b x^2\,dx = \frac{b^3}{3} - \frac{a^3}{3}$$

$$\int_a^b x^3\,dx = \frac{b^4}{4} - \frac{a^4}{4}$$

Hinweis:

$$A = \left| \int_a^b f(x)\,dx \right| = \int_a^b |f(x)|\,dx$$

gilt zwar dann, wenn f(x) in [a; b] überall negativ (bzw. überall positiv) ist, aber nicht allgemein.

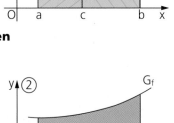

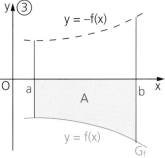

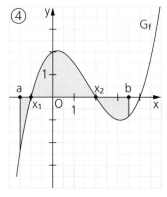

Beispiele

○ Berechnen Sie mithilfe der Integrationsregeln und der Grundintegrale

a) $\int\limits_1^5 2x^2\,dx,$ b) $\int\limits_0^3 (8x^2 - 4x)\,dx$ und   c) $\int\limits_5^5 x^3\,dx.$

Lösung:

a) $\int\limits_1^5 2x^2\,dx = 2 \cdot \int\limits_1^5 x^2\,dx = 2 \cdot \left(\dfrac{5^3}{3} - \dfrac{1^3}{3}\right) = \dfrac{248}{3} = 82\dfrac{2}{3}$

b) $\int\limits_0^3 (8x^2 - 4x)\,dx = 8\int\limits_0^3 x^2\,dx + (-4) \cdot \int\limits_0^3 x\,dx = 8\left(\dfrac{3^3}{3} - 0\right) - 4\left(\dfrac{3^2}{2} - 0\right) = 72 - 18 = 54$

c) $\int\limits_5^5 x^3\,dx = 0$ (übereinstimmende Integrationsgrenzen)

○ Berechnen Sie den Wert von $S = \int\limits_0^1 x^3\,dx + \int\limits_1^2 x^3\,dx + \int\limits_2^3 x^3\,dx$ auf zwei Arten.

Lösung:

1. Art: $S = \int\limits_0^1 x^3\,dx + \int\limits_1^2 x^3\,dx + \int\limits_2^3 x^3\,dx =$

$= \left(\dfrac{1^4}{4} - 0\right) + \left(\dfrac{2^4}{4} - \dfrac{1^4}{4}\right) + \left(\dfrac{3^4}{4} - \dfrac{2^4}{4}\right) = \dfrac{1}{4} + \dfrac{15}{4} + \dfrac{65}{4} = \dfrac{81}{4} = 20\dfrac{1}{4}.$

2. Art: $S = \int\limits_0^1 x^3\,dx + \int\limits_1^2 x^3\,dx + \int\limits_2^3 x^3\,dx = \int\limits_0^3 x^3\,dx = \dfrac{3^4}{4} - 0 = \dfrac{81}{4} = 20\dfrac{1}{4}.$

○ Welche der folgenden Aussagen sind wahr?

a) $\int\limits_{-2}^2 x^2\,dx = 0$ b) $\int\limits_{-2}^2 x^3\,dx = 0$ c) $\int\limits_{-3}^1 x\,dx < 0$

Lösung:

a) $\int\limits_{-2}^2 x^2\,dx = \dfrac{2^3}{3} - \dfrac{(-2)^3}{3} = \dfrac{16}{3} \neq 0$: Die Aussage ist falsch.

b) Die Aussage ist wahr: Der Funktionsgraph und die Integrationsgrenzen sind symmetrisch zum Ursprung.

c) $\int\limits_{-3}^1 x\,dx = \dfrac{1^2}{2} - \dfrac{(-3)^2}{2} = \dfrac{1}{2} - \dfrac{9}{2} = -4$: Die Aussage ist wahr.

○ Berechnen Sie jeweils den Flächeninhalt des getönten Bereichs.

a) $f: x \mapsto x^2 - 2;\ D_f = \mathbb{R}$ b) $f: x \mapsto \dfrac{1}{2}x^3 - 2x;\ D_f = \mathbb{R}$

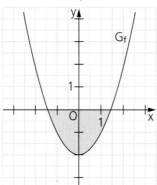

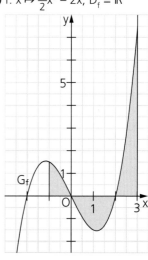

Lösung:

a) Nullstellen von f: $x_{1,2} = \pm\sqrt{2}$

Flächeninhalt: $A = \left| \int_{-\sqrt{2}}^{\sqrt{2}} (x^2 - 2)\, dx \right| = \left| \left[\frac{(\sqrt{2})^3}{3} - 2 \cdot \sqrt{2} \right] - \left[\frac{(-\sqrt{2})^3}{3} - 2 \cdot (-\sqrt{2}) \right] \right| =$

$= \left| \left[\frac{2\sqrt{2}}{3} - 2\sqrt{2} \right] - \left[-\frac{2\sqrt{2}}{3} + 2\sqrt{2} \right] \right| = \left| \frac{4\sqrt{2}}{3} - 4\sqrt{2} \right| = \left| -\frac{8\sqrt{2}}{3} \right| = \frac{8}{3}\sqrt{2} \approx 3{,}8$

b) Nullstellen von f: $(x_1 = -2)$; $x_2 = 0$; $x_3 = 2$

Flächeninhalt: $A = \int_{-1}^{0} \left(\frac{1}{2}x^3 - 2x \right) dx + \left| \int_{0}^{2} \left(\frac{1}{2}x^3 - 2x \right) dx \right| + \int_{2}^{3} \left(\frac{1}{2}x^3 - 2x \right) dx =$

$= \left[0 - \left(\frac{1}{2} \cdot \frac{(-1)^4}{4} - (-1)^2 \right) \right] + \left| \left(\frac{1}{2} \cdot \frac{2^4}{4} - 2^2 \right) - 0 \right| + \left[\left(\frac{1}{2} \cdot \frac{3^4}{4} - 3^2 \right) - \left(\frac{1}{2} \cdot \frac{2^4}{4} - 2^2 \right) \right] =$

$= \frac{7}{8} + |-2| + \frac{25}{8} = 6$

○ Berechnen Sie $A^* = \int_{-1}^{3} \left(\frac{1}{2}x^3 - 2x \right) dx$ und deuten Sie das Ergebnis
[vgl. 4. Musterbeispiel, Teil b)].

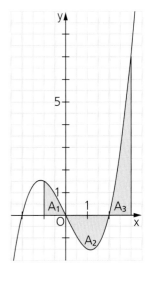

Lösung:

$\int_{-1}^{3} \left(\frac{1}{2}x^3 - 2x \right) dx = \left[\frac{3^4}{8} - 3^2 \right] - \left[\frac{(-1)^4}{8} - (-1)^2 \right] = \frac{9}{8} - \left(-\frac{7}{8} \right) = 2$

Das Ergebnis stellt die sogenannte **Flächenbilanz** dar:
$A^* = A_1 - A_2 + A_3 = \frac{7}{8} - 2 + \frac{25}{8} = 2$

○ Vergleichen Sie die Werte von $\left| \int_{-3}^{2} x\, dx \right|$ und $\int_{-3}^{2} |x|\, dx$.

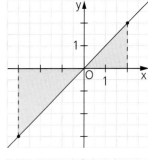

Lösung:

$\left| \int_{-3}^{2} x\, dx \right| = \left| \frac{2^2}{2} - \frac{(-3)^2}{2} \right| = \left| 2 - \frac{9}{2} \right| = |-2{,}5| = 2{,}5;$

$\int_{-3}^{2} |x|\, dx = \int_{-3}^{0} (-x)\, dx + \int_{0}^{2} x\, dx = -\int_{-3}^{0} x\, dx + \int_{0}^{2} x\, dx =$

$= -\left[\frac{0^2}{2} - \frac{(-3)^2}{2} \right] + \left[\frac{2^2}{2} - \frac{0^2}{2} \right] = -\left(-\frac{9}{2} \right) + 2 = 4{,}5 + 2 = 6{,}5;$

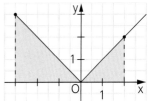

somit ist $\left| \int_{-3}^{2} x\, dx \right| \neq \int_{-3}^{2} |x|\, dx.$

○ Es ist $\int_{a}^{b} f(x)\, dx = 0$. Finden Sie Integrale, die auf dieses Ergebnis führen.

○ Welchen Wert hat das Integral $\int_{-a}^{a} f(x)\, dx$; $a \in \mathbb{R}^+$, wenn der Graph G_f der (in $[-a;\,a]$ integrierbaren) Funktion f punktsymmetrisch zum Ursprung ist?

○ Manchmal spricht man vom „orientierten Flächeninhalt". Was könnte dies bedeuten?

Aufgaben

1. Berechnen Sie jeweils den Wert des Integrals.

a) $\int_0^1 x^2\,dx$ b) $\int_{-3}^3 x^2\,dx$ c) $\int_{-1}^5 x^2\,dx$ d) $\int_{-3}^6 \dfrac{x^2}{6}\,dx$ e) $\int_0^2 x\,dx$

f) $\int_{-1}^2 2x\,dx$ g) $\int_0^{0,5} dx$ h) $\int_{-4}^4 dx$ i) $\int_{-1}^{-3} (-2)\,dx$ j) $\int_{-3}^9 \dfrac{1}{3}\,dx$

k) $\int_0^{0,5} (8x-4)\,dx$ l) $\int_{-3}^3 (x^3 + 2x^5)\,dx$ m) $\int_{-1}^{-2} (6x - 4x^3)\,dx$ n) $\int_0^1 (1-x)^2\,dx$

o) $\int_{-1}^1 |x^3|\,dx$ p) $\left|\int_{-1}^1 x^3\,dx\right|$ q) $\int_0^\pi (\sin x)^2\,dx + \int_0^\pi (\cos x)^2\,dx$

$-6;\ -1;\ 0;\ \dfrac{1}{3};\ \dfrac{1}{2};\ 2;\ 3;$
$\pi;\ 4;\ 8;\ 13,5;\ 18;\ 42$

Integralwerte zu 1. **L**

G 2. Ermitteln Sie jeweils den Wert des Parameters $k \in \mathbb{R}^+$.

a) $\int_{-k}^k 3x^2\,dx = 16$ b) $\int_{-2}^4 kx\,dx = 18$ c) $\int_{-2}^0 (-kx)\,dx + \int_0^4 kx\,dx = 18$

Vergleichen Sie die Teilaufgaben b) und c) und erläutern Sie die Ergebnisse.

$1,8;\ 2;\ 3$

Parameterwerte zu 2. **L**

---

3. Der Graph G_f der in ganz $\mathbb{R}$ integrierbaren Funktion f (vgl. nebenstehende Abbildung) ist punktsymmetrisch zum Ursprung.
Geben Sie jeweils an, ob der Wert des Integrals kleiner als null, gleich null oder größer als null ist.

a) $\int_{-1}^1 f(x)\,dx$ b) $\int_{-1}^{1,5} f(x)\,dx$ c) $\int_{-1,5}^1 f(x)\,dx$ d) $\int_a^1 f(x)\,dx;\ -1,5 \le a < -1$

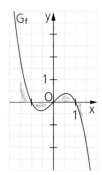

G 4. Finden Sie durch Überlegen heraus, welche der acht Aussagen falsch sind, und geben Sie jeweils in Ihrem Heft die richtige Lösung an.

a) $\int_0^4 x^4\,dx < 0$ b) $\int_4^{-4} x^4\,dx < 0$ c) $\int_{-2}^4 2\,dx = 8$ d) $\int_4^0 2\,dx = -8$

e) $\int_{-\pi}^\pi \sin x\,dx = 0$ f) $\int_{-\pi}^\pi \cos x\,dx > 0$ g) $\int_{-2}^4 0\,dx = 6$ h) $\int_3^{-3} x\,dx = 0$

G 5. Die Abbildung zeigt den Graphen G_f der Funktion f: $f(x) = (x-2)^2 - 1$; $D_f = \mathbb{R}$.

(1) Geben Sie je zwei Intervalle [a; b] mit

    a) $\int_a^b f(x)\,dx > 0$ an.   b) $\int_a^b f(x)\,dx < 0$ an.

(2) Geben Sie ein Intervall [a; b] mit $\int_b^a f(x)\,dx = 0$ an.

(3) Berechnen Sie $\int_0^2 f(x)\,dx$ sowie den Flächeninhalt des getönten Bereichs; vergleichen und erläutern Sie die beiden Ergebnisse.

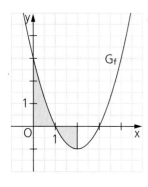

6. Finden Sie heraus, für welchen Wert / welche Werte von b

a) $\int_0^b x\,dx = 8$ ist.   b) $\int_0^b x\,dx = 18$ ist.   c) $\int_0^b 2x^2\,dx = 18$ ist.   d) $\int_0^b x^2\,dx = 576$ ist.

7. Es ist $\int_0^1 f(x)\,dx = 8$, $\int_1^4 f(x)\,dx = 12$ und $\int_0^1 g(x)\,dx = 10$. Ermitteln Sie

a) $\int_0^4 f(x)\,dx.$ b) $\int_0^1 2f(x)\,dx.$ c) $\int_0^1 [f(x) + 3g(x)]\,dx.$

8. Vorgelegt ist die Schar von Funktionen f_a: $f_a(x) = a(x - 1)^2 + 1$; $D_{f_a} = \mathbb{R}$; $a > 0$, sowie die Schar von Funktionen g_a: $g_a(x) = -\frac{1}{a}(x - 1)^2 + 1$; $D_{g_a} = \mathbb{R}$; $a > 0$.

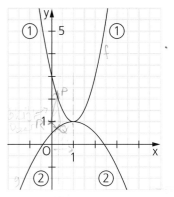

a) Verschaffen Sie sich mithilfe eines Funktionsplotters einen Überblick über den Verlauf der Graphen dieser beiden Funktionenscharen und geben Sie dann mindestens zwei Eigenschaften an, die alle Graphen G_{f_a} miteinander gemeinsam haben, und mindestens zwei Eigenschaften, die alle Graphen G_{g_a} miteinander gemeinsam haben.

b) Die Abbildung zeigt für $a = 2$ je einen Funktionsgraphen. Finden Sie heraus, zu welcher Schar der Graph ① und zu welcher der Graph ② gehört.

Erläutern Sie den Ansatz $A(a) = \int\limits_0^1 f_a(x)\,dx - \int\limits_0^1 g_a(x)\,dx$ geometrisch.

Vereinfachen Sie zunächst $A(a)$ möglichst weitgehend und berechnen Sie dann $A(a)$.

Zur Kontrolle: $A(a) = \frac{1}{3}\left(a + \frac{1}{a}\right)$

Finden Sie denjenigen Wert von a, für den $A(a)$ minimal wird. Erläutern Sie das Ergebnis geometrisch.

c) Die Gerade h_a mit der Gleichung $x = a$; $0 < a < 1$, schneidet G_{f_a} im Punkt P_a und G_{g_a} im Punkt Q_a. Die Punkte $R(0 \mid 1)$, Q_a und P_a bilden ein Dreieck $Q_a P_a R$ mit dem Flächeninhalt $A^*(a)$. Berechnen Sie $A^*(a)$ allgemein sowie für $a = \frac{1}{2}$ und geben Sie an, wie sich $A^*(a)$ ändert, wenn (bei festem Wert von a) der Punkt R auf der y-Achse „wandert".

9.

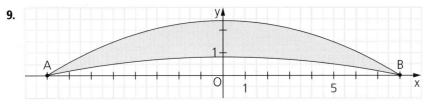

Die Abbildung (Längeneinheit: Meter) zeigt das sichelförmige Profil eines Stahlträgers, das von zwei Parabelbögen berandet wird. Der obere Parabelbogen ist der Graph G_f der Funktion f mit $f(x) = -0{,}0375x^2 + 2{,}4$ und $D_f = [x_A; x_B]$; der untere Parabelbogen ist der Graph G_g der Funktion g mit $g(x) = ax^2 + 0{,}8$ und $D_g = [x_A; x_B]$.

a) Ermitteln Sie zunächst a und dann die Spannweite $\overline{AB}$ des Trägers.

b) Die Strecke $[CD]$; $C \in G_f$; $D \in G_g$, verläuft parallel zur y-Achse; $\overline{CD}$ ist die „Dicke" des Trägerprofils. Berechnen Sie die Dicke an der Stelle $x = 5$ sowie die größte Dicke des Trägerprofils.

c) Berechnen Sie den Flächeninhalt des Trägerprofils.

d) Bei der Serienfertigung dieser Sichelträger werden zwei Fehler registriert, die unabhängig voneinander auftreten. Der Fehler I tritt mit einer Wahrscheinlichkeit von 3%, der Fehler II mit einer Wahrscheinlichkeit von 5% auf. Berechnen Sie die Wahrscheinlichkeit, dass ein zufällig ausgewählter Träger
(1) keinen dieser Fehler aufweist.   (2) beide Fehler aufweist.
(3) genau einen dieser beiden Fehler aufweist.

W1 Wie lautet die Menge aller Stammfunktionen von f: $f(x) = e^x$; $D_f = \mathbb{R}$?

W2 Wie untersucht man, ob eine Funktion F Stammfunktion einer Funktion f ist?

W3 Was ergibt sich als Grenzwert des Quotienten $\frac{f(x + h) - f(x)}{h}$ für $h \to 0$?

Arbeitsaufträge

1. Ein Schienenfahrzeug bewegt sich im Zeitintervall I von $t_1 = 2$ s bis $t_2 = 7$ s (Länge dieses Zeitintervalls: $\Delta t = t_2 - t_1 = 5$ s) mit dem konstanten Geschwindigkeitsbetrag $v = 6 \frac{m}{s}$.

    a) Zeichnen Sie das t-v-Diagramm und veranschaulichen Sie die Länge des im Zeitintervall I zurückgelegten Wegs.

    b) Zeichnen Sie ein t-s-Diagramm und veranschaulichen Sie die Länge des im Zeitintervall I zurückgelegten Wegs.

2. Zeichnen Sie den Graphen G_f der Funktion f: $f(x) = \frac{1}{4} x^2$; $D_f = \mathbb{R}_0^+$, und berechnen Sie den Wert des Integrals $F_0(n) = \int_0^n \frac{1}{4} x^2 \, dx$ für $n \in \{0; 0,5; 1; 1,5; 2; 3; 4\}$.

Übertragen Sie die Tabelle in Ihr Heft und ergänzen Sie sie dann dort.

n	0	0,5	1	1,5	2	3	4
$F_0(n)$							

Fassen Sie die Tabelle als Wertetabelle einer neuen Funktion F_0: $n \mapsto F_0(n)$; $n \in \mathbb{R}_0^+$, auf und zeichnen Sie den Graphen dieser Funktion F_0.

3. Ordnen Sie jeder der fünf Funktionen f eine Stammfunktion F und den Graphen G_F dieser Stammfunktion zu.

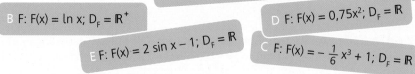

a f: $f(x) = -0,5x^2$; $D_f = \mathbb{R}$

c f: $f(x) = e^{-x}$; $D_f = \mathbb{R}$

b f: $f(x) = 2 \cos x$; $D_f = \mathbb{R}$

e f: $f(x) = 1,5x$; $D_f = \mathbb{R}$

d f: $f(x) = \frac{1}{x}$; $D_f = \mathbb{R}^+$

A F: $F(x) = 4 - e^{-x}$; $D_F = \mathbb{R}$

B F: $F(x) = \ln x$; $D_F = \mathbb{R}^+$

D F: $F(x) = 0,75x^2$; $D_F = \mathbb{R}$

E F: $F(x) = 2 \sin x - 1$; $D_F = \mathbb{R}$

C F: $F(x) = -\frac{1}{6} x^3 + 1$; $D_F = \mathbb{R}$

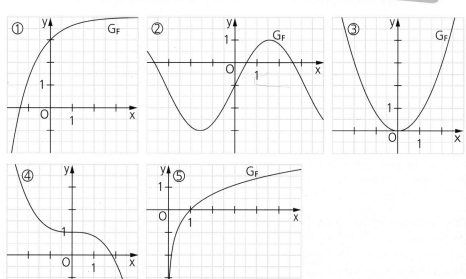

Flächenberechnungen mit der Streifenmethode sind im Allgemeinen sehr aufwändig. Verwendet man jedoch **Flächeninhaltsfunktionen**, so kann man durch Einsetzen der Integrationsgrenzen den gesuchten Flächeninhalt direkt berechnen.

Beispiel:
Gegeben ist die Funktion f: $f(x) = x^2$; $D_f = \mathbb{R}_0^+$; ihr Graph ist G_f. Gesucht ist eine Funktion A, die jedem Wert von $x_0 \in \mathbb{R}_0^+$ den Flächeninhalt $A(x_0)$ desjenigen Flächenstücks zuordnet, das von G_f, der x-Achse und der Geraden g: $x = x_0$ berandet wird.

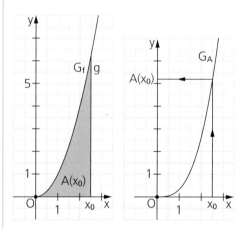

Man erhält für den Flächeninhalt

$$A(x_0) = \int_0^{x_0} x^2 \, dx = \frac{x_0^3}{3} \text{ und somit die}$$

Flächeninhaltsfunktion A: $x \mapsto \frac{x^3}{3}$;
$D_A = \mathbb{R}_0^+$; sie ordnet jedem Wert von $x_0 \in \mathbb{R}_0^+$ den Funktionswert $A(x_0)$ zu, also den Inhalt der Fläche, die von G_f, der x-Achse und der Geraden g mit der Gleichung $x = x_0$ berandet wird.

x_0	0	1	2	3	4
$A(x_0)$	0	$\frac{1}{3}$	$\frac{8}{3}$	9	$\frac{64}{3}$

Allgemein gilt:
Eine Funktion F_a mit dem Term $F_a(x) = \int_a^x f(t) \, dt$ und der Definitionsmenge $D_{F_a} = D_{F_a \max}$, die jedem Wert von $x \in D_f$ den Wert des Integrals zuordnet, heißt **Integralfunktion** von f (mit der unteren Integrationsgrenze a; um Verwechslungen zu vermeiden, bezeichnet man die Integrationsvariable mit t statt mit x); in obigem *Beispiel* ist $F_0(x) = \frac{x^3}{3}$.

Der Term $\int_a^x f(t) \, dt$ ist gleich der Summe der orientierten Flächeninhalte der Flächenstücke zwischen dem Graphen G_f der Funktion f und der x-Achse von der Stelle a bis zur Stelle $x \in D_f$.

- Es ist $F_a(a) = \int_a^a f(t) \, dt = 0$.

- Die Funktion F_a ist auch für $x < a$ definiert.
  Mit der Funktion aus obigem *Beispiel* wäre $F_4(2) = \int_4^2 f(t) \, dt = \frac{2^3}{3} - \frac{4^3}{3} = -\frac{56}{3}$.

Terme von Grundintegralfunktionen

$$\int_a^x 1 \, dt = x - a; \quad \int_a^x t \, dt = \frac{x^2}{2} - \frac{a^2}{2}; \quad \int_a^x t^2 \, dt = \frac{x^3}{3} - \frac{a^3}{3}; \quad \int_a^x t^3 \, dt = \frac{x^4}{4} - \frac{a^4}{4}; \quad \int_a^x t^4 \, dt = \frac{x^5}{5} - \frac{a^5}{5}$$

Hinweis: Jede Integralfunktion F_a einer positivwertigen Funktion f ist für $x \geq a$ gleichzeitig eine Flächeninhaltsfunktion von f, und jede Flächeninhaltsfunktion ist gleichzeitig eine Integralfunktion von f.

Hauptsatz der Differential- und Integralrechnung
Jede Integralfunktion einer stetigen Funktion f ist eine

Stammfunktion von f; aus $F_a(x) = \int_a^x f(t) \, dt$; a, $x \in D_f$, folgt also $F_a'(x) = f(x)$:

Die Ableitung jeder Integralfunktion ist die Integrandenfunktion.

In der Schreibweise
$$F_a(x) = \int_a^x f(x) \, dx$$
*würde x in zweierlei Bedeutungen
– einerseits als obere Integrationsgrenze, andererseits als Integrationsvariable – auftreten; dies könnte zu Verwechslungen führen.*

Eine Funktion f heißt stetig, wenn für jeden Wert von $x \in D_f$ gilt, dass $\lim\limits_{h \to 0} f(x + h) = f(x)$ ist.

Begründung:
Die Funktion f sei eine stetige Funktion. Der Ableitungsterm $F_a'(x)$ ihrer Integralfunktion

F_a ist durch $F_a'(x) = \lim\limits_{h \to 0} \dfrac{F_a(x + h) - F_a(x)}{h}$ definiert.

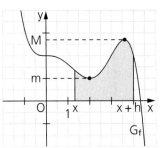 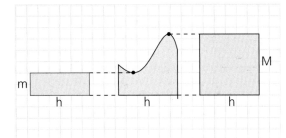

Es gilt: $m \cdot h \leqq F_a(x + h) - F_a(x) \leqq M \cdot h;\ |\ : h \quad (h > 0)$

$$m \leqq \frac{F_a(x + h) - F_a(x)}{h} \leqq M;$$

für $h \to 0+$ gilt: $m \to f(x)$ und $M \to f(x)$ und $\dfrac{F_a(x + h) - F_a(x)}{-h} \to F_a'(x)$.

Der Grenzübergang für $h \to 0-$ führt zum gleichen Ergebnis; deshalb gilt
$F_a'(x) = f(x)$.

*Es gilt der Satz:
Jede differenzierbare
Funktion ist stetig
und jede stetige
Funktion ist integrierbar.*

Anwendung des **Hauptsatzes auf die Berechnung des**

bestimmten Integrals: $F_a(b) = \displaystyle\int_a^b f(x)\,dx = F(b) - F(a)$,

wobei F(x) der Term irgendeiner Stammfunktion von f ist.

Begründung:
Die Funktion F ist (irgend)eine Stammfunktion der Funktion f. Da $F'(x) = F_a'(x) = f(x)$ ist, können sich die beiden Stammfunktionsterme F(x) und $F_a(x)$ nur durch eine Konstante, die sogenannte **Integrationskonstante** C, voneinander unterscheiden (die beim Differenzieren wegfällt):
(1) $F(x) = F_a(x) + C;\ C \in \mathbb{R}$.
Einsetzen von a in (1) ergibt $F(a) = F_a(a) + C = 0 + C = C;\ C = F(a)$ in (1) eingesetzt
ergibt (2) $F(x) = F_a(x) + F(a)$. Einsetzen von b in (2) ergibt $F(b) = F_a(b) + F(a)$, also

*Mithilfe des Haupt-
satzes der Differential-
und Integralrechnung
lässt sich der Wert des
bestimmten Integrals*

$\displaystyle\int_b^a f(x)\,dx$ *einfach*

*berechnen, wenn man
eine Stammfunktion
von f kennt.*

$$F_a(b) = \int_a^b f(x)\,dx = F(b) - F(a).$$

Häufig verwendet man für die Differenz F(b) − F(a) die Kurzschreibweise **$[F(x)]_a^b$**.

Die Menge aller Stammfunktionen einer gegebenen Funktion f bezeichnet man auch als **unbestimmtes Integral** von f und verwendet für dessen Funktionsterm die symbolische Schreibweise $\int f(x)\,dx$.

Wichtige unbestimmte Integrale ($C \in \mathbb{R}$)

integrieren

$f(x) \qquad \int f(x)\,dx$

differenzieren

*Die Differentiation ist
die Umkehrung der
Integration.*

$$\int x^r\,dx = \frac{x^{r+1}}{r+1} + C;\ r \in \mathbb{R}\setminus\{-1\} \qquad \int \frac{1}{x}\,dx = \ln |x| + C \qquad \int e^x\,dx = e^x + C$$

$$\int \sin x\,dx = -\cos x + C \qquad\qquad \int \cos x\,dx = \sin x + C \qquad \int \ln x\,dx = -x + x \ln x + C$$

$$\int \frac{f'(x)}{f(x)}\,dx = \ln |f(x)| + C \qquad\qquad \int f'(x)e^{f(x)}\,dx = e^{f(x)} + C$$

$$\int f(ax + b)\,dx = \frac{1}{a}F(ax + b) + C;\ F'(x) = f(x);\ a \neq 0$$

○ Ermitteln Sie jeweils den Term $F_a(x)$ der Integralfunktion F_a (mit $D_{F_a} = \mathbb{R}$).

a) $F_6(x) = \int\limits_6^x (t - 1)\, dt$ b) $F_2(x) = \int\limits_2^x (t^2 - 1)\, dt$

Lösung:

a) $F_6(x) = \int\limits_6^x (t - 1)\, dt = \left[\dfrac{t^2}{2} - t\right]_6^x = \left(\dfrac{x^2}{2} - x\right) - \left(\dfrac{6^2}{2} - 6\right) = \dfrac{x^2}{2} - x - 12$

b) $F_2(x) = \int\limits_2^x (t^2 - 1)\, dt = \left[\dfrac{t^3}{3} - t\right]_2^x = \left(\dfrac{x^3}{3} - x\right) - \left(\dfrac{2^3}{3} - 2\right) = \dfrac{x^3}{3} - x - \dfrac{2}{3}$

○ Ermitteln Sie jeweils die Abszissen der Extrempunkte des Graphen der Integralfunktion F_a (mit $D_{F_a} = \mathbb{R}$).

a) F_2: $F_2(x) = \int\limits_2^x (t^2 - 4)\, dt$ b) F_0: $F_0(x) = \int\limits_0^x (t - 4)\, dt$ c) F_{-2}: $F_{-2}(x) = \int\limits_{-2}^x (e^t - 1)\, dt$

Lösung:

a) $F_2'(x) = x^2 - 4 = 0$; $x_1 = 2$; $x_2 = -2$; $F_2''(x) = 2x$;
$F_2''(2) = 4 \neq 0$; $F_2''(-2) = -4 \neq 0$

b) $F_0'(x) = x - 4 = 0$; $x = 4$; $F_0''(x) = 1 \neq 0$

c) $F_{-2}'(x) = e^x - 1 = 0$; $x = 0$; $F_{-2}''(x) = e^x$; $F_{-2}''(0) = 1 \neq 0$

○ Geben Sie jeweils die Menge aller Stammfunktionsterme der Funktion f an.

a) f: $f(x) = x + 3x^2$; $D_f = \mathbb{R}$ b) f: $f(x) = \sin x$; $D_f = \mathbb{R}$ c) f: $f(x) = e^x + 2$; $D_f = \mathbb{R}$

Lösung:

a) $F(x) = \dfrac{1}{2}x^2 + x^3 + C$; $C \in \mathbb{R}$

Probe: $\left(\dfrac{1}{2}x^2 + x^3 + C\right)' = \dfrac{1}{2} \cdot 2x + 3x^2 + 0 = x + 3x^2 = f(x)$ ✔

b) $F(x) = -\cos x + C$; $C \in \mathbb{R}$ Probe: $(-\cos x + C)' = -(-\sin x) + 0 = \sin x = f(x)$ ✔

c) $F(x) = e^x + 2x + C$; $C \in \mathbb{R}$ Probe: $(e^x + 2x + C)' = e^x + 2 + 0 = e^x + 2 = f(x)$ ✔

○ Berechnen Sie jeweils den Wert des bestimmten Integrals mithilfe des Hauptsatzes der Differential- und Integralrechnung.

a) $\int\limits_0^5 4x^3\, dx$ b) $\int\limits_{-2\pi}^{\pi} \sin x\, dx$ c) $\int\limits_4^5 \pi\, dx$ d) $\int\limits_2^4 (x^2 - 1)(x^2 + 1)\, dx$ e) $\int\limits_{-\ln 2}^{\ln 2} e^x\, dx$

Lösung:

a) $\int\limits_0^5 4x^3\, dx = \left[4 \cdot \dfrac{x^4}{4}\right]_0^5 = [x^4]_0^5 = 5^4 - 0^4 = 625 - 0 = 625$

b) $\int\limits_{-2\pi}^{\pi} \sin x\, dx = [-\cos x]_{-2\pi}^{\pi} = -\cos \pi - [-\cos(-2\pi)] = 1 - (-1) = 2$

c) $\int\limits_4^5 \pi\, dx = [\pi x]_4^5 = 5\pi - 4\pi = \pi$

d) $\int\limits_2^4 (x^2 - 1)(x^2 + 1)\, dx = \int\limits_2^4 (x^4 - 1)\, dx = \left[\dfrac{x^5}{5} - x\right]_2^4 = \left(\dfrac{4^5}{5} - 4\right) - \left(\dfrac{2^5}{5} - 2\right) = 196,4$

e) $\int\limits_{-\ln 2}^{\ln 2} e^x\, dx = [e^x]_{-\ln 2}^{\ln 2} = e^{\ln 2} - e^{-\ln 2} = 2 - \dfrac{1}{2} = 1,5$

⊙ Ermitteln Sie jeweils diejenige Stammfunktion F der Funktion f: $f(x) = 3x^2 - 4x$; $D_f = \mathbb{R}$, deren Graph G_F durch den Punkt P verläuft.

a) $P\,(0\mid 0)$ **b)** $P\,(1\mid -2)$ **c)** $P\,(-2\mid -6)$

Lösung:
Allgemeiner Stammfunktionsterm: $F(x) = x^3 - 2x^2 + C$; $C \in \mathbb{R}$

a) $F(0) = 0 - 0 + C = 0$; $C = 0$; F: $F(x) = x^3 - 2x^2$; $D_F = \mathbb{R}$

b) $F(1) = 1^3 - 2 \cdot 1^2 + C = -2$; $C = -1$; F: $F(x) = x^3 - 2x^2 - 1$; $D_F = \mathbb{R}$

c) $F(-2) = (-2)^3 - 2 \cdot (-2)^2 + C = -6$; $-8 - 8 + C = -6$; $C = 10$;
  F: $F(x) = x^3 - 2x^2 + 10$; $D_F = \mathbb{R}$

⊙ Zeigen Sie jeweils, dass (mit $C \in \mathbb{R}$) gilt

a) $\int \ln x \, dx = -x + x \ln x + C$ **b)** $\int \dfrac{f'(x)}{f(x)} \, dx = \ln f(x) + C$; $f(x) > 0$

c) $\int f'(x)\, e^{f(x)} \, dx = e^{f(x)} + C$ **d)** $\int f(ax + b)\, dx = \dfrac{1}{a} F(ax + b) + C$;
  $F'(x) = f(x)$; $a \neq 0$

Lösung:

a) $(-x + x \ln x + C)' = -1 + \ln x + x \cdot \dfrac{1}{x} + 0 = -1 + \ln x + 1 = \ln x$ ✔

b) $[\ln f(x) + C]' = \dfrac{1}{f(x)} \cdot f'(x) + 0 = \dfrac{f'(x)}{f(x)}$ ✔

c) $[e^{f(x)} + C]' = e^{f(x)} \cdot f'(x) + 0 = f'(x) e^{f(x)}$ ✔

d) $\left[\dfrac{1}{a} \cdot F(ax + b) + C\right]' = \dfrac{1}{a} \cdot F'(ax + b) \cdot a + 0 = F'(ax + b) = f(ax + b)$ ✔

⊙ Was versteht man unter einer Integrandenfunktion, was unter einer Integralfunktion? Erklären Sie an Beispielen.

⊙ Was versteht man unter einer stetigen Funktion? Finden Sie Beispiele für Funktionen, die nicht an jeder Stelle ihrer Definitionsmenge stetig sind.

⊙ Kann eine Funktion Stammfunktion von sich selbst sein?

⊙ Kann eine Funktion Integralfunktion von sich selbst sein?

⊙ Wahr oder falsch? Jede Integralfunktion besitzt mindestens eine Nullstelle.

⊙ Erläutern Sie das Betragszeichen beim Grundintegral $\int \dfrac{dx}{x} = \ln |x| + C$.

Aufgaben

1. Ordnen Sie jeder der neun Integralfunktionen (mit Definitionsmenge $\mathbb{R}$) einen der Funktionsterme zu.

a) F_1: $F_1(x) = \displaystyle\int_1^x 2t \, dt$ **b)** F_4: $F_4(x) = \displaystyle\int_4^x (-2) \, dt$ **c)** F_{-2}: $F_{-2}(x) = \displaystyle\int_{-2}^x 4 \, dt$

d) F_1: $F_1(x) = \displaystyle\int_1^x (4 - 2t) \, dt$ **e)** F_0: $F_0(x) = \displaystyle\int_0^x (2t - 4) \, dt$ **f)** F_{-4}: $F_{-4}(x) = \displaystyle\int_{-4}^x \dfrac{t}{2} \, dt$

g) F_{10}: $F_{10}(x) = \displaystyle\int_{10}^x dt$ **h)** $F_{\ln 2}$: $F_{\ln 2}(x) = \displaystyle\int_{\ln 2}^x e^t \, dt$ **i)** $F_{\frac{\pi}{2}}$: $F_{\frac{\pi}{2}}(x) = \displaystyle\int_{\frac{\pi}{2}}^x \sin t \, dt$

(1) $4(x + 2)$ (2) $-x^2 + 4x - 3$ (3) $8 - 2x$

(4) $x^2 - 4x$ (5) $\dfrac{x^2}{4} - 4$ (6) $x^2 - 1$

(7) $-\cos x$ (8) $x - 10$ (9) $e^x - 2$

(10) $(3 - x)(x - 1)$ (11) $(x - 1)(x + 1)$ (12) $x(x - 4)$

2. Ermitteln Sie jeweils die Integralfunktion (mit Definitionsmenge $\mathbb{R}$) und ordnen Sie sie ihrem Graphen zu.

a) $F_2(x) = \int_2^x 0{,}5t\,dt$ 　　　　**b)** $F_2(x) = \int_2^x (-0{,}5t)\,dt$ 　　　　**c)** $F_4(x) = \int_4^x (1 - 0{,}5t)\,dt$

d) $F_0(x) = \int_0^x (1 + 0{,}5t)\,dt$ 　　**e)** $F_0(x) = \int_0^x 0{,}5\,dt$ 　　　　**f)** $F_2(x) = \int_x^2 (-0{,}5)\,dt$

①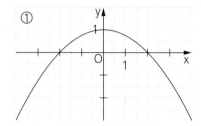

②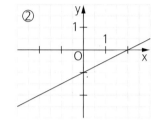

③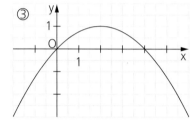

④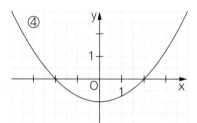

⑤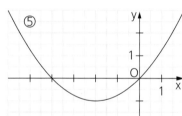

⑥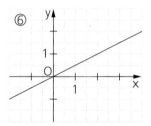

3. Überprüfen Sie jeweils, ob die Funktion F (mit $D_F = D_{F\,max}$) eine Stammfunktion der Funktion f (mit $D_f = D_{f\,max}$) ist.

	a)	b)	c)	d)	e)	f)	g)
F(x)	x	$\frac{1}{2}x^2$	$\frac{1}{3}x^3$	$\frac{1}{n+1}x^{n+1}$	$-\cos x$	e^x	$\ln x$
f(x)	1	x	x^2	x^n	$\sin x$	e^x	$\frac{1}{x}$

	h)	i)	j)	k)	l)
F(x)	$x^5 + x^4 + x^3$	$(x+2)e^{2x}$	$\ln(x^2+4)$	$\sin x - \cos x$	$\ln x + e^2$
f(x)	$5x^4 + 4x^3 + 3x^2$	$(2x+5)e^{2x}$	$\frac{2x}{x^2+1}$	$\sin x + \cos x$	$\frac{1}{x}$

	m)	n)	o)	p)	q)	r)
F(x)	$2\sqrt{x}$	$\frac{2}{x}$	$\frac{x^2+2}{3x}$	$\sqrt{2x^2+4}$	$e^{2x} - e^{-2x}$	$-x + x\ln x + \ln 2$
f(x)	$\frac{1}{\sqrt{x}}$	$\frac{-2}{x^3}$	$\frac{x^2-2}{3x^2}$	$\frac{4x}{\sqrt{2x^2+4}}$	$2(e^{2x} - e^{-2x})$	$\ln x$

4. Geben Sie zu jeder der Funktionen f jeweils zwei Stammfunktionen an.

a) f: $f(x) = 4x + 1$; $D_f = \mathbb{R}$ **b)** f: $f(x) = (x^2 + 1)^2$; $D_f = \mathbb{R}$ **c)** f: $f(x) = e^{1-x}$; $D_f = \mathbb{R}$

d) f: $f(x) = 6$; $D_f = \mathbb{R}$ **e)** f: $f(x) = 0$; $D_f = \mathbb{R}$ **f)** f: $f(x) = \pi^2$; $D_f = \mathbb{R}$

g) f: $f(x) = 2\cos x$; $D_f = \mathbb{R}$ **h)** f: $f(x) = \sin(2x)$; $D_f = \mathbb{R}$ **i)** f: $f(x) = (e^x + 1)^2$; $D_f = \mathbb{R}$

Untersuchen Sie den Graphen G_f jeder der Funktionen f
(1) auf Symmetrie zur y-Achse.   (2) auf Punktsymmetrie zum Ursprung.

5. Untersuchen Sie jeweils, ob $F(x)$ und $F^*(x)$ Stammfunktionsterme zu ein und demselben Funktionsterm $f(x)$ sind, und geben Sie ggf. $f(x)$ an.

a) $F(x) = 2e^x (e^x + 1)$; $F^*(x) = e^{2x} + 2e^x + 4$ **b)** $F(x) = (x + 1)^3$; $F^*(x) = x^3 + 3x(x + 1)$

c) $F(x) = \sin x$; $F^*(x) = \cos(x - \pi)$ **d)** $F(x) = x^2 + \dfrac{1}{x^2}$; $F^*(x) = \dfrac{(x^2 - 1)^2}{x^2}$

G 6. Geben Sie alle Stammfunktionen der Funktion f: $f(x) = 4x^3$; $D_f = \mathbb{R}$, an.
Finden Sie heraus, welche von ihnen auch Integralfunktionen von f sind.

7. Ermitteln Sie jeweils diejenige Stammfunktion der Funktion f: $f(x) = x^2 - 1$; $D_f = \mathbb{R}$,

a) deren Graph die y-Achse im Punkt T (0 | 2) schneidet.

b) die als Nullstelle $x = -3$ besitzt.

8. Bestimmen Sie

a) $\displaystyle\int x \, dx$ **b)** $\displaystyle\int e^x \, dx$ **c)** $\displaystyle\int \cos x \, dx$ **d)** $\displaystyle\int \dfrac{1}{2\sqrt{x}} \, dx$.

Jede der vier Abbildungen veranschaulicht eines der unbestimmten Integrale; ordnen Sie passend zu.

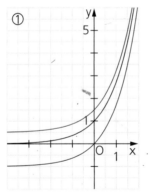

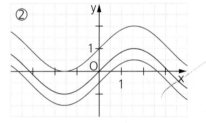

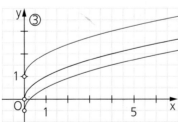

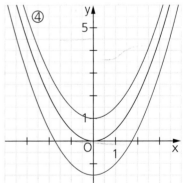

9. Ermitteln Sie jeweils den Funktionsterm einer Stammfunktion F der Funktion f: $f(x) = 4x$; $D_f = \mathbb{R}$,

a) die nur positive Funktionswerte besitzt.

b) die zwei Nullstellen besitzt.

10. Berechnen Sie jeweils den Wert des bestimmten Integrals. Veranschaulichen Sie bei den Teilaufgaben a) bis r) das Integral durch eine Skizze.

a) $\int\limits_{1}^{6} 2x\,dx$

b) $\int\limits_{1}^{4} (4-x)\,dx$

c) $\int\limits_{0}^{8} x^3\,dx$

d) $\int\limits_{\frac{\pi}{2}}^{-\frac{\pi}{2}} \pi\cos x\,dx$

e) $\int\limits_{-3}^{3} x^2\,dx$

f) $\int\limits_{0}^{2} e^x\,dx$

g) $\int\limits_{4}^{9} \frac{1}{2\sqrt{x}}\,dx$

h) $\int\limits_{0}^{\frac{\pi}{2}} \pi\sin x\,dx$

i) $\int\limits_{1}^{6} (x+2)^2\,dx$

j) $\int\limits_{0}^{4} (4-x)^2\,dx$

k) $\int\limits_{0}^{8} x(1-x)^2\,dx$

l) $\int\limits_{\frac{3\pi}{2}}^{2\pi} \cos x\,dx$

m) $\int\limits_{0}^{3} (9x^2 - 18x + 36)\,dx$

n) $2\int\limits_{1}^{6} x^2\,dx - \int\limits_{1}^{6} 2x^2\,dx$

o) $\int\limits_{-3}^{2} 2e^x\,dx$

p) $\int\limits_{-3}^{2} (e^x + 1)\,dx$

q) $\int\limits_{0}^{2} 0{,}5x^3\,dx$

r) $\int\limits_{1}^{e} \frac{2}{x}\,dx$

Hinweis:
$\int f'(x)e^{f(x)}\,dx =$
$= e^{f(x)} + C$

s) $\int\limits_{0}^{2} 2x\,e^{x^2}\,dx$

t) $\int\limits_{-\pi}^{\pi} e^{\sin x}\cos x\,dx$

u) $\int\limits_{-1}^{1} (-3x^2 e^{-x^3})\,dx$

v) $\int\limits_{-e}^{-1} \frac{2}{x}\,dx$

11. Übertragen Sie jeweils die Angabe in Ihr Heft und setzen Sie dann dort anstelle des Platzhalters ☐ eines der Zeichen >, < bzw. =, sodass eine wahre Aussage entsteht.

a) $\int\limits_{1}^{6} 4x\,dx \;\square\; 2\int\limits_{1}^{6} 2x\,dx$

b) $\int\limits_{1}^{6} 25x\,dx \;\square\; \int\limits_{1}^{4} 30x\,dx$

c) $2\int\limits_{0}^{2} 3x^2\,dx \;\square\; \int\limits_{0}^{8} 2\,dx$

12. Berechnen Sie jeweils den Wert des bestimmten Integrals.

a) $\int\limits_{0}^{4} \frac{2x}{x^2 + 1}\,dx$

b) $\int\limits_{0}^{\frac{\pi}{4}} \frac{-\sin x}{\cos x}\,dx$

c) $\int\limits_{1}^{5} \frac{3x^2}{x^3 + 8}\,dx$

d) $\int\limits_{e}^{e^2} \frac{\frac{1}{x}}{\ln x}\,dx$

Hinweise:
$\int \frac{f'(x)}{f(x)}\,dx = \ln|f(x)| + C;$

$\int f(ax + b)\,dx =$

$= \frac{1}{a}\cdot F(ax + b) + C;$
$F'(x) = f(x);\; a \neq 0$

e) $\int\limits_{-2}^{0} \frac{e^x}{e^x + e}\,dx$

f) $\int\limits_{\frac{\pi}{6}}^{\frac{\pi}{8}} \frac{\cos x}{\sin x}\,dx$

g) $\int\limits_{0}^{5} \frac{e^x}{e}\,dx$

h) $\int\limits_{1}^{2} \frac{2x + 4x^3}{x^2(1 + x^2)}\,dx$

i) $\int\limits_{0}^{\frac{\pi}{2}} \sin(2x)\,dx$

j) $\int\limits_{-2}^{6} e^{-x}\,dx$

k) $\int\limits_{-1}^{1} e^{2x + 3}\,dx$

l) $\int\limits_{-\frac{1}{\pi}}^{0} \cos(\pi x)\,dx$

13. Bestimmen Sie jeweils den Wert von a so, dass eine wahre Aussage entsteht.

a) $2\int\limits_{0}^{a} x^2\,dx = 18$

b) $\int\limits_{1}^{a} x^3\,dx = 20$

c) $\int\limits_{-2}^{a} (2x - 3x^2)\,dx = -12$

d) $\int\limits_{-a}^{a} (a^2 - x^2)\,dx = 36$

e) $\int\limits_{a}^{5} \frac{1}{x^2}\,dx = \frac{1}{10}$

f) $\int\limits_{0}^{a} e^{2x}\,dx = \frac{e-1}{2}$

g) $2\int\limits_{3}^{a} dx = 10$

h) $\int\limits_{e}^{a} \frac{1}{x}\,dx = 1$

i) $\int\limits_{0}^{a} (3x^2 - x)\,dx = 56$

$-3;\; 0;\; 0{,}5;\; 1;\; 3;\; 3\frac{1}{3};$
$4;\; e^2;\; 8$

Parameterwerte zu 13. **L**

G 14. Was bedeutet $\int\limits_{a}^{b} f(x)\,dx$; $0 < a < b$, geometrisch, wenn $f(x)$ der Oberflächeninhalt einer Kugel mit Radiuslänge x ist?

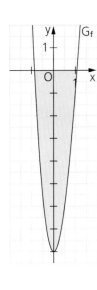

G 15. Der Graph G_f der Funktion f: $f(x) = 0,125x^4 - 2x^3 + 9x^2 - 8$; $D_f = \mathbb{R}$, und die x-Achse beranden das in der Abbildung getönte Flächenstück.

a) Schätzen Sie zunächst den Inhalt dieses Flächenstücks ab.

b) Ermitteln Sie mithilfe des Newton'schen Näherungsverfahrens die Nullstellen der Funktion f und berechnen Sie dann den Inhalt A des Flächenstücks.

Um wie viel Prozent war Ihr Schätzwert größer oder kleiner als A?

G 16. Vorgelegt ist die Funktion k: $k(x) = \int\limits_0^x \dfrac{2t^4}{t^2 + 1}\,dt$; $D_k = \,]{-1};\,1[$. Zeigen Sie, dass die Funktion k streng monoton ist.

17. Der Graph der Funktion f: $f(x) = \dfrac{1}{2}x^2 - x - \dfrac{3}{2}$; $D_f = \mathbb{R}$, ist die Parabel P.

a) Stellen Sie f(x) sowohl in faktorisierter Form als auch in Scheitelform dar und geben Sie die Koordinaten der Achsenpunkte von P sowie des Parabelscheitels S an.

b) Zeichnen Sie die Parabel P.

c) Berechnen Sie den Inhalt des Flächenstücks, das P mit der x-Achse einschließt.

18. Gegeben ist die Funktion f: $x \mapsto 4x - x^2$; $D_f = \mathbb{R}$.

a) Zeichnen Sie ihren Graphen G_f.

b) Berechnen Sie
(1) den Inhalt des Flächenstücks, das G_f mit der x-Achse einschließt, und

(2) den Wert des bestimmten Integrals $\int\limits_{-2}^{5} f(x)\,dx$.

c) Bestimmen Sie unter Verwendung der Ergebnisse von Teilaufgabe b) den Wert des bestimmten Integrals $\int\limits_{-2}^{5} |f(x)|\,dx$.

19. Der Graph einer ganzrationalen Funktion f dritten Grads mit $D_f = [-5;\,5]$ ist punktsymmetrisch zum Ursprung und enthält den Punkt P ($-2\,|\,20$); ferner gilt

$$\int\limits_0^2 f(x)\,dx = \int\limits_2^4 f(x)\,dx.$$

Erläutern Sie, was dieser Zusammenhang geometrisch bedeutet, ermitteln Sie den Funktionsterm f(x) und überprüfen Sie Ihre Überlegungen sowie Ihr Ergebnis mithilfe eines Funktionsplotters.

Abituraufgabe

20. Der Graph der Funktion f: $f(x) = \dfrac{4x}{3(x^2 - 4)}$; $D_f = \mathbb{R} \setminus \{-2;\,2\}$, ist G_f.

a) Zeigen Sie, dass G_f punktsymmetrisch zum Ursprung ist.

b) Untersuchen Sie, ob G_f Extrempunkte besitzt.

c) Geben Sie die Gleichungen der Asymptoten von G_f an und skizzieren Sie G_f.

d) Ermitteln Sie den Funktionsterm einer Stammfunktion F von f.

Hinweis: $f(x) = \dfrac{4x}{3x^2 - 12} = \dfrac{2}{3} \cdot \dfrac{2x}{x^2 - 4}$

Berechnen Sie den Wert des Integrals $\int\limits_{2,5}^{4} f(x)\,dx$ und veranschaulichen Sie ihn in Ihrer Zeichnung zu Teilaufgabe c).

G 21. Die Abbildung zeigt den Graphen G_f einer in ganz $\mathbb{R}$ definierten und stetigen Funktion f sowie den Graphen G_F einer Stammfunktion F von f. Die Koordinaten der Achsenschnittpunkte beider Graphen sowie des Berührpunkts von G_F mit der x-Achse sind ganzzahlig.

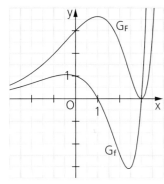

(1) **a)** Erläutern Sie, dass das dargestellte Monotonieverhalten von G_F in Einklang damit steht, dass F Stammfunktion von f ist.

b) G_f und die x-Achse beranden im 4. Quadranten ein Flächenstück. Bestimmen Sie dessen Inhalt mithilfe von G_F auf eine Dezimale genau.

(2) **a)** Es gilt $f(x) = (ax^2 + bx + c)e^x$ mit a, b, c $\in \mathbb{R}$. Ermitteln Sie mithilfe der in der Abbildung dargestellten Achsenpunkte von G_f die Werte der Parameter a, b und c.
Zur Kontrolle: $f(x) = \frac{1}{3}(x^2 - 4x + 3)e^x$

b) Zeigen Sie, dass die Funktion F: $F(x) = \frac{1}{3}(x^2 - 6x + 9)e^x$; $D_F = \mathbb{R}$, eine Stammfunktion von f [vgl. Teilaufgabe (2) a)] ist, und überprüfen Sie Ihr Ergebnis von Teilaufgabe (1) b).

22. Gegeben ist die Funktion f: $f(x) = \frac{x^3}{(x-1)^2}$; $D_f = \mathbb{R}\setminus\{1\}$; ihr Graph ist G_f.

a) Untersuchen Sie G_f auf Achsenpunkte, Extrempunkte (Lage und Art) und Wendepunkte.

b) Zeigen Sie, dass für jeden Wert von x $\in D_f$ stets $f(x) = x + 2 + \frac{3x-2}{(x-1)^2}$ gilt, und geben Sie die Gleichungen der Asymptoten von G_f an.

c) Zeichnen Sie G_f und seine Asymptoten.

d) Zeigen Sie, dass die Funktion F: $F(x) = 3 \ln|x-1| + \frac{1}{2}(x+2)^2 - \frac{1}{x-1}$; $D_F = \mathbb{R}\setminus\{1\}$, eine Stammfunktion von f ist.

e) Der Graph G_f, die Gerade g mit der Gleichung $y = x + 2$ sowie die Geraden h: $x = 2$ und k: $x = 10$ beranden ein Flächenstück. Berechnen Sie seinen Flächeninhalt A.

f) Probieren Sie unter Verwendung eines Funktionsplotters aus, wie sich der Funktionsgraph verändert, wenn man den Exponenten des Nenners und/oder des Zählers von f(x) verändert.

G 23. Die Abbildung zeigt den Graphen G_f der Funktion
f: $f(x) = 2x^2 - x^3$; $D_f = \mathbb{R}$. Die Funktion

$$I: x \mapsto I(x) = \int_0^x f(t)\, dt; \quad D_I = \mathbb{R},$$ ist eine Integralfunktion von f.

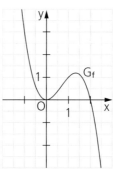

a) Begründen Sie die folgenden drei Eigenschaften der Funktion I bzw. ihres Graphen G_I anhand des Graphen G_f oder des Funktionsterms f(x) der Funktion f:
(1) Für jeden Wert von x < 0 ist I(x) < 0.
(2) I besitzt genau zwei Nullstellen.
(3) G_I besitzt im Ursprung einen Terrassenpunkt.

b) Zeichnen Sie zunächst G_f in Ihr Heft und skizzieren Sie dann dort G_I.

G 24. Die Abbildung zeigt den Graphen G_f der Funktion

$f: f(x) = -\dfrac{x^3}{2}(x-3); \ D_f = \mathbb{R};$

G_f und die x-Achse beranden ein Flächenstück mit dem Inhalt A.

Die Funktion $F_1: F_1(x) = \displaystyle\int_1^x f(t)\,dt; \ D_{F_1} = \mathbb{R}$, ist eine

Integralfunktion von f.

a) Zerlegen Sie den Bereich $0 \leqq x \leqq 3$ in sechs gleich breite Streifen und ermitteln Sie mithilfe der Untersumme s_6 und der Obersumme S_6 einen Näherungswert A* für A. Runden Sie passend.

b) Finden Sie, ohne die integralfreie Darstellung von $F_1(x)$ zu ermitteln, heraus, welcher der vier Graphen G_1 bis G_4 der Graph der Funktion F_1 ist, indem Sie bei jedem der drei übrigen Graphen angeben, warum es sich bei ihm nicht um G_{F_1} handeln kann.

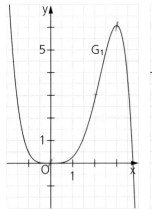
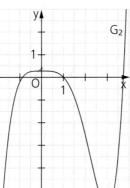
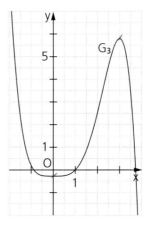
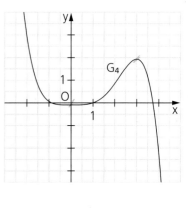

c) Berechnen Sie den exakten Wert von A.

G 25. Die linke Abbildung zeigt den Graphen G_g der Funktion g. Begründen Sie, dass keiner der drei Graphen G_1, G_2 bzw. G_3 in der rechten Abbildung Graph der

Integralfunktion $G_0: G_0(x) = \displaystyle\int_0^x g(t)\,dt; \ D_{G_0} = D_g$, von g sein kann.

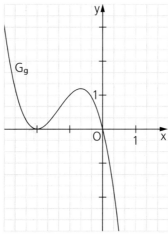
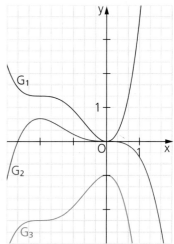

26. Vorgelegt sind die Funktion f: $f(x) = 8x^2 \, e^{-2x}$; $D_f = \mathbb{R}$, sowie eine Integralfunktion I von f mit dem Term $I(x) = \int\limits_0^x f(t) \, dt$ und der Definitionsmenge $\mathbb{R}$.

a) Begründen Sie (ohne Ausführung der Integration), dass der Graph G_I der Funktion I durch den Ursprung verläuft und dort einen Terrassenpunkt besitzt. Ermitteln Sie die Abszisse des zweiten Wendepunkts von G_I.

b) Zeigen Sie, dass die Funktion F: $F(x) = 2 - 2e^{-2x}(2x^2 + 2x + 1)$; $D_F = \mathbb{R}$, eine Stammfunktion der Funktion f ist.

G 27. Welcher Zusammenhang besteht jeweils zwischen den Termen $I_1(a)$ und $I_2(a)$? Veranschaulichen Sie $I_1(a)$ und $I_2(a)$ für $a = a^*$ geometrisch.

a) $I_1(a) = \int\limits_1^a \frac{1}{x} \, dx$ und $I_2(a) = \int\limits_{\frac{1}{a}}^1 \frac{1}{x} \, dx$; $a > 1$; $a^* = 5$

b) $I_1(a) = \int\limits_e^{e^a} \frac{1}{x} \, dx$ und $I_2(a) = \int\limits_0^{\ln a} e^x \, dx$; $a > 1$; $a^* = 2$

c) $I_1(a) = \int\limits_0^{a^2} \sqrt{x} \, dx$ und $I_2(a) = a^3 - \int\limits_0^a x^2 \, dx$; $a > 0$; $a^* = 3$

d) $I_1(a) = \int\limits_0^a \sin x \, dx$ und $I_2(a) = \int\limits_{\cos a}^1 dx$; $a > 0$; $a^* = \pi$

G 28. Gegeben ist jeweils eine Funktion f und eine Funktion F.
(1) Untersuchen Sie, ob die Funktion F eine Stammfunktion von f ist.
(2) Finden Sie heraus, ob die Funktion F eine Integralfunktion von f ist.

	f	F
a)	$f(x) = 3x^2$; $D_f = \mathbb{R}$	$F(x) = x^3 - 8$; $D_F = \mathbb{R}$
b)	$f(x) = 3x^2$; $D_f = \mathbb{R}$	$F(x) = x^3 + 8$; $D_F = \mathbb{R}$
c)	$f(x) = 4x^3$; $D_f = \mathbb{R}$	$F(x) = x^4 - 16$; $D_F = \mathbb{R}$
d)	$f(x) = 4x^3$; $D_f = \mathbb{R}$	$F(x) = x^4 + 16$; $D_F = \mathbb{R}$
e)	$f(x) = \sin x$; $D_f = \mathbb{R}$	$F(x) = \cos x$; $D_F = \mathbb{R}$
f)	$f(x) = e^x$; $D_f = \mathbb{R}$	$F(x) = e^x + 2$; $D_F = \mathbb{R}$

Geben Sie F(x) in der Form $F(x) = \int\limits_a^x f(t) \, dt$ an, wenn dies möglich ist.

W1 Weisen Sie nach, dass die Vektoren $\overrightarrow{AB}$ und $\overrightarrow{BC}$ mit A (3 | −3 | 3), B (5 | 1 | −1) und C (1 | 5 | 1) aufeinander senkrecht stehen und den gleichen Betrag besitzen. Was folgt daraus für das Dreieck ABC?

W2 Wie oft muss man einen Laplace-Spielwürfel mindestens werfen, um mit einer Wahrscheinlichkeit von mindestens 90% mindestens einmal eine Primzahl zu werfen?

W3 Welchen Punkt haben die Sinuskurve und die Normalparabel außer dem Ursprung O noch miteinander gemeinsam? Ermitteln Sie seine Abszisse mithilfe des Newton'schen Näherungsverfahrens auf Hundertstel genau.

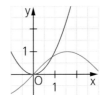

Körper, die man sich durch Rotation eines Flächenstücks um eine Achse entstanden denken kann, heißen **Rotationskörper**.

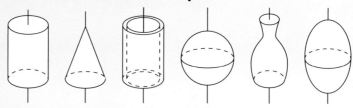

1. Geben Sie an, welche Flächenstücke durch Rotation einen geraden Kreiszylinder, einen geraden Kreiskegel, ein Rohr bzw. eine Kugel ergeben, und geben Sie jeweils eine Formel zur Berechnung des Volumens des Körpers an.

Die Integralrechnung liefert die Möglichkeit, das Volumen von Körpern zu ermitteln, die durch Rotation eines Flächenstücks entstehen, das vom Graphen einer integrierbaren Funktion f mit $f(x) \geqq 0$ für jeden Wert von $x \in [a; b]$, der x-Achse und den beiden achsenparallelen Geraden g: x = a und h: x = b > a berandet wird.

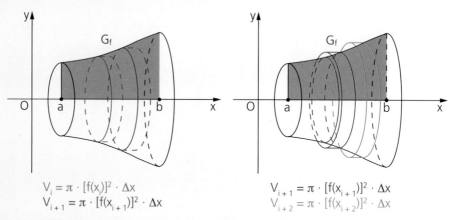

$$V_i = \pi \cdot [f(x_i)]^2 \cdot \Delta x$$
$$V_{i+1} = \pi \cdot [f(x_{i+1})]^2 \cdot \Delta x$$

$$V_{i+1} = \pi \cdot [f(x_{i+1})]^2 \cdot \Delta x$$
$$V_{i+2} = \pi \cdot [f(x_{i+2})]^2 \cdot \Delta x$$

Dem Rotationskörper lassen sich jeweils gerade kreiszylinderförmige Scheiben „einbeschreiben" und „umbeschreiben". Im Fall einer streng monoton zunehmenden Funktion f ergibt sich mit $\Delta x = \frac{b-a}{n}$ für die

- „Untersumme" (Summe der Volumina der „einbeschriebenen" Scheiben):
  $s_n = \pi \cdot [f(x_0)]^2 \cdot \Delta x + \pi \cdot [f(x_1)]^2 \cdot \Delta x + \pi \cdot [f(x_2)]^2 \cdot \Delta x + \ldots + \pi \cdot [f(x_{n-1})]^2 \cdot \Delta x =$
  $= \pi \cdot \{[f(x_0)]^2 + [f(x_1)]^2 + [f(x_2)]^2 + \ldots + [f(x_{n-1})]^2\} \cdot \Delta x.$

- „Obersumme" (Summe der Volumina der „umbeschriebenen" Scheiben):
  $S_n = \pi \cdot [f(x_1)]^2 \cdot \Delta x + \pi \cdot [f(x_2)]^2 \cdot \Delta x + \pi \cdot [f(x_3)]^2 \cdot \Delta x + \ldots + \pi \cdot [f(x_n)]^2 \cdot \Delta x =$
  $= \pi \cdot \{[f(x_1)]^2 + [f(x_2)]^2 + [f(x_3)]^2 + \ldots + [f(x_n)]^2\} \cdot \Delta x.$

$(x_0 = a; x_n = b; x_i = x_0 + i \cdot \Delta x; i \in \{0; 1; 2; 3; \ldots ; n\})$

Wenn die beiden Grenzwerte $\lim\limits_{n \to \infty} s_n$ und $\lim\limits_{n \to \infty} S_n$ existieren und wertgleich sind,

dann ist $V_{\text{Rotationskörper}} = \lim\limits_{n \to \infty} s_n = \lim\limits_{n \to \infty} S_n$; das Volumen des Rotationskörpers lässt sich also

durch ein Riemann'sches Integral ausdrücken.

Allgemein gilt: Rotiert ein Flächenstück, das vom Graphen G_f einer Funktion f mit $f(x) \geqq 0$ für jeden Wert von $x \in [a; b]$, der x-Achse und den achsenparallelen Geraden g: x = a und h: x = b > a berandet wird, um die x-Achse, so entsteht ein Rotationskörper

mit dem Volumen $\mathbf{V = \pi \int\limits_a^b [f(x)]^2 dx.}$

2. Ein Parabolscheinwerfer hat als Achsenschnitt die Parabel mit der Gleichung $y = 2\sqrt{x}$; der Scheinwerfer ist 16 LE lang und 16 LE breit. Berechnen Sie sein Volumen.

3. Rotiert ein Halbkreis (Radiuslänge r) um seinen Durchmesser, so entsteht eine Kugel; berechnen Sie deren Volumen

$$V = \pi \int_{-r}^{r} (r^2 - x^2)\, dx.$$

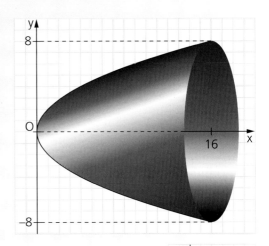

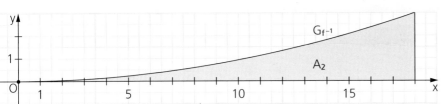

Sektgläser als Rotationskörper

Die beiden Abbildungen zeigen den Graphen der Funktion $f: f(x) = 6\sqrt{3x}$; $D_f = \mathbb{R}_0^+$, bzw. den Graphen ihrer Umkehrfunktion $f^{-1}: f^{-1}(x) = \frac{x^2}{108}$; $D_{f^{-1}} = \mathbb{R}_0^+$.

Die beiden getönten Flächenstücke A_1 und A_2 sind kongruent; die beiden Rotationskörper, die durch Rotation von A_1 um die y-Achse bzw. von A_2 um die x-Achse entstehen, haben gleiches Volumen

$$V = \pi \int_0^{18} \left(\frac{x^2}{108}\right)^2 dx = \pi \int_0^{18} \left(\frac{x^4}{108^2}\right) dx = \frac{\pi}{11\,664} \left[\frac{x^5}{5}\right]_0^{18} = \frac{162}{5}\,\pi \approx 102.$$

Somit gilt: Ist die 20 cm hohe Sektflöte ⑤ 18 cm hoch gefüllt, so enthält sie etwa 102 cm³ Sekt.

4. Die Abbildung ③ zeigt eine Sektschale (Durchmesserlänge 11 cm; Kelchhöhe 3 cm), deren Kelch als Achsenschnitt einen Parabelbogen hat. Wie viele solche Sektschalen kann man aus einer Piccoloflasche 2 cm hoch füllen?

5. Das getönte, von der x-Achse und dem Graphen G_f der Funktion $f: f(x) = 0{,}1 \cdot (10 - x) \cdot \sqrt{x}$; $D_f = [0; 10]$, berandete Flächenstück rotiert um die x-Achse (1 LE = 10 m).

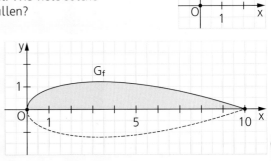

a) Berechnen Sie das Volumen des dabei entstehenden Rotationskörpers.

b) Welchen Betrag hat die Auftriebskraft, die der Rotationskörper bei Füllung mit Helium (Dichte: 0,18 $\frac{kg}{m^3}$) in Luft (1,29 $\frac{kg}{m^3}$) erfährt?

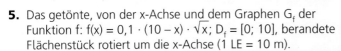

Themenseite

Arbeitsaufträge

1.

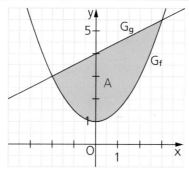 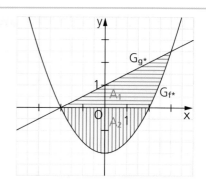

a) Die Graphen G_f und G_g der Funktionen f: $f(x) = 0{,}5x^2 + 1$; $D_f = \mathbb{R}$, und
g: $g(x) = 0{,}5x + 4$; $D_g = \mathbb{R}$, beranden ein Flächenstück; ermitteln Sie dessen Inhalt A.

b) Die Graphen G_{f*} und G_{g*} der Funktionen f*: $f^*(x) = 0{,}5x^2 - 2$; $D_{f*} = \mathbb{R}$, und
g*: $g^*(x) = 0{,}5x + 1$; $D_{g*} = \mathbb{R}$, beranden ein Flächenstück mit dem Inhalt A*.
Ermitteln Sie A_1, A_2 und $A^* = A_1 + A_2$. Was fällt Ihnen auf?

2. Die Abbildung zeigt die Graphen G_f und G_g der
Funktionen f: $f(x) = \frac{x}{3}(4 - x^2)$; $D_f = \mathbb{R}$, und
g: $g(x) = \frac{x}{3}(x - 2)$; $D_g = \mathbb{R}$. Berechnen Sie
den gesamten Flächeninhalt A der beiden
Flächenstücke, die von G_f und G_g eingeschlos-
sen werden.

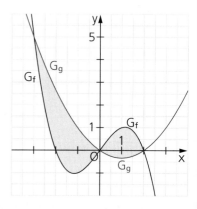

3. Die von dem Architekten Hördur Bjarnason entworfene Kópavogskirkja in Reykjavik
(Island) besitzt Parabelgewölbe; auch die Rahmen der von der Künstlerin Gerdur
Helgadóttir entworfenen Kirchenfenster haben (näherungsweise) Parabelform.

 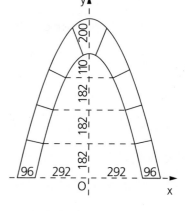

Maße in cm

Finden Sie den Flächeninhalt des großen Glasfensters heraus.

Flächen zwischen zwei Funktionsgraphen

- Der Funktionsgraph G_f liegt zwischen $x = a$ und $x = b$ stets oberhalb des Funktionsgraphen G_g:

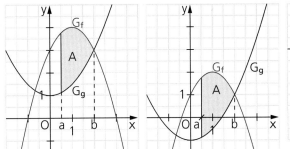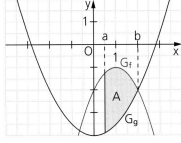

Dann gilt $A = \int\limits_a^b f(x)\,dx - \int\limits_a^b g(x)\,dx = \int\limits_a^b [f(x) - g(x)]\,dx$: Bei gleicher *relativer* Lage der beiden Graphen, die das Flächenstück beranden, hängt der Inhalt des Flächenstücks nicht von der Lage der beiden Graphen im Koordinatensystem ab.

Begründung: Wenn $\int\limits_a^b [f(x) - g(x)]\,dx = A$ ist, so gilt für jeden Wert von $k \in \mathbb{R}$

$$\int\limits_a^b \{[f(x) + k] - [g(x) + k]\}\,dx = \int\limits_a^b [f(x) + k - g(x) - k]\,dx = \int\limits_a^b [f(x) - g(x)]\,dx = A.$$

Veranschaulichung:

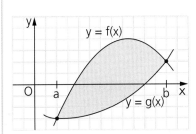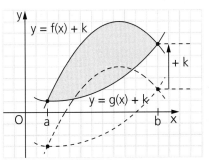

- Die von den Funktionsgraphen G_f und G_g zwischen $x = a$ und $x = b$ berandete Fläche zerfällt in zwei oder mehr einzelne Flächenstücke:

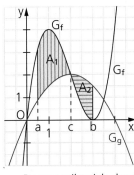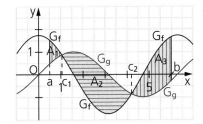

Dann ergibt sich der Gesamtflächeninhalt als Summenwert der Teilflächeninhalte:

$A = A_1 + A_2 =$

$= \int\limits_a^c [f(x) - g(x)]\,dx + \int\limits_c^b [g(x) - f(x)]\,dx$

$A = A_1 + A_2 + A_3 =$

$= \int\limits_a^{c_1} [f(x) - g(x)]\,dx + \int\limits_{c_1}^{c_2} [g(x) - f(x)]\,dx + \int\limits_{c_2}^b [f(x) - g(x)]\,dx$

Beispiele

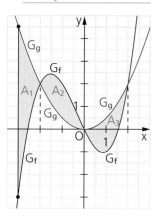

● Die Abbildung zeigt die Graphen G_f und G_g der Funktionen f: $f(x) = 0{,}5x(x^2 + x - 4)$; $D_f = \mathbb{R}$, und g: $g(x) = 0{,}5x^2$; $D_g = \mathbb{R}$.
Ermitteln Sie den Flächeninhalt des getönten Bereichs.

Lösung:
Abszissen der Schnittpunkte von G_f und G_g:
$0{,}5x(x^2 + x - 4) = 0{,}5x^2$; $| \cdot 2$
$x^3 + x^2 - 4x = x^2$; $| - x^2$ $\qquad x^3 - 4x = 0$;
$x(x^2 - 4) = 0$; $\qquad\qquad\qquad x(x + 2)(x - 2) = 0$;
$x_1 = 0$; $\qquad x_2 = -2$; $\qquad x_3 = 2$

Flächeninhalt: $A = A_1 + A_2 + A_3$;

$A_1 = \int\limits_{-3}^{-2} [g(x) - f(x)]\,dx = \int\limits_{-3}^{-2} [0{,}5x^2 - (0{,}5x^3 + 0{,}5x^2 - 2x)]\,dx = \int\limits_{-3}^{-2} [-0{,}5x^3 + 2x]\,dx =$

$= \left[-\dfrac{x^4}{8} + x^2\right]_{-3}^{-2} = (-2 + 4) - \left(-\dfrac{81}{8} + 9\right) = 3\dfrac{1}{8}$;

$A_2 = \int\limits_{-2}^{0} [f(x) - g(x)]\,dx = \int\limits_{-2}^{0} [0{,}5x^3 - 2x]\,dx = \left[\dfrac{x^4}{8} - x^2\right]_{-2}^{0} = 0 - (2 - 4) = 2$;

$A_3 = \int\limits_{0}^{2} [g(x) - f(x)]\,dx = \int\limits_{0}^{2} [-0{,}5x^3 + 2x]\,dx = \left[-\dfrac{x^4}{8} + x^2\right]_{0}^{2} = (-2 + 4) - 0 = 2$;

$A = A_1 + A_2 + A_3 = 3\dfrac{1}{8} + 2 + 2 = 7\dfrac{1}{8}$

● Gegeben sind die Funktionen f: $f(x) = 2 - x^2$; $D_f = \mathbb{R}_0^+$, und g: $g(x) = \sqrt{x}$; $D_g = \mathbb{R}_0^+$.
Skizzieren Sie G_f und G_g und ermitteln Sie den Flächeninhalt des ganz im Endlichen gelegenen Flächenstücks, das von G_f, G_g und der y-Achse berandet wird.

Lösung:
Abszisse des Schnittpunkts von G_f und G_g:
$2 - x^2 = \sqrt{x}$; durch Überlegen findet man
$x = 1$.
Flächeninhalt:

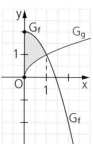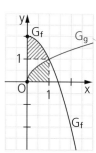

$A = \int\limits_{0}^{1} (2 - x^2 - \sqrt{x})\,dx = \left[2x - \dfrac{x^3}{3} - \dfrac{2}{3}x\sqrt{x}\right]_{0}^{1} =$

$= 2 - \dfrac{1}{3} - \dfrac{2}{3} = 1.$

Hinweis:
Dieser Wert kann auch durch Überlegen gefunden werden: Die Graphen G_f und G_g sind zueinander kongruent und die grün schraffierten Flächenstücke somit gleich groß.

● Die nebenstehende Abbildung veranschaulicht das Integral $\int\limits_{1}^{b} \dfrac{1}{x^2}\,dx$; $b > 1$.
a) Berechnen Sie seinen Wert A(b).
b) Untersuchen Sie $\lim\limits_{b \to \infty} A(b)$ und deuten Sie das Ergebnis.

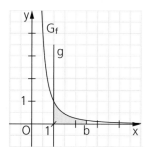

Lösung:
a) $A(b) = \left[-\dfrac{1}{x}\right]_{1}^{b} = -\dfrac{1}{b} - \left(-\dfrac{1}{1}\right) = 1 - \dfrac{1}{b}$.

b) Für $b \to \infty$ strebt $1 - \dfrac{1}{b}$ gegen 1: $\lim\limits_{b \to \infty} A(b) = 1$.

Man ordnet deshalb der „nach rechts ins Unendliche reichenden Fläche" zwischen der Geraden g mit der Gleichung $x = 1$, dem Graphen G_f der Funktion f: $x \mapsto \dfrac{1}{x^2}$; $D_f = \mathbb{R}^+$, und der x-Achse den Flächeninhalt 1 zu.
Dafür schreibt man kurz $\int\limits_{1}^{\infty} \dfrac{dx}{x^2} = 1$.

Man bezeichnet Integrale wie z. B.

$\int\limits_{1}^{\infty} \dfrac{dx}{x^2}$ *als* **uneigent-**

liche Integrale.

○ Welche Eigenschaft könnte G_f besitzen, wenn $\int\limits_{-a}^{a} f(x)\,dx = 2\int\limits_{0}^{a} f(x)\,dx$ ($a \in \mathbb{R}^+$) ist?

○ Welche Eigenschaft könnte G_f besitzen, wenn $\int\limits_{-a}^{a} f(x)\,dx = 0$ ($a \in \mathbb{R}^+$) ist?

1. Vorgelegt sind die Funktionen f: $f(x) = 2 - (x + 2)^2$; $D_f = \mathbb{R}$, und g: $g(x) = x + 2$; $D_g = \mathbb{R}$. **Aufgaben**
Berechnen Sie die Inhalte A_1 bis A_6 der getönten Flächenstücke.

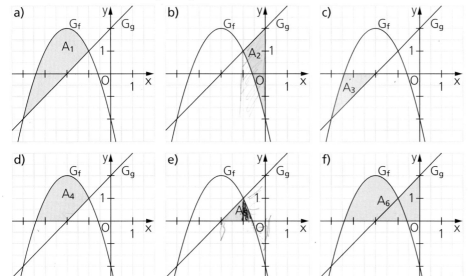

2. Berechnen Sie jeweils den Inhalt der getönten Fläche.

a) $y = -0,5x^3 - 1,5x^2 + 2$; $y = x + 2$

b) $y = (x - 2)^2$; $y = -x^2 + 6x - 4$

c) $y = \dfrac{e}{e^x}$; $y = e \cdot e^x$

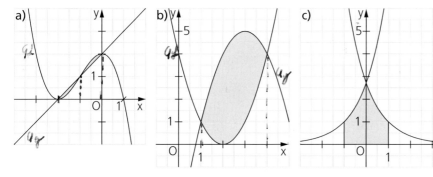

3. Berechnen Sie den Inhalt A der Fläche, die die Graphen der Funktionen
f: $f(x) = x^2 - x$ und g: $g(x) = x$; $D_f = D_g = [0; 2]$, miteinander einschließen.
Wie viel Prozent dieser Fläche liegen im IV. Quadranten?

G 4. Der Rand eines Segels (siehe Abbildung) wird von jeweils einem Teil des Graphen G_f der Funktion f: $f(x) = x + 6 - \frac{32}{x^2}$; $D_f = \mathbb{R} \setminus \{0\}$, der x-Achse und der Geraden g gebildet (g verläuft durch den Hochpunkt von G_f und ist parallel zur schrägen Asymptote a_2 von G_f). Berechnen Sie den Flächeninhalt des Segels (1 LE = 1 m).

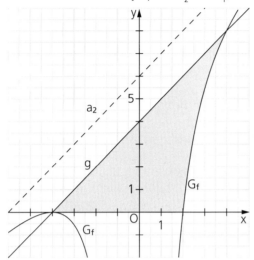

5. Gegeben sind die Funktionen f: $f(x) = e^{0,5x}$; $D_f = \mathbb{R}$, und g: $g(x) = 2e - e^{0,5x}$; $D_g = \mathbb{R}$. Ihre Graphen G_f und G_g beranden zusammen mit der y-Achse ein (ganz im Endlichen gelegenes) Flächenstück; berechnen Sie dessen Inhalt.

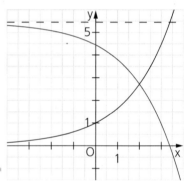

G 6. Die Abbildungen zeigen die Graphen der Funktionen f: $f(x) = x^3 - 4x$ und g: $g(x) = 0,5(4 - x^2)$; $D_f = D_g = \mathbb{R}$. Ermitteln Sie jeweils den Inhalt des getönten Bereichs.

a)
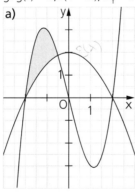

b)
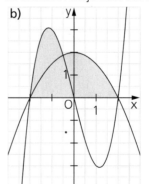

c)
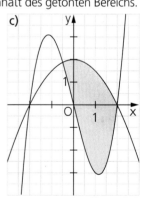

Zwischenergebnis zu 7.:
f(x) = −2x³ + 3x²

G 7. Der Graph G_f einer ganzrationalen Funktion f dritten Grads mit $D_f = \mathbb{R}$ berührt die x-Achse im Ursprung und besitzt den Wendepunkt W (0,5 | 0,5). Ermitteln Sie den Flächeninhalt A des von G_f und der x-Achse beranderten Flächenstücks.

8. Vorgelegt ist die Funktion f: $f(x) = \dfrac{8x}{x^2 + 4}$; $D_f = D_{f\,max}$; ihr Graph ist G_f .

    a) Geben Sie $D_{f\,max}$ an. Zeigen Sie, dass G_f punktsymmetrisch zum Ursprung ist.

    b) Untersuchen Sie G_f auf Extrem- sowie Wendepunkte und erstellen Sie eine Monotonie- und Krümmungstabelle für G_f .

    c) Ermitteln Sie eine Gleichung der Asymptote von G_f und skizzieren Sie G_f . Kennzeichnen Sie in Ihrer Skizze die rechtsgekrümmten Teile von G_f .

    d) G_f und die Winkelhalbierende des I. Quadranten beranden ein (ganz im Endlichen gelegenes) Flächenstück; berechnen Sie dessen Inhalt.

Hinweis:

$$\int \frac{f'(x)}{f(x)}\,dx = ln\,|f(x)| + C$$

G 9. Gegeben ist die Funktion f: $f(x) = 2 \sin\left(\dfrac{\pi}{6}x\right)$; $D_f = [0;\,12]$. Zeichnen Sie ihren Graphen G_f .

Abituraufgabe

    a) Geben Sie die Koordinaten der Extrempunkte und des Wendepunkts von G_f an.

    b) Der Graph G_f und die Gerade g mit der Gleichung $y = mx$; $0 < m \leqq 1$, beranden eine Fläche mit dem Inhalt A_1 . Die Gerade g, der Graph G_f und die Gerade h mit der Gleichung $x = 6$ beranden eine weitere Fläche mit dem Inhalt A_2 . Finden Sie – ohne die Koordinaten des Schnittpunkts von g und G_f zu ermitteln – heraus, für welchen Wert von m die beiden Flächeninhalte A_1 und A_2 gleich groß sind.

G 10. Vorgelegt sind die Funktionen f: $f(x) = \sqrt{4 - x}$; $D_f = D_{f\,max}$, und g: $g(x) = \sqrt{x} - 2$; $D_g = D_{g\,max}$.

Abituraufgabe

Hinweis:

$$\left(x^{\frac{3}{2}}\right)' = \frac{3}{2}x^{\frac{1}{2}}$$

    a) Geben Sie $D_{f\,max}$ sowie $D_{g\,max}$ an. Ermitteln Sie die Koordinaten der Punkte, die die Funktionsgraphen G_f und G_g mit den Koordinatenachsen gemeinsam haben, und skizzieren Sie G_f und G_g .

    b) Beschreiben Sie, wie man den Graphen G_g aus dem Graphen G_f gewinnen kann; geben Sie zwei verschiedene Möglichkeiten hierfür an.

    c) Der Graph G_g und die Koordinatenachsen beranden ein Flächenstück; berechnen Sie dessen Inhalt. Die Graphen G_g und G_f sowie die y-Achse beranden ebenfalls ein Flächenstück; finden Sie dessen Inhalt durch Überlegen heraus.

11. Gegeben ist die Funktion f: $f(x) = 2 - \dfrac{8}{x^2}$; $D_f = \mathbb{R}\setminus\{0\}$; ihr Graph G_f schneidet die x-Achse in den Punkten I und E $(x_I < x_E)$. Weisen Sie nach, dass G_f weder Extrempunkte noch Wendepunkte besitzt. Geben Sie die Gleichungen der Asymptoten von G_f an und skizzieren Sie G_f .

Abituraufgabe

Die Gerade h mit der Gleichung $y = 1$ schneidet G_f in den Punkten V und R $(x_V < x_R)$. Berechnen Sie den Inhalt A_1 der (ganz im Endlichen gelegenen) Fläche, die von G_f, der x-Achse und der Geraden h berandet wird, sowie den Inhalt A_2 des Trapezes VIER. Um wie viel Prozent ist A_2 größer als A_1?

12. Veranschaulichen Sie jeweils das Integral und berechnen Sie seinen Wert.

    a) $A(b) = \displaystyle\int_0^b \frac{1}{e^x}\,dx$; $b > 0$ **b)** $A(b) = \displaystyle\int_1^b \frac{1}{x}\,dx$; $b > 1$

Untersuchen Sie dann jeweils $\lim\limits_{b \to \infty} A(b)$ und deuten Sie das Ergebnis.

13. Die Abbildung veranschaulicht das Integral $\displaystyle\int_b^1 \frac{1}{\sqrt{x}}\,dx$; $0 < b < 1$.

    a) Berechnen Sie seinen Wert $A(b)$.

    b) Untersuchen Sie $\lim\limits_{b \to 0+} A(b)$ und deuten Sie das Ergebnis.

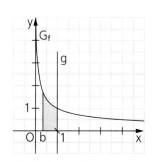

Zu Aufgabe 13.

14. Veranschaulichen Sie jeweils das Integral und berechnen Sie seinen Wert.

a) $A(b) = \int_{b}^{8} \frac{4}{\sqrt[3]{x}}\,dx;\ 0 < b < 8$

b) $A(b) = \int_{b}^{16} \frac{6}{\sqrt[4]{x}}\,dx;\ 0 < b < 16$

Untersuchen Sie dann jeweils $\lim\limits_{b \to 0+} A(b)$ und deuten Sie das Ergebnis.

G 15. Gegeben ist die Schar von Funktionen f_a: $f_a(x) = \frac{x+2}{e^{ax}}$; $a \in \mathbb{N}$; $D_{f_a} = \mathbb{R}$; der Graph von f_a ist G_{f_a}.

a) Ermitteln Sie die Koordinaten der beiden Schnittpunkte von G_{f_a} mit den Koordinatenachsen. Was fällt Ihnen auf?

b) Berechnen Sie die Koordinaten des Extrempunkts E_a sowie des Wendepunkts W_a von G_{f_a} und zeichnen Sie G_{f_1}.

c) Begründen Sie, dass G_{f_1} für $x < -2$ oberhalb von G_{f_2} verläuft.

d) Zeigen Sie, dass F_1: $F_1(x) = -(x+3)e^{-x}$; $D_{F_1} = \mathbb{R}$, eine Stammfunktion von f_1 ist.

Veranschaulichen Sie $A(b) = \int_{-2}^{b} f_1(x)\,dx;\ b > 0$, in Ihrer Zeichnung zu Teilaufgabe b).

Untersuchen Sie $\lim\limits_{b \to \infty} A(b)$ und deuten Sie das Ergebnis.

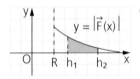

G 16. Um einen Körper der Masse m im Gravitationsfeld der Erde von der Höhe $h_1 \geqq R$ über dem Erdmittelpunkt auf die Höhe $h_2 > h_1$ über dem Erdmittelpunkt zu bringen, benötigt man die Arbeit $\int_{h_1}^{h_2} \frac{GmM}{x^2}\,dx$ (M: Masse der Erde; G: Gravitationskonstante).

Ermitteln Sie die Arbeit, die notwendig ist, um eine Raumsonde (m = 1 000 kg) von der Erdoberfläche aus ganz aus dem Anziehungsbereich der Erde zu bringen.

Hinweis: M = $5,98 \cdot 10^{24}$ kg; G = $6,67 \cdot 10^{-11}\ \frac{m^3}{kg\,s^2}$; Erdradius R = 6 370 km

G 17. Die Abbildung zeigt den Graphen einer stetigen Funktion f: $x \mapsto f(x)$; $D_f = \mathbb{R}$. A_1 ist der Inhalt des Flächenstücks, das von G_f, der x-Achse und der Geraden mit der Gleichung x = a berandet wird. A_2 ist der Inhalt des Flächenstücks, das von G_f, der x-Achse und der Geraden mit der Gleichung x = b berandet wird. Es ist a < b und $0 < A_2 < A_1$.

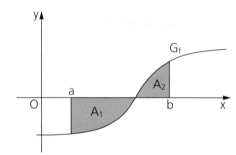

Beschreiben Sie $\int_{a}^{b} f(x)\,dx$ durch A_1 und A_2.

18. Gegeben ist die Funktion f: $f(x) = \frac{4}{x} \ln x$; $D_f = \mathbb{R}^+$. Die Abbildung zeigt ihren Graphen G_f.

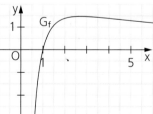

a) Ermitteln Sie die Koordinaten des Extrempunkts E von G_f. Übertragen Sie die Abbildung vergrößert in Ihr Heft und tragen Sie dann dort den Punkt E ein.

b) Zeigen Sie, dass die Funktion F: $F(x) = 2(\ln x)^2$; $D_F = \mathbb{R}^+$, eine Stammfunktion von f ist. Geben Sie die Abszissen des Extrempunkts sowie des Wendepunkts von G_F durch Überlegen an und begründen Sie Ihre Ergebnisse. Skizzieren Sie G_F in Ihrem Heft.

c) G_f, die x-Achse und die Parallele zur y-Achse durch den Punkt P $(e^{1,5} \mid f(e^{1,5}))$ beranden eine Fläche; ermitteln Sie deren Inhalt A.

19. Gegeben ist die Funktion f: $f(x) = (4 - e^x) \cdot e^x$; $D_f = \mathbb{R}$; ihr Graph ist K.
Gegeben ist weiterhin zu jedem r > 0 die Funktion g_r mit $g_r(x) = r \cdot e^x$ und $D_{gr} = \mathbb{R}$;
ihr Graph ist C_r.

Abituraufgabe

a) Untersuchen Sie K auf gemeinsame Punkte mit den Koordinatenachsen, auf
Hoch-, Tief- und Wendepunkte sowie auf Asymptoten.
Zeichnen Sie K und C_1 in ein gemeinsames Koordinatensystem ein.

b) Die Graphen K und C_1 schneiden einander in einem Punkt P_1.
K schließt mit den Koordinatenachsen und der Parallelen zur y-Achse durch P_1
im ersten Quadranten eine Fläche ein; berechnen Sie ihren Inhalt.
In welchem Verhältnis teilt C_1 diese Fläche?

c) Zeigen Sie: Für 0 < r < 3 schneiden einander K und C_r in einem Punkt P_r, der im
ersten Quadranten liegt. C_r schließt dann mit den Koordinatenachsen und der
Parallelen zur y-Achse durch P_r eine Fläche mit dem Inhalt A(r) ein.
Für welchen Wert von r wird A(r) maximal?

20. Gegeben ist die Funktion f mit $f(x) = \frac{1}{4} \cdot \frac{x^4 + 2x^2 - 3}{x^2}$ und $D_f = \mathbb{R}\setminus\{0\}$; ihr Graph ist K.

Abituraufgabe

a) Untersuchen Sie K auf gemeinsame Punkte mit den Koordinatenachsen, auf
Symmetrie und auf Asymptoten.
Weisen Sie nach, dass die Funktion f keine Extremstellen, aber zwei Wende-
stellen besitzt, und geben Sie die Wendepunkte von K an. Zeichnen Sie K.

b) Es gibt ein t mit $1 \leq t \leq 2$, für das gilt: f'(t) = 1,5.
Berechnen Sie einen Näherungswert für t mit dem Newton-Verfahren. (Das Verfahren ist abzubrechen, wenn sich die zweite Stelle hinter dem Komma erstmals
nicht mehr ändert.)

c) Für $|x| \to \infty$ lässt sich die Funktion f durch eine ganzrationale Funktion g zweiten
Grads annähern; geben Sie den Funktionsterm von g an.
Beschreiben Sie die gegenseitige Lage der Graphen von f und g und begründen
Sie Ihre Aussage.
Für welche Werte von u mit $u \neq 0$ ist die Entfernung der Punkte P (u | f(u)) und
Q (u | g(u)) kleiner als 1?

d) Der Graph der Funktion f, der Graph der Funktion h mit $h(x) = \frac{1}{4}x^2 + \frac{1}{2}$ und
$D_h = \mathbb{R}$, die beiden Geraden mit den Gleichungen x = 5 und x = −5 sowie die
Parallele zur x-Achse durch den Kurvenpunkt R (0,5 | f(0,5)) begrenzen eine
Fläche, deren Form dem Querschnitt eines Weinglases ohne Fuß gleicht.
Bestimmen Sie den Inhalt dieser Querschnittsfläche.
Um das Fassungsvermögen dieses Weinglases grob abzuschätzen, wird ihm ein
Kegel einbeschrieben. Legen Sie den Kegel geeignet fest und bestimmen Sie
sein Volumen.

W1 Wie groß sind die Wahrscheinlichkeiten P (A ∪ B),
P_A (B) und P_B (A)?
Sind die Ereignisse A und B voneinander stochastisch
unabhängig?

	A	$\overline{A}$	
B	0,60	0,20	0,80
$\overline{B}$	0,06	0,14	0,20
	0,66	0,34	1,00

Hinweis zu **W2**:
$\vec{S} = \frac{1}{3} (\vec{A} + \vec{B} + \vec{C})$
(vgl. Merkhilfe)

W2 Welche Koordinaten hat der Schwerpunkt S des Dreiecks ABC mit den
Eckpunkten A (6 | 2 | 0), B (−8 | −4 | 5) und C (−4 | 2 | −2)?

W3 Wie lautet die Lösungsmenge der Gleichung
$x! - 7(x - 1)! + 8(x - 2)! = 0$ über der Grundmenge $G = \mathbb{N}\setminus\{1\}$?

1. Im Jahr 2003 lag der Zuwachs der Anzahl der an das Internet angeschlossenen Computer bei 48 Millionen pro Jahr, im Jahr 2006 bei 104 Millionen pro Jahr. Man kann bei der Entwicklung der Anzahl dieser Computer im Zeitraum 2000 bis 2006 von einem exponentiellen Wachstum ausgehen.

a) Zeigen Sie: Wenn sich die Anzahl der an das Internet angeschlossenen Computer exponentiell entwickelt, dann verhält sich auch ihre Zuwachsrate exponentiell.

b) Stellen Sie den Funktionsterm z(t) auf, der die Zuwachsrate in Abhängigkeit von der Zeit t (in Jahren; t = 0 für das Jahr 2000) angibt, und skizzieren Sie den Graphen von z(t) für $0 \leq t \leq 6$.

c) Deuten Sie das Integral $\int_{0}^{6} z(t)\, dt$ [vgl. Teilaufgabe b)] und berechnen Sie seinen Wert.

d) Im Jahr 2009 waren 625 Millionen Computer an das Internet angeschlossen. Berechnen Sie $\int_{6}^{9} z(t)\, dt$ [vgl. Teilaufgabe b)] und deuten Sie das Ergebnis.

2. Bauingenieurstudent Peter wird von seinem kleinen Bruder Tim gefragt, ob er ihm eine Skateboardrampe bauen könne. Tim hätte gerne eine 5 m lange Rampe, die 1 m hoch ist und beim Auffahrpunkt O wie auch beim Absprungpunkt A jeweils horizontal verläuft:

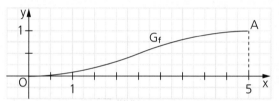

Peter sagt zu. Er plant, die Rampenform durch einen Teil einer Kosinuskurve zu modellieren, und zwar durch den Graphen der Funktion f: f(x) = a · cos (bx) + c; $D_f = [0;\ 5]$; a, b, c $\in \mathbb{R}\setminus\{0\}$.

a) Bestimmen Sie die Werte der Parameter a, b und c.

b) Peter überlegt, ob bei diesen Vorgaben die Rampe zu steil ausfallen würde. Berechnen Sie die mittlere und die maximale Steigung der Rampe.

c) Nach dem Bau verkleidet Peter die Rampe auf der Vorder- und auf der Rückseite mit Holz und möchte die Seitenwände lackieren. Er hat dazu einen 1-Liter-Eimer Farbe gekauft, der laut Herstellerangabe für 5 m² Fläche ausreicht. Kann Peter damit beide Rampenwangen streichen?

3. Vorgelegt sind die Funktionen f_t: $f_t(x) = \dfrac{t^2 + 2}{2} \cos(tx)$; $t \in \mathbb{R}^+$; $D_{f_t} = \mathbb{R}$, sowie die Graphen von drei Funktionen dieser Schar.

a) Ordnen Sie den drei Graphen je einen Wert des Parameters t zu. Überprüfen Sie Ihre Überlegungen mithilfe eines Funktionsplotters.

b) Interpretieren Sie den Term $A(t) = \dfrac{t^2 + 2}{2} \displaystyle\int_{0}^{\frac{\pi}{2t}} \cos(tx)\, dx$ geometrisch und berechnen Sie seinen Wert für jeden der drei Parameterwerte aus Teilaufgabe a).

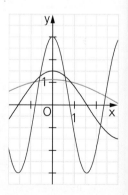

c) Ermitteln Sie denjenigen Wert t* des Parameters t, für den A(t) [vgl. Teilaufgabe b)] minimal wird. Berechnen und erläutern Sie A(t*).

0,45; 1; $\sqrt{2}$; 2

Parameterwerte zu 3.   **L**

Modellieren

Bei realen Problemen (z. B. in naturwissenschaftlichen, technischen oder wirtschaftlichen Anwendungssituationen) geht es häufig darum, eine Funktion zu finden, die ein Problem „möglichst gut" beschreibt. Man sagt auch, dass der Sachverhalt mithilfe einer Funktion **modelliert** werden soll. Ein solches Modell, das eine vereinfachende Darstellung des realen Sachverhalts bildet, muss dann durch Vergleich mit Beobachtungen überprüft (und ggf. abgeändert und verbessert) werden. Die „Kreislaufdarstellung" veranschaulicht den Modellierungsprozess:

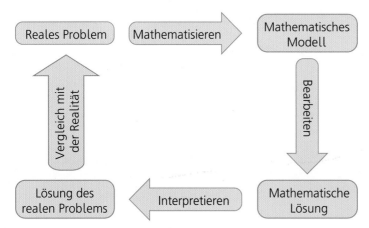

Optimieren

In Anwendungssituationen geht es häufig auch darum, den optimalen Wert einer variablen Größe mithilfe der Differentialrechnung zu ermitteln. Bei Fragen der Optimierung, also der Ermittlung des optimalen – minimalen oder maximalen – Werts der abhängigen Variablen, bietet sich folgende Vorgehensweise an:
- Extremalbedingung angeben:
  Aufstellen eines Funktionsterms für die Größe, deren Extremum (Maximum oder Minimum) ermittelt werden soll; dieser Funktionsterm hängt häufig von mehreren Variablen ab.
- Nebenbedingungen angeben:
  Ermitteln der Gleichungen, die angeben, wie die Variablen voneinander abhängen.
- Zielfunktion angeben:
  Aufstellen einer Zielfunktion, die nur noch von *einer* Variablen abhängt.
- Extremwerte der Zielfunktion mithilfe der Differentialrechnung ermitteln; prüfen, ob Randextrema vorliegen.
- Die optimalen Werte der Variablen angeben.

○ Natascha nimmt Milch aus dem Kühlschrank und stellt sie auf den Küchentisch; die Milch erwärmt sich dort allmählich auf Raumtemperatur.
Die Funktion f: $f(t) = 22 - 16 \cdot e^{-0,15t}$; $D_f = \mathbb{R}_0^+$ [f(t) in °C; t in min] beschreibt diesen Erwärmungsvorgang.

a) Ermitteln Sie $\lim\limits_{t \to 0+} f(t)$ sowie $\lim\limits_{t \to \infty} f(t)$ und interpretieren Sie die beiden Grenzwerte im Kontext dieser Aufgabe.

b) Zeichnen Sie den Graphen G_f der Funktion f und skizzieren Sie den Graphen $G_{\dot{f}}$ ihrer Ableitung $\dot{f}$, ohne $\dot{f}(t)$ zu ermitteln.

c) Interpretieren Sie $\dot{f}(t)$ sowie $\frac{1}{10} \int\limits_0^{10} \dot{f}(t)\, dt$ im Kontext dieser Aufgabe.

Beispiele

Hinweis:
$\dot{f}(t) = \dfrac{df(t)}{dt}$

Lösung:

a) $\lim\limits_{t \to 0+} f(t) = 22 - 16 = 6$: Die Milch
hatte bei der Entnahme aus dem
Kühlschrank eine Temperatur von
6 °C.
$\lim\limits_{t \to \infty} f(t) = 22$. Die Milch nimmt
schließlich Raumtemperatur (22 °C)
an.

c) $\dot{f}(t)$ bedeutet die momentane
Änderungsrate der Temperatur.

$\dfrac{1}{10} \displaystyle\int_0^{10} \dot{f}(t)\, dt = \dfrac{f(10) - f(0)}{10}$ bedeutet

die durchschnittliche Temperatur-
änderungsrate im Lauf der ersten
10 Minuten nach Entnahme der
Milch aus dem Kühlschrank.

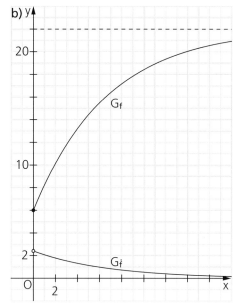

Gegeben sind die Scharen von Funktionen f_a: $f_a(x) = a - \dfrac{x^2}{a}$; $D_{f_a} = \mathbb{R}$, und
g_a: $g_a(x) = a^3 - ax^2$; $D_{g_a} = \mathbb{R}$; $0 < a < 1$; die Funktionsgraphen von f_a und g_a sind
G_{f_a} bzw. G_{g_a}.

a) Wählen Sie $a = \dfrac{1}{2}$ und zeichnen Sie die beiden zugehörigen Funktionsgraphen.

b) Die beiden Graphen G_{f_a} und G_{g_a} beranden einen im I. und II. Quadranten
gelegenen Bereich. Berechnen Sie dessen Flächeninhalt $A(a)$.

c) Finden Sie heraus, für welchen Wert a^* des Parameters a der Flächeninhalt $A(a)$
[vgl. Teilaufgabe b)] maximal wird, und geben Sie $A(a^*)$ an.

Lösung:

a)

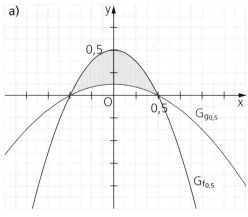

b) Abszissen der Schnittpunkte von
G_{f_a} und G_{g_a}:

$a - \dfrac{x^2}{a} = a^3 - ax^2$; $| \cdot a$

$a^2 - x^2 = a^4 - a^2 x^2$; $| -a^2 + a^2 x^2$

$x^2(a^2 - 1) = a^2(a^2 - 1)$; $| : (a^2 - 1)$

[*Hinweis*: $a \neq \pm 1$]

$x^2 = a^2$; $x_1 = a$; $x_2 = -a$

Flächeninhalt:

Wegen $0 < a < 1$ gilt $f_a(x) \geqq g_a(x)$ für $x \in [-a; a]$ und somit

$A(a) = \displaystyle\int_{-a}^{a} \left[\left(a - \dfrac{x^2}{a}\right) - (a^3 - ax^2)\right] dx =$

$\qquad = 2 \cdot \left[\left(ax - \dfrac{x^3}{3a}\right) - \left(a^3 x - \dfrac{ax^3}{3}\right)\right]_0^a = 2 \cdot \left[\left(a^2 - \dfrac{a^2}{3}\right) - \left(a^4 - \dfrac{a^4}{3}\right)\right] - 0 =$

$\qquad = 2 \cdot \left[\dfrac{2}{3}a^2 - \dfrac{2}{3}a^4\right] = \dfrac{4}{3}(a^2 - a^4)$

c) $A'(a) = \dfrac{dA(a)}{da} = \dfrac{4}{3} \cdot (2a - 4a^3) = \dfrac{4a}{3} \cdot (2 - 4a^2)$;

$A'(a) = 0$: $a_1 = 0 \notin$]0; 1[; $4a^2 = 2$; $a^2 = \dfrac{2}{4}$; $a_2 = \dfrac{\sqrt{2}}{2} = a^*$; $a_3 = -\dfrac{\sqrt{2}}{2} \notin$]0; 1[;

$A''(a) = \dfrac{4}{3} \cdot (2 - 12a^2)$; $A''(a^*) = \dfrac{4}{3} \cdot \left(2 - 12 \cdot \dfrac{1}{2}\right) = -\dfrac{16}{3} < 0$:

Für $a = \dfrac{\sqrt{2}}{2}$ ist der Flächeninhalt maximal; es ist $A\left(\dfrac{\sqrt{2}}{2}\right) = \dfrac{4}{3}\left(\dfrac{1}{2} - \dfrac{1}{4}\right) = \dfrac{1}{3}$.

Ein Kanal wird aus Fertigbauteilen hergestellt. Diese besitzen eine konstante Querschnittsfläche, die durch einen Halbkreis (außen) und einen Parabelbogen (innen) sowie durch zwei Strecken (unten) berandet wird (vgl. Abbildung). Jedes solche Fertigbauteil hat eine Länge von 100 cm und besteht aus Beton der Dichte $2{,}30 \,\dfrac{g}{cm^3}$.

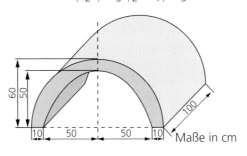

Maße in cm

Abituraufgabe

a) Ermitteln Sie die Masse eines Fertigbauteils auf Kilogramm gerundet.

b) Das Fertigbauteil soll senkrecht zum Halbkreisrand der Querschnittsfläche („radial") an einer Stelle durchbohrt werden, an der die Wandstärke am größten ist. Ermitteln Sie die maximale radiale Wandstärke.

Lösung:

a) Querschnittsflächeninhalt:

$A = \dfrac{1}{2} (60 \text{ cm})^2 \cdot \pi - 2\displaystyle\int_0^{50} \left(50 - \dfrac{1}{50} x^2\right) dx \text{ cm}^2 =$

$= 1\,800\pi \text{ cm}^2 - 2\left[50x - \dfrac{x^3}{150}\right]_0^{50} \text{ cm}^2 = 1\,800\pi \text{ cm}^2 - 2 \cdot \left(2\,500 - \dfrac{2\,500}{3}\right) \text{ cm}^2 =$

$= 1\,800\pi \text{ cm}^2 - 3\,333\dfrac{1}{3} \text{ cm}^2 \approx 2\,322 \text{ cm}^2$

Masse:

$m = \rho \cdot V = \rho \cdot A \cdot l \approx 2{,}30 \,\dfrac{g}{cm^3} \cdot 2\,322 \text{ cm}^2 \cdot 100 \text{ cm} \approx 0{,}534 \text{ t}$

b) Radiale Dicke $d(x)$ in cm:

$d(x) = 60 - \overline{OP} = 60 - \sqrt{x^2 + (50 - 0{,}02x^2)^2}$; $0 < x < 50$

$d'(x) = -\dfrac{2x + 2(50 - 0{,}02x^2)(-0{,}04x)}{2\sqrt{x^2 + (50 - 0{,}02x^2)^2}} = -\dfrac{x + (50 - 0{,}02x^2)(-0{,}04x)}{\sqrt{x^2 + (50 - 0{,}02x^2)^2}} = \dfrac{x(1 - 0{,}0008x^2)}{\sqrt{x^2 + (50 - 0{,}02x^2)^2}}$;

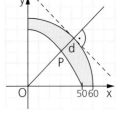

$x_1 = 0 \notin$]0; 50[(keine Lösung)

$1 - 0{,}0008x^2 = 0$; $x^2 = 1\,250$; $x_2 = 25\sqrt{2} \approx 35$;

$x_3 = -\sqrt{1\,250} \notin$]0; 50[(keine Lösung)

$d(x_2) = 60 - \sqrt{1\,250 + (50 - 25)^2} = 60 - 25\sqrt{3} \approx 60 - 43 = 17 > 60 - 50 = 10$:

Die maximale radiale Wandstärke beträgt etwa 17 cm.

Was bedeutet $\displaystyle\int_a^b f(x)\,dx$, wenn für $a \leqq x \leqq b$ der Funktionsterm $f(x)$ den Oberflächeninhalt einer Kugel mit Radiuslänge x darstellt?

Was bedeutet $\displaystyle\int_a^b f(x)\,dx$, wenn für $a \leqq x \leqq b$ der Funktionsterm $f(x)$ die Geschwindigkeit zum Zeitpunkt x darstellt?

Was bedeutet $\displaystyle\int_a^b f(x)\,dx$, wenn für $a \leqq x \leqq b$ der Funktionsterm $f(x)$ den Betrag der an der Stelle x wirkenden Kraftkomponente in Richtung des Wegs darstellt?

Aufgaben

1. Biotop
In afrikanischen Seen wurden nach Überschwemmungen einige bisher dort nicht vorhandene Tierarten vorgefunden. So entdeckte eine Forschergruppe in einem See einen Bestand von 0,12 Millionen Ruderfußkrebsen, die bisher dort nicht heimisch gewesen waren.
Die Forschergruppe stellte jährlich den Bestand anhand von Stichproben fest und entwickelte daraus ein mathematisches Modell zur Vorhersage des Bestands. Die Änderungsrate wird in diesem Modell durch die Funktion f: $f(t) = \dfrac{e^t}{(1+e^t)^2}$; $D_f = \mathbb{R}_0^+$, beschrieben. Dabei gibt t die Anzahl der seit Untersuchungsbeginn vergangenen Jahre und f(t) die Änderungsrate in Millionen Individuen pro Jahr an.

a) Skizzieren Sie den Graphen G_f der Funktion f für $0 \leq t \leq 6$ und untersuchen Sie das Verhalten von f für $t \to \infty$.

b) Weisen Sie nach, dass f streng monoton abnimmt. Geben Sie an, welche Bedeutung dies für den Ruderfußkrebsbestand hat.

c) Zeigen Sie, dass die Funktion F: $F(t) = 0,62 - \dfrac{1}{1+e^t}$; $D_F = \mathbb{R}_0^+$, eine Stammfunktion der Funktion f ist. Welcher Bestand ist nach zwei Jahren, welcher ist langfristig zu erwarten?

College Entrance Examination Problems

2. A honeybee population starts with 100 bees and increases at the rate of n'(t) bees per day. Interpret the expression $100 + \displaystyle\int_0^{15} n'(t)\, dt$.

G 3. A particle moves along the x-axis; its velocity at time t is $v(t) = \ln(t^2 - 3t + 3)$; $0 \leq t \leq 5$. At time t = 0 the particle is at position x = 8.

a) Find the acceleration of the particle at time t = 4.

b) Find all values of t in the interval 0 < t < 5 for which the particle changes direction. During which time interval does the particle travel "from right to left"?

4. A pizza baked at a temperature of 350 °F (Fahrenheit) is taken from the oven and placed in a 75 °F room at time t = 0. There the temperature of the pizza decreases at the rate of $-110e^{-0,4t}$ degrees Fahrenheit per minute (t: time elapsed, in minutes). To the nearest degree, what is the temperature of the pizza after the first 5 minutes?

G 5. Lungenatmung
In einem medizinischen Fachbuch wird die momentane Änderungsrate des Luftvolumens in der Lunge eines Menschen durch die Funktion
$$f: f(t) = 2,0\,\frac{l}{s}\sin\left(\frac{2\pi}{5\,s}\cdot t\right); \; D_f = \mathbb{R}_0^+, \text{ beschrieben.}$$

a) Ermitteln Sie $F(t) = \displaystyle\int_0^t f(x)\, dx$ und interpretieren Sie F(t) in diesem Kontext.

b) Skizzieren Sie die Graphen G_F und G_f der Funktionen F und f für $0\,s \leq t \leq 10\,s$.

c) Welches maximale Luftvolumen kann ein Mensch hiernach aufnehmen?

d) Ein Patient atmet mit weniger Luftvolumen in der Lunge und kürzeren Abständen zwischen den Atemzügen. Finden Sie heraus, wie sich dadurch der Funktionsterm f(t) ändert.

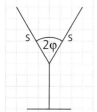

6. Sektgläser
Bei welchem Öffnungswinkel 2φ ($0° < \varphi < 90°$) hat der kreiskegelförmige Kelch (Mantellinienlänge s = 15 cm) eines Sektglases das größte Volumen?

7. Oben offene quaderförmige Behälter sollen hinsichtlich ihres Volumens untersucht werden. Die Abbildung zeigt ein Netz derartiger Behälter ($x \in D_f$).

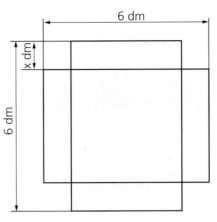

6 dm

x dm

6 dm

a) Ermitteln Sie eine Funktion f (Zuordnungsvorschrift und Definitionsbereich D_f), die das Volumen dieser Behälter beschreibt, und berechnen Sie die Maße für einen Behälter mit maximalem Volumen.

b) Die Grundfläche solcher Behälter soll einen Flächeninhalt von mindestens 25 dm² haben.
Berechnen Sie für diesen Fall die Maße eines Behälters mit maximalem Volumen.

(Abbildung nicht maßstäblich)

8. Gewitter
Bei Blitzeinschlägen werden elektrische Ladungen durch die Atmosphäre transportiert. Ein Meteorologe hat einen Blitzeinschlag registriert und sich vom Computer das Zeit-Stromstärke-Diagramm ausdrucken lassen.
Der Computer modelliert die Blitzstromstärke (in kA) durch
$I: t \mapsto 200 - 0,4t - 200 \cdot e^{-0,05t}$;
$D_I = [0; t_S]$ (t in μs), wobei t_S die positive Nullstelle von I(t) ist.

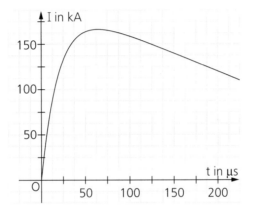

Hinweis:
Einheit der elektrischen Ladung:
1 C (1 Coulomb) =
= 1 As (1 Amperesekunde); das Elektron besitzt eine elektrische Ladung des Betrags
$1,602 \cdot 10^{-19}$ C.

a) Erläutern Sie, warum $D_I \neq \mathbb{R}$ ist.

b) Berechnen Sie, zu welchem Zeitpunkt die Stromstärke am größten ist.

c) Erläutern Sie, warum bei der Bestimmung der Nullstelle t_S der Term $200 \cdot e^{-0,05t}$ vernachlässigt werden kann, und ermitteln Sie einen Näherungswert für t_S.

d) Die Fläche „unter" dem Graphen der Funktion I hat eine physikalische Bedeutung: Ihr Inhalt stellt die Maßzahl der gesamten beim Blitzeinschlag transportierten elektrischen Ladung [in mC (Millicoulomb)] dar.
Berechnen Sie die Größe der Ladung, die durch den Blitz insgesamt transportiert wurde. Wie vielen Elektronen entspricht sie?

G 9. Rockkonzert
Die Securityfirma hat eine Funktion R: $R(t) = 1\,380t^2 - 680t^3$; $D_R = [0; 2]$ (t in Stunden), aufgestellt, die für den Veranstaltungsort dieses Rockkonzerts die Zuwachsrate an Konzertbesuchern/Konzertbesucherinnen (in Personen pro Stunde) näherungsweise angibt. Zwei Stunden vor Konzertbeginn werden die ersten Besucher/Besucherinnen eingelassen, und bei Konzertbeginn werden die Türen geschlossen.

a) Wie viele Besucher/Besucherinnen befinden sich bei Konzertbeginn in der Halle?

b) Zu welchem Zeitpunkt strömen die meisten Personen in die Halle?

Hinweis:
Eine Person, die zum Zeitpunkt t = 0 die Halle betritt, wartet 2 Stunden.

c) Die Konzertagentur möchte herausfinden, wie lange eine Person durchschnittlich auf den Konzertbeginn wartet. Nach Angaben ihrer Unternehmensberaterin, einer Diplommathematikerin, kann man die durchschnittliche Wartezeit T (in Stunden) mithilfe der Gleichung $(2 - T) \cdot \int_0^2 R(t)\,dt = \int_0^2 t \cdot R(t)\,dt$ ermitteln. Berechnen Sie T.

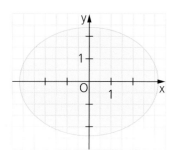

10. Zitronen

Eine Zitrone hat angenähert die Form eines Rotationsellipsoids. Der in der Abbildung gezeigte Aufriss hat als Rand näherungsweise eine Ellipse, deren obere Hälfte durch die Funktion f: $f(x) = 2{,}4 \sqrt{1 - \frac{x^2}{10}}$; $D_f = D_{f\,max}$, modelliert werden kann.

a) Ermitteln Sie $D_{f\,max} = [x_1; x_2]$ und skizzieren Sie den Querschnitt und einen Seitenriss der „Modellzitrone".

b) Berechnen Sie $\pi \cdot \int_{x_1}^{x_2} [f(x)]^2 dx$ und erläutern Sie das Ergebnis im Kontext dieser Aufgabe.

G 11. Sammelbilder

Den Cornflakespackungen der Marke Knusperli sind Sammelbilder von Fußballspielern, Pferden und Autos beigelegt. Dabei werden die Bilder nicht gleichverteilt beigelegt; Bilder von Fußballern liegen mit der Wahrscheinlichkeit $p \in\,]0; 1[$ bei. Herr Meier kauft fünf Packungen Knusperli-Cornflakes. Er hofft, dass es wegen der Sammelbilder keinen Streit unter seinen fünf Kindern gibt, da die Zwillinge nur Bilder von Fußballspielern und die drei älteren Kinder alles andere, aber nur keine Bilder von Fußballspielern möchten.

a) Beschreiben Sie die Wahrscheinlichkeit f dafür, dass sich in den fünf Packungen genau zwei Bilder von Fußballern befinden, durch einen Term f(p). Skizzieren Sie den zugehörigen Graphen G_f und interpretieren Sie ihn. Finden Sie den Extremwert und interpretieren Sie ihn.

b) Variieren Sie die Aufgabe: Herr Meier kauft n Packungen Knusperli-Cornflakes und möchte genau m Bilder von Fußballspielern (m ≦ n; m, n ∈ ℕ).

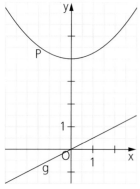

Zu Aufgabe 12.

G 12. Gegeben ist die Parabel P mit der Gleichung $y = \frac{1}{4} x^2 + 4$ sowie die Gerade g mit der Gleichung $y = 0{,}5x$. Ermitteln Sie die Koordinaten desjenigen Punkts Q der Parabel P, der von der Geraden g den kleinsten Abstand hat.

G 13. Warteschlange

Die Materialausgabestelle eines Fertigungsbetriebs wird pro Stunde durchschnittlich von 12 Arbeitern aufgesucht. Die mittlere Wartezeit pro Arbeiter hängt von der Anzahl x der an der Ausgabestelle Beschäftigten ab und beträgt $\frac{30}{x}$ Minuten. Der Stundenlohn eines in der Produktion beschäftigten Arbeiters beträgt 18 €, der eines in der Ausgabestelle Beschäftigten 12 €.

a) Ermitteln Sie, wie viele Arbeitskräfte der Betrieb in der Ausgabestelle beschäftigen sollte, um die Kosten zu minimieren.

b) Erstellen Sie eine Präsentation, mit deren Hilfe Sie Ihre Argumentation in einem Meeting einer mathematisch nicht besonders versierten Zuhörerschaft überzeugend darlegen können.

Abituraufgabe

14. Ein Chiphersteller führt vor jeder größeren Lieferung einen Test durch: Es werden so lange nacheinander Chips „mit Zurücklegen" geprüft, bis der zweite einwandfreie oder der zweite defekte Chip aufgetreten ist. Im ersten Fall wird die Lieferung freigegeben, im anderen Fall zurückbehalten.

a) Geben Sie einen passenden Ergebnisraum an.

Teillösung zu 14. b):
$P(E) = (1 - p)^2(2p + 1)$

b) Geben Sie das Ereignis E: „Es wird geliefert" in Mengenschreibweise an. Der Anteil der defekten Chips an der Produktion sei p. Ermitteln Sie die Wahrscheinlichkeit P(E) des Ereignisses E in Abhängigkeit von p und weisen Sie nach, dass P(E) mit wachsendem Wert von p (0 < p < 1) streng monoton abnimmt. Wie groß ist die Wahrscheinlichkeit höchstens, dass Lieferungen bei p ≧ 0,2 freigegeben werden?

Abituraufgabe

15. Vorgelegt ist die Funktion f: $x \mapsto 2 - \frac{2}{x^2 + 1}$; $D_f = \mathbb{R}$; ihr Graph ist G_f.

a) Untersuchen Sie G_f auf Symmetrie, gemeinsame Punkte mit der x-Achse sowie Extrem- und Wendepunkte. Begründen Sie, dass G_f keine senkrechte, aber eine waagrechte Asymptote besitzt, und geben Sie deren Gleichung an. Skizzieren Sie G_f.

b) Finden Sie heraus, wo diejenigen Punkte von G_f liegen, deren Abstand von der Asymptote kleiner als 0,05 ist.

c) Der Punkt P (u I f(u)) mit u > 0 liegt auf G_f. Die Punkte P und R (−u I 2) sind Eckpunkte eines Rechtecks PQRS, dessen Seiten parallel zu den Koordinatenachsen sind. Ermitteln Sie u so, dass der Inhalt dieses Rechtecks extremal wird; geben Sie auch die Art des Extremums an.

16. Vorgelegt ist die Funktion f: $x \mapsto xe^{-x}$; $D_f = \mathbb{R}$, sowie ihr Graph G_f.

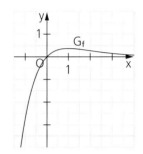

a) Zeigen Sie, dass F: $F(x) = -e^{-x}(x + 1)$; $D_F = \mathbb{R}$, eine Stammfunktion von f ist.

b) Der Graph G_f, die x-Achse und die Gerade mit der Gleichung x = z; z > 0, beranden ein Flächenstück mit dem Inhalt A(z). Ermitteln Sie A(z) und $\lim\limits_{z \to \infty} A(z)$.

c) Die Punkte O (0 I 0), L (u I 0), G (u I f(u)) und A (0 I f(u)); u > 0, sind die Eckpunkte des Rechtecks OLGA. Ermitteln Sie denjenigen Wert u* des Parameters u, für den der Inhalt A des Rechtecks OLGA maximal wird. Geben Sie A_{max} an.

17. Gegeben ist die Schar von Funktionen f_k: $f_k(x) = \left(k + \frac{1}{k}\right)x^3 - \left(2k + \frac{1}{k}\right)x^2 + kx$;

$k \in \mathbb{R}^+$; $D_{f_k} = \mathbb{R}$, und die Schar von Funktionen g_k: $g_k(x) = kx(1 - x)$; $k \in \mathbb{R}^+$; $D_{g_k} = \mathbb{R}$. Die Funktion f_k hat den Graphen G_{f_k}, die Funktion g_k den Graphen G_{g_k}.

a) Ermitteln Sie die Koordinaten aller Punkte, die G_{f_k} mit G_{g_k} gemeinsam hat.

b) Die beiden Graphen G_{f_k} und G_{g_k} beranden einen ganz im Endlichen gelegenen Bereich. Berechnen Sie seinen Flächeninhalt A(k).

c) Für welchen Wert von $k \in \mathbb{R}^+$ wird A(k) = $\frac{k^2 + 1}{12k}$ extremal? Untersuchen Sie die Art dieses Extremums.

d) Zeichnen Sie die Graphen der Funktionen f_1 und g_1 in ein gemeinsames Koordinatensystem ein und schraffieren Sie dann den in Teilaufgabe b) angegebenen Bereich für den Fall k = 1.

🖥 Überprüfen Sie Ihre Ergebnisse mithilfe eines Funktionsplotters.

Abituraufgabe

18. Die Scharen von Funktionen f_a und g_a mit

$f_a(x) = \frac{a}{9}x^2$ und $g_a(x) = -\frac{1}{9a}x^2 + \left(a + \frac{1}{a}\right)$;

$x \in \mathbb{R}$; $a \in \mathbb{R}^+$, sind gegeben. Nebenstehende Abbildung zeigt G_{f_1} und G_{g_1} sowie G_{f_2} und G_{g_2}.

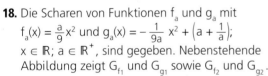

a) Für jeden Wert des Parameters a schneiden die Graphen G_{f_a} und G_{g_a} einander in zwei Punkten $P_a(x_{P_a} I y_{P_a})$ mit $x_{P_a} > 0$ und $Q_a(x_{Q_a} I y_{Q_a})$ mit $x_{Q_a} < 0$. Ermitteln Sie die Koordinaten der Punkte P_a und Q_a.

b) Für jeden Wert von a beranden G_{f_a} und G_{g_a} ein ganz im Endlichen gelegenes Flächenstück. Berechnen Sie seinen Flächeninhalt A(a). Finden Sie den Wert a* des Parameters a, für den A(a) ein Minimum besitzt, und berechnen Sie A(a*).

W1 Wie viele gerade fünfstellige natürliche Zahlen gibt es?

W2 Welche Koordinaten hat der Mittelpunkt des Kreises K: $x_1^2 - 14x_1 + x_2^2 + 10,25 = 0$?

W3 Wie lautet die Lösungsmenge der Gleichung $\sqrt{\ln x} = \ln \sqrt{x}$; G = [1; ∞[?

Bisher haben Sie sich mit Gleichungen befasst, deren Lösungen *Zahlen* sind.
Beispiele: **a)** $5x - 5 = 15$; $G = \mathbb{N}$; $L = \{4\}$ **b)** $x^2 + x - 2 = 0$; $G = \mathbb{Z}$; $L = \{-2; 1\}$

    c) $3 - \ln x = 1$; $G = \mathbb{R}^+$; $L = \{e^2\}$ **d)** $\cos x = -1$; $G = [-5; 10]$; $L = \{-\pi; \pi; 3\pi\}$

Daneben kommen aber in vielen Anwendungsgebieten Gleichungen vor, deren Lösungen *Funktionen* (bzw. *Funktionsterme*) sind. Wenn diese Gleichungen die gesuchten Funktionen und deren Ableitungen (oder nur deren Ableitungen) enthalten, nennt man sie **Differentialgleichungen**.

Hinweis: C bedeutet eine beliebige reelle Zahl („Integrationskonstante").

Beispiele: **a)** $f'(x) = 2x$; Lösung: $f(x) = x^2 + C$ **b)** $f'(x) = 2f(x)$; Lösung: $f(x) = C \cdot e^{2x}$

    c) $f(x) = x \cdot f'(x)$; Lösung: $f(x) = C \cdot x$ **d)** $f(x) = 2x \cdot f'(x)$; Lösung: $f(x) = C \cdot \sqrt{x}$; $x > 0$

1. Bestätigen Sie bei jedem der vier Beispiele, dass der als **Lösung** angegebene Funktionsterm für jeden Wert der **Integrationskonstanten** $C \in \mathbb{R}$ die Differentialgleichung erfüllt, dass also die Differentialgleichung beim Einsetzen dieses Terms eine für jeden zulässigen Wert von x wahre Aussage ergibt.

Hinweis: Häufig schreibt man anstelle von f(x), f'(x), f''(x) usw. kurz y, y', y'' usw.

2. Geben Sie jeweils eine Differentialgleichung an, die f(x) bzw. y als Lösung hat, aber C nicht enthält.

    a) $f(x) = 5x$ **b)** $y = 5x + C$ **c)** $y = x^2$ **d)** $f(x) = e^x$ **e)** $f(x) = C \cdot e^{-x}$ **f)** $y = e^{Cx}$

Lösungen von Differentialgleichungen zu finden ist oft nicht einfach. Ähnlich wie bei der Integration von Funktionen gibt es keine einheitliche Lösungssystematik, und wie dort ist häufig keine explizite Darstellung durch einen Funktionsterm möglich. In solchen Fällen können dann nur numerische Lösungen (graphisch oder in Tabellenform) angegeben werden.

Jede Differentialgleichung, in der keine höhere als die erste Ableitung vorkommt, also jede *Differentialgleichung 1. Ordnung*, ordnet jedem zulässigen Punkt der x-y-Ebene eine Tangentensteigung $y' = f'(x)$ zu; durch die Differentialgleichung wird somit ein **Richtungsfeld** festgelegt. Das Bestimmen der *allgemeinen* Lösung der Differentialgleichung bedeutet das Bestimmen aller Funktionen, deren Graphen zu diesem Richtungsfeld „passen". Durch eine weitere Bedingung (z. B. dadurch, dass man vorschreibt, dass der Graph der gesuchten Funktion durch einen vorgegebenen Punkt verläuft) kann man eine bestimmte Funktion aus dieser Schar, also eine *spezielle* Lösung der Differentialgleichung, auswählen; man spricht dann von einem **Anfangswertproblem**.

Richtungsfeld zur Differentialgleichung $y' = \sqrt{x^2 + y^2}$ und Graph der speziellen Lösung mit f(0) = 0

Beispiel:
Gesucht ist die allgemeine Lösung der Differentialgleichung $f'(x) = \frac{2f(x)}{x}$ mit $x > 0$ und $f(x) > 0$ sowie diejenige spezielle Lösung, für die $f(1) = 3$ ist, deren Graph also durch den Punkt P (1| 3) verläuft.

Lösung:
Aus $f'(x) = \frac{2f(x)}{x}$ folgt $\frac{f'(x)}{f(x)} = \frac{2}{x}$, d. h. $\frac{y'}{y} = \frac{2}{x}$
(„Trennung der Variablen").

Eine Stammfunktion der linken Seite der Gleichung ist ln f(x); eine Stammfunktion der rechten Seite ist 2 ln x. Die beiden Stammfunktionen unterscheiden sich höchstens um eine additive Konstante C. Also gilt ln f(x) = 2 ln x + C.

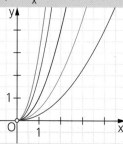

Aus $e^{\ln f(x)} = e^{2\ln x + C} = (e^{\ln x})^2 \cdot e^C$ folgt $f(x) = x^2 \cdot k$ (mit $k = e^C$, also $k > 0$):
Allgemeine Lösung der Differentialgleichung ist $f_k(x) = kx^2$; die Graphen der Funktionen f_k: $f_k(x) = kx^2$; $k \in \mathbb{R}^+$; $D_{f_k} = \mathbb{R}^+$, sind Halbparabeln.
Aus $f(1) = k \cdot 1^2 = 3$ folgt $k = 3$: *Spezielle* Lösung ist $f(x) = 3x^2$; $D_f = \mathbb{R}^+$.

3. Ermitteln Sie jeweils durch Überlegen und/oder gezieltes Probieren eine spezielle Lösung der Differentialgleichung.

a) $f(x) = 5\,f'(x)$ **b)** $y = (y')^2$ **c)** $f''(x) + f'(x) = 2e^x$ **d)** $y' = -xy^2$

4. Ermitteln Sie jeweils die spezielle Lösung $f(x)$.

a) $2f'(x) = -f(x)$; $f(0) = 2$ **b)** $f''(x) = -f(x)$; $f(\pi) = 3$; $f'(\pi) = 0$

c) $f''(x) = f(x)$; $f(1) = 5e = f'(1)$ **d)** $f''(x) = 2\,f'(x)$; $f(0) = 0,5 = f'(0)$

Differentialgleichungen in Anwendungssituationen

Bei vielen Wachstumsprozessen kann man davon ausgehen, dass die Zuwachsrate proportional zum jeweils vorhandenen Bestand ist; man bezeichnet solche Prozesse als **natürliches Wachstum**.
Sie führen auf die Differentialgleichung $N'(t) = k \cdot N(t)$, wobei k eine Konstante ist.
Aus $N'(t) = k \cdot N(t)$ folgt nach Trennung der Variablen $\frac{N'(t)}{N(t)} = k$ und nach Integration $\ln N(t) = kt + C$, d. h. als allgemeine Lösung der Differentialgleichung der Term $N(t) = e^{kt + C} = e^C \cdot e^{kt}$.
Ist N_0 der Bestand zum Zeitpunkt $t = 0$, lautet also die Anfangsbedingung $N(0) = N_0$, so ergibt sich wegen $N_0 = e^C \cdot 1 = e^C$ als Lösung des Anfangswertproblems der Term $N(t) = N_0 e^{kt}$. Die Abbildungen veranschaulichen diese Lösung für $k = 0,5$ und $N_{01} = 100$, $N_{02} = 200$ bzw. $N_{03} = 300$.

> **4. a)** $f(x) = Ce^{-0,5x}$;
> $f(0) = C = 2$;
> $f(x) = 2e^{-0,5x}$
>
> Probe:
> L. S.:
> $2 \cdot 2e^{-0,5x} \cdot (-0,5) =$
> $= -2e^{-0,5x}$;
> R. S.: $-2e^{-0,5x}$;
> L. S. = R. S. ✓

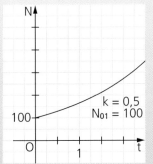

$k = 0,5$
$N_{01} = 100$

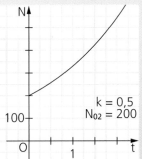

$k = 0,5$
$N_{02} = 200$

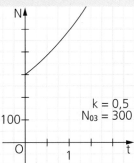

$k = 0,5$
$N_{03} = 300$

5. Fallschirmsprung unter Berücksichtigung des Luftwiderstands (Rechnung ohne Benennungen):
Wenn eine Fallschirmspringergruppe (Masse $m = 500$ kg) aus einem Flugzeug springt, erfährt sie durch die Gewichtskraft $F_G = mg$ (mit $g = 10$ m s^{-2}) eine Beschleunigung g; der Luftwiderstand F_L bremst sie jedoch ab. Ist F_L proportional zum Quadrat der Geschwindigkeit $v = \dot{s}$ mit der Proportionalitätskonstanten $-0,5\,\frac{kg}{m}$, so ergibt sich $F_L = -0,5v^2 = -0,5\dot{s}^2$. Somit ist $F_G + F_L = ma = mg - 0,5v^2$ und deshalb $500\,\ddot{s} = 500 \cdot 10 - 0,5\dot{s}^2$ bzw. (1) $\ddot{s} = 10 - 0,001\dot{s}^2$.

a) Begründen Sie, dass die Differentialgleichung (1) auch in der Form
(2) $\dot{v} = 10 - 0,001v^2$ geschrieben werden kann.

b) Zeigen Sie, dass die Funktion v: $v(t) = 100 \cdot \frac{e^{0,1t} - e^{-0,1t}}{e^{0,1t} + e^{-0,1t}}$; $D_v = \mathbb{R}_0^+$, die spezielle

Lösung der Differentialgleichung (2) [vgl. Teilaufgabe a)] mit $v(0) = 0$ ist.
Untersuchen Sie $\lim\limits_{t \to \infty} v(t)$ und interpretieren Sie das Ergebnis.

Zu 1.1:
Aufgaben 1. bis 3.

1. Ermitteln Sie jeweils die Koordinaten der Hoch-, Tief- und Wendepunkte des Graphen G_f der Funktion f und ordnen Sie dann der Funktion f ihren Graphen G_f zu.

a) f: $f(x) = 0{,}25(x^4 - 6x^2 + 9)$; $D_f = \mathbb{R}$ **b)** f: $f(x) = \dfrac{2x^2 - 2}{x^2 + 2}$; $D_f = \mathbb{R}$

c) f: $f(x) = 10xe^{-x}$; $D_f = \mathbb{R}$ **d)** f: $f(x) = 6 \ln \sqrt{x^2 + 1}$; $D_f = \mathbb{R}$

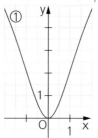
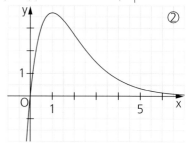
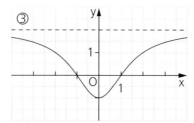
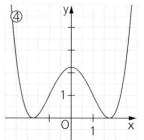

2. Gegeben ist die Schar von Funktionen $f_k : x \mapsto \dfrac{x}{k + x^2}$; $D_{f_k} = \mathbb{R}$, mit $k \in \mathbb{R}^+$; der Graph von f_k wird mit G_k bezeichnet.

a) Untersuchen Sie G_k auf Symmetrie und geben Sie das Verhalten von f_k für $x \to \pm\infty$ an.

b) Bestimmen Sie Lage und Art der Extrempunkte von G_k. Zeigen Sie, dass die Hochpunkte aller Graphen G_k den Graphen der Funktion h: $h(x) = \dfrac{1}{2x}$; $D_h = \mathbb{R}^+$, bilden.

c) Untersuchen Sie, welche geometrische Bedeutung der Ursprung für jeden der Graphen G_k hat.

d) Skizzieren Sie unter Verwendung der bisherigen Ergebnisse die Graphen $G_{0{,}25}$ und G_1 sowie den Graphen der Funktion h.

Abituraufgabe

3. Gegeben ist die Schar von Funktionen f_a: $f_a(x) = x^4 + 4x^3 - 4ax + a$; $a \in \mathbb{R}$; $D_{f_a} = \mathbb{R}$. Zeigen Sie, dass der Graph von f_a für jeden Wert von a genau zwei Wendepunkte besitzt, und geben Sie deren Koordinaten in Abhängigkeit von a an. Finden Sie denjenigen Wert a* des Parameters a, für den diese beiden Wendepunkte die kleinste Entfernung voneinander besitzen.

Zu 1.2:
Aufgaben 4. bis 8.

4. Der Graph der Funktion f: $f(x) = 0{,}25x^2 + 1$; $D_f = [0; 4]$, ist der Parabelbogen P.

a) Zerlegen Sie das Intervall I = [0; 4] in vier gleich lange Teilintervalle und berechnen Sie die Untersumme s_4 sowie die Obersumme S_4 zu dieser Zerlegung. Geben Sie eine Abschätzung für den Inhalt A der Fläche, die von P, der y-Achse, der x-Achse und der Geraden g mit der Gleichung x = 4 berandet wird.

b) Zerlegen Sie das Intervall I = [0; 4] in n (n ∈ $\mathbb{N}\setminus\{1\}$) gleich lange Teilintervalle und berechnen Sie die Untersumme s_n sowie die Obersumme S_n zu dieser Zerlegung. Ermitteln Sie $\lim\limits_{n \to \infty} s_n$ sowie $\lim\limits_{n \to \infty} S_n$ und deuten Sie das Ergebnis.

Hinweis: $1^2 + 2^2 + 3^2 + \ldots + n^2 = \dfrac{n(n + 1)(2n + 1)}{6}$; $n \in \mathbb{N}\setminus\{1\}$.

5. Gegeben ist die Funktion f: $f(x) = \frac{5}{x}$; $D_f = \mathbb{R}^+$; ihr Graph ist G_f .
Zerlegen Sie das Intervall $I = [1; 5]$ in vier gleich lange Teilintervalle, berechnen Sie die Untersumme sowie die Obersumme zu dieser Zerlegung und geben Sie eine Abschätzung für den Inhalt der Fläche an, die von G_f, der x-Achse und den beiden Geraden g und h mit den Gleichungen $x = 1$ bzw. $x = 5$ berandet wird.

6. Deuten Sie jedes der fünf bestimmten Integrale anhand einer Skizze als Flächeninhalt.

a) $\int_{-2}^{2} (4 - x^2)\, dx$
b) $\int_{1}^{e} \ln x\, dx$
c) $\int_{0}^{4} \sqrt{x}\, dx$
d) $\int_{-2}^{0} e^x\, dx$
e) $\int_{-\frac{\pi}{2}}^{\frac{\pi}{2}} \cos x\, dx$

7. Schreiben Sie jeweils den Inhalt des getönten Flächenstücks mithilfe eines bestimmten Integrals.

a) 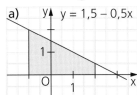   b) 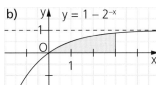   c)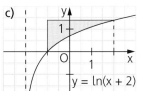

d) 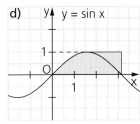   e) 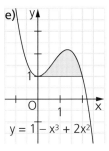   f)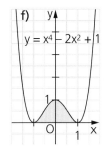

8. Vereinfachen Sie zunächst jeweils S_n bzw. s_n möglichst weitgehend.

(1) $S_n = \frac{8}{n} \cdot \left[\left(1 \cdot \frac{8}{n} + 1\right) + \left(2 \cdot \frac{8}{n} + 1\right) + \left(3 \cdot \frac{8}{n} + 1\right) + \ldots + \left(n \cdot \frac{8}{n} + 1\right) \right]$

    Hinweis: $1 + 2 + 3 + \ldots + n = \frac{n(n + 1)}{2}$; $n \in \mathbb{N}$

(2) $S_n = \frac{10}{n} \cdot \left[\left(1 \cdot \frac{10}{n}\right)^2 + \left(2 \cdot \frac{10}{n}\right)^2 + \left(3 \cdot \frac{10}{n}\right)^2 + \ldots + \left(n \cdot \frac{10}{n}\right)^2 \right]$

    Hinweis: $1^2 + 2^2 + 3^2 + \ldots + n^2 = \frac{n(n + 1)(2n + 1)}{6}$; $n \in \mathbb{N}$

(3) $s_n = \frac{20}{n} \cdot \left\{ \left[1 + \left(0 \cdot \frac{20}{n}\right)^3\right] + \left[1 + \left(1 \cdot \frac{20}{n}\right)^3\right] + \ldots + \left[1 + \left((n - 1) \cdot \frac{20}{n}\right)^3\right] \right\}$

    Hinweis: $1^3 + 2^3 + 3^3 + \ldots + n^3 = \frac{n^2(n + 1)^2}{4}$; $n \in \mathbb{N}$

Ermitteln Sie dann die Grenzwerte $\lim\limits_{n \to \infty} S_n$ bzw. $\lim\limits_{n \to \infty} s_n$ und erläutern Sie sie.

9. Berechnen Sie jeweils den Wert des bestimmten Integrals bzw. des Summenterms.

a) $\int_{-1}^{1} (x + 2)\, dx$
b) $\int_{1}^{2} (x - 1)\, dx$
c) $\int_{1}^{2} [3(x^2 - 2x + 1)]\, dx$

d) $\int_{1}^{1} (x + 2)^2\, dx$
e) $\int_{0}^{10} 4x\, dx$
f) $\int_{-2}^{4} (x^2 + 2)\, dx + \int_{4}^{2} (x^2 + 2)\, dx$

g) $\int_{-6}^{6} (x^3 + 2x)\, dx$
h) $\int_{0}^{1} (x^3 + 2)\, dx + \int_{1}^{2} (x^3 + 2)\, dx + \int_{2}^{6} (x^3 + 2)\, dx$

Zu 1.3:
Aufgaben 9. bis 11.

$0; 0,5; 1; 4; 13\frac{1}{3};$
$200; 336$

Lösungen zu 9.   **L**

10. Die Abbildungen stellen die Graphen von sechs ganzrationalen Funktionen dar. Für welche dieser Funktionen gilt

$$f'(3) > 0 \;\wedge\; \int_0^2 f(x)\,dx < 0 \;\wedge\; f(2) = 0 \;\wedge\; f'(2) \geqq 0 \;\wedge\; f''(2) = 0?$$

Begründen Sie Ihre Entscheidung.

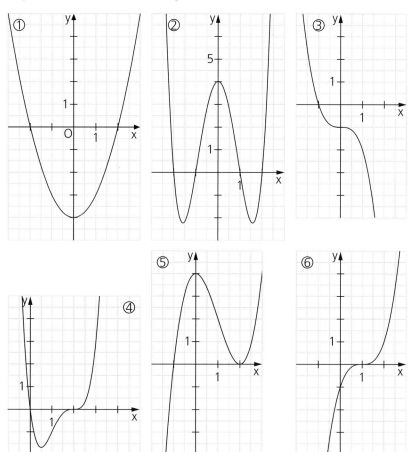

Stephan behauptet: „Von diesen zwölf Aussagen sind $66\frac{2}{3}\,\%$ wahr." Hat er Recht?

11. Finden Sie durch Überlegen heraus, welche der zwölf Aussagen wahr sind, und stellen Sie die falschen Aussagen richtig.

a) $\displaystyle\int_{-3}^{3} x^3\,dx = 0$

b) $\displaystyle\int_{-3}^{3} (9 - x^2)\,dx > 0$

c) $\displaystyle\int_{2}^{3} (x^3 + x)\,dx > 0$

d) $\displaystyle\int_{0}^{\frac{3\pi}{2}} 2x\,dx > 0$

e) $\displaystyle\int_{-3}^{-2} \frac{1}{x^2}\,dx < 0$

f) $\displaystyle\int_{-1}^{1} e^x\,dx + \int_{1}^{2} e^x\,dx > 0$

g) $\displaystyle\int_{-3}^{3} (x^3 + x)\,dx > 0$

h) $\displaystyle\int_{-r}^{r} \sqrt{r^2 - x^2}\,dx = 2r^2;\ r > 0$

i) $\displaystyle\int_{-5}^{-3} |x|\,dx > 0$

j) $\displaystyle 5\int_{0}^{2\pi} \sin x\,dx = 0$

k) $\displaystyle -\int_{-\pi}^{\pi} \cos x\,dx < 0$

l) $\displaystyle\int_{1}^{e} \ln x\,dx > 0$

⌨ Überprüfen Sie Ihre Entscheidungen mithilfe eines Funktionsplotters.

12. Ordnen Sie jeder Integralfunktion ihren Funktionsterm und ihren Graphen zu.

Zu 1.4:
Aufgaben 12. bis 18.

a) $F_{-1}(x) = \int\limits_{-1}^{x} dt$

b) $F_0(x) = \int\limits_{0}^{x} (1 - t)\, dt$

c) $F_0(x) = \int\limits_{0}^{x} (t - 1)\, dt$

d) $F_{-1}(x) = \int\limits_{-1}^{x} 3t^2\, dt$

e) $F_{-3}(x) = \int\limits_{-3}^{x} (1 - t^2)\, dt$

f) $F_{-1}(x) = \int\limits_{-1}^{x} (t - 1)^2\, dt$

⑤ $\dfrac{x^3}{3} - x^2 + x + 2\tfrac{1}{3}$

② $x^3 + 1$

④ $\dfrac{x^2}{2} - x$

③ $-\dfrac{x^3}{3} + x - 6$

① $x - 0,5x^2$

⑥ $x + 1$

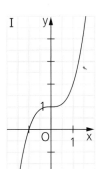

I

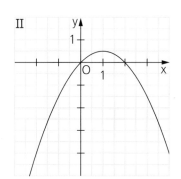

II

III

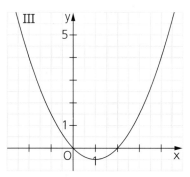

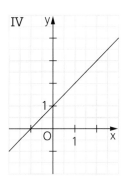

IV

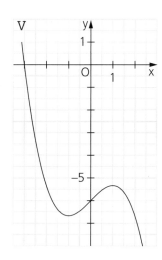

V

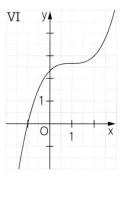

VI

13. Finden Sie zu jedem der Funktionsterme f(x) einen Stammfunktionsterm F(x).

	a)	b)	c)	d)	e)	f)	g)	h)	i)	j)
f(x)	e^{2x}	$\dfrac{2}{x}$	$\dfrac{4x}{x^2+2}$	$\ln(4x)$	$6x^2 - 6x$	$\dfrac{e^x - e^{-x}}{e^x + e^{-x}}$	$\dfrac{2}{\sqrt{4x+6}}$	$\dfrac{4}{\sqrt{4x+8}}$	$\ln x$	$e \cdot \cos x \cdot e^{\sin x}$

	z)	y)	x)	w)	v)
F(x)	$4 + 2\ln(x^2+2)$	$\sqrt{4x+6}$	$x \ln x - x + \ln 4$	$x \ln x - x + x \ln 4$	$\ln(x^2) + e^2$

	u)	t)	s)	r)	q)
F(x)	$\ln(e^x + e^{-x})$	$e^{1 + \sin x}$	$2x^3 - 3x^2 + \pi$	$4\sqrt{x+2}$	$0,5e^{2x}$

$\frac{x^4}{4}; -\frac{5}{x^2} + \frac{5}{x}; x^2 - \frac{2}{x};$

$0,5x^2 + x + \ln x;$
$-e^{-x}; 4x \ln x;$
$(\ln x)^2; \ln|x^2 - 9|;$
$-2 \ln|2 - e^x|;$
$\ln|x^2 - 2x + 2|$

Mögliche Stamm-funktionsterme zu 14. **L**

14. Berechnen Sie jeweils den Wert des Integrals.

a) $\int\limits_{-3}^{3} x^3 \, dx$
b) $\int\limits_{2}^{5} \left(\frac{10}{x^3} - \frac{5}{x^2}\right) dx$
c) $\int\limits_{1}^{2} \left(2x + \frac{2}{x^2}\right) dx$

d) $\int\limits_{-4}^{4} \frac{2x - 2}{x^2 - 2x + 2} \, dx$
e) $\int\limits_{1}^{e} \left(x + 1 + \frac{1}{x}\right) dx$
f) $\int\limits_{-\ln 4}^{\ln 4} e^{-x} \, dx$

g) $\int\limits_{-1}^{1} \frac{2x}{x^2 - 9} \, dx$
h) $\int\limits_{1}^{e^2} \frac{2 \ln x}{x} \, dx$
i) $\int\limits_{-2}^{0} \frac{2e^x}{2 - e^x} \, dx$
j) $\int\limits_{1}^{10} 4 \ln(ex) \, dx$

Geben Sie an, welche der Integranden im Integrationsintervall einen Graphen besitzen, der symmetrisch zum Ursprung ist.

15. Ermitteln Sie jeweils das unbestimmte Integral.

a) $\int e \, dx$
b) $\int 0,4x \, dx$
c) $\int e^{3t + 2} \, dt$
d) $\int 2u e^{u^2} \, du$
e) $\int \frac{\cos x}{\sin x} \, dx$

f) $\int \frac{2t}{t^2 + 4} \, dt$
g) $\int \frac{6x}{x^2 + 4} \, dx$
h) $\int \sqrt{x} \, dx$
i) $\int \sqrt{u + 4} \, du$
j) $\int \sqrt{6v + 4} \, dv$

16. Stellen Sie jeweils die Integralfunktion integralfrei dar.

a) $F_3 : F_3(x) = \int\limits_{3}^{x} \frac{t^3}{9} \, dt; \ D_{F3} = \mathbb{R}$
b) $F_3 : F_3(x) = \int\limits_{3}^{x} \frac{2t}{t^2 - 4} \, dt; \ D_{F3} = \,]2; \infty[$

c) $F_0 : F_0(x) = \int\limits_{0}^{x} \cos(2t) \, dt; \ D_{F0} = \,]{-3\pi}; 3\pi[$
d) $F_0 : F_0(x) = \int\limits_{0}^{x} (e^{2t} + e^{-2t}) \, dt; \ D_{F0} = \mathbb{R}$

17. Vorgelegt ist die Integralfunktion $F_0 : F_0(x) = \int\limits_{0}^{x} (2t - 0,5t^2) \, dt; \ D_{F0} = \mathbb{R}$; ihr Graph ist G_{F0}.

a) Ermitteln Sie zunächst – ohne die Integration durchzuführen – die Abszissen und die Art der Extrempunkte sowie die Abszisse des Wendepunkts von G_{F0}.

b) Führen Sie jetzt die Integration durch, geben Sie die Funktion F_0 an und zeichnen Sie ihren Graphen G_{F0}.

18.

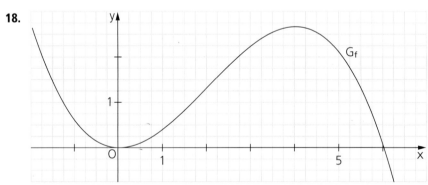

Die Abbildung zeigt den Graphen G_f der Funktion $f: x \mapsto \frac{x^2}{2} - \frac{x^3}{12}; \ D_f = \mathbb{R}$.

Der Graph ihrer Integralfunktion $F_0 : F_0(x) = \int\limits_{0}^{x} \left(\frac{t^2}{2} - \frac{t^3}{12}\right) dt; \ D_{F0} = \mathbb{R}$, ist G_{F0}.

a) Ermitteln Sie $F_0(0)$ und $F_0(6)$ und erstellen Sie für G_{F0} eine Monotonie- und Krümmungstabelle.

b) Ermitteln Sie die Funktion F_0. Veranschaulichen Sie $\int\limits_{0}^{4} \left(\frac{x^2}{2} - \frac{x^3}{12}\right) dx$ in Ihrem Heft und berechnen Sie den Wert dieses bestimmten Integrals.

19. Berechnen Sie jeweils den Inhalt des Flächenstücks / der Flächenstücke, das/die von den Graphen der beiden Funktionen f ($D_f = D_{f\,max}$) und g ($D_g = D_{g\,max}$) berandet wird/ werden.

Zu 1.5:
Aufgabe 19.

a) f: $f(x) = x + 1$ g: $g(x) = 2x^2 - 2x + 1$

b) f: $f(x) = x^2$ g: $g(x) = 2 - x^2$

c) f: $f(x) = 4x - x^2$ g: $g(x) = 2x$

d) f: $f(x) = 0{,}5x^4 - 2x^2$ g: $g(x) = 0$

e) f: $f(x) = x^3$ g: $g(x) = 4x$

f) f: $f(x) = x^3 - 2x^2 - 6x$ g: $g(x) = 2x$

g) f: $f(x) = x^3 + x^2$ g: $g(x) = 4x + 4$

–2; –1; 0; 1; 1,5; 2; 4

Abszissen der gemeinsamen Punkte von G_f und G_g zu 19. **L**

20. Der Term $f(t) = 20te^{-0{,}5t}$ beschreibt die Konzentration eines Medikaments im Blut eines Patienten; dabei wird die seit der Einnahme vergangene Zeit t in Stunden und die Konzentration f(t) in $\frac{mg}{l}$ gemessen.

Zu 1.6:
Aufgabe 20.
Abituraufgabe

a) Zeichnen Sie den zeitlichen Verlauf der Konzentration während der ersten 12 Stunden nach Einnahme des Medikaments.

b) Finden Sie heraus, nach welcher Zeit die Konzentration ihren höchsten Wert erreicht, und geben Sie an, wie groß dieser Wert ist.

c) Das Medikament ist nur wirksam, wenn die Konzentration im Blut mindestens $4\,\frac{mg}{l}$ beträgt. Ermitteln Sie mithilfe Ihrer Zeichnung zu Teilaufgabe a) die Zeitspanne, innerhalb derer das Medikament wirksam ist.

d) Zu welchem Zeitpunkt wird das Medikament am stärksten abgebaut? Wie groß ist zum Zeitpunkt t = 4 die momentane Änderungsrate?

e) Das Medikament wird in seiner Zusammensetzung geändert. Nun beschreibt $g(t) = ate^{-bt}$ mit a > 0 und b > 0 und t ≧ 0 die Konzentration des Medikaments. Dabei wird wieder die Zeit t seit der Einnahme in Stunden und die Konzentration g(t) in $\frac{mg}{l}$ gemessen.
Bestimmen Sie die Werte der Parameter a und b, wenn die Konzentration vier Stunden nach Einnahme ihren größten Wert $10\,\frac{mg}{l}$ erreicht hat.

21. Gegeben ist die Funktion f: $f(x) = \frac{3e^x}{1 + e^x}$; $D_f = \mathbb{R}$; ihr Graph ist G_f.

Weitere Aufgaben

a) G_f besitzt genau einen Wendepunkt W; ermitteln Sie dessen Koordinaten. Untersuchen Sie das Verhalten von f für x → ∞ und für x → −∞ und skizzieren Sie G_f.

b) Begründen Sie, dass die Funktion f umkehrbar ist, ermitteln Sie ihre Umkehrfunktion f^{-1} und tragen Sie deren Graphen $G_{f^{-1}}$ in das Koordinatensystem zu Teilaufgabe a) ein.

c) G_f, die Gerade g mit der Gleichung x = 3 und die Koordinatenachsen beranden ein Flächenstück; ermitteln Sie dessen Inhalt A.

22. Der Graph G_f einer ganzrationalen Funktion f dritten Grads mit $D_f = \mathbb{R}$ berührt die x-Achse im Punkt A (6 | 0) und hat im Ursprung die Steigung 9.

a) Ermitteln Sie den Funktionsterm f(x) sowie die Koordinaten der Extrempunkte und des Wendepunkts von G_f.

b) Zeichnen Sie G_f.

c) Die Gerade mit der Gleichung y = g(x) verläuft durch die beiden Extrempunkte von G_f. Berechnen Sie $\int\limits_{2}^{6} [f(x) - g(x)]\,dx$ und deuten Sie Ihr Ergebnis.

23. Der Graph G_f einer ganzrationalen Funktion f dritten Grads mit
$f(x) = x^3 + ax^2 + bx + c$ (a, b, c $\in \mathbb{R}$) und $D_f = \mathbb{R}$ ist punktsymmetrisch zum Ursprung
O (0 | 0); ferner gilt $\int_0^2 f(x)\,dx = \int_2^4 f(x)\,dx$.

a) Bestimmen Sie f(x).

b) Berechnen Sie den gemeinsamen Integralwert und deuten Sie ihn.

24. Die Funktion f stellt die Heizkosten (in € pro Tag) eines Gebäudes im laufenden
Jahr dar. Dabei gibt t (in Tagen) die seit dem 1. Januar dieses Jahres vergangene Zeit
an. Finden Sie die Bedeutung der drei bestimmten Integrale

$$(1) \int_0^{365} f(t)\,dt, \quad (2) \int_{90}^{181} f(t)\,dt \quad \text{und} \quad (3) \int_0^{365} \frac{1}{365} f(t)\,dt \text{ heraus.}$$

25. Eine Papierfabrik hatte jahrelang (jährlich etwa 15 m³) mit Tetrachlorkohlenstoff
CCl_4 verseuchtes Abwasser in einen See eingeleitet. Als die Umweltbehörde
schließlich darauf aufmerksam wurde, musste die Fabrik mit dem Einbau einer
Filteranlage beginnen. Deren erste Erfolge zeigten sich nach drei Jahren: Die jähr-
liche Schadstoffrate (in $\frac{m^3}{a}$) ab diesem Zeitpunkt bis zum völligen Ende der Schadstoffeinleitung betrug nur noch etwa $0{,}75(t^2 - 15t + 56)$; dabei bedeutet t die Zeit
(in Jahren) seit der Entdeckung der Problematik durch die Umweltbehörde.

a) Finden Sie zeichnerisch und rechnerisch heraus, wie viele Jahre nach dem
Eingreifen der Behörde die Schadstoffeinleitung endete.

b) Berechnen Sie, wie viele Kubikmeter verseuchtes Abwasser in dieser Zeit insgesamt noch in den See eingeleitet wurden. Veranschaulichen Sie diese Menge in
der Zeichnung zu Teilaufgabe a).

Abituraufgabe

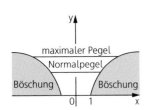

26. Die (nicht maßstäbliche) Abbildung zeigt den Querschnitt eines Hochwasserüber-
laufkanals; die y-Achse ist Symmetrieachse des Querschnitts. Eine der beiden
Böschungslinien kann näherungsweise durch die Funktionsgleichung $y = \sqrt{x-1}$
(1 LE = 1 m) beschrieben werden. Der maximale Pegel liegt 2,0 m, der Normalpegel
1,6 m über der Kanalsohle y = 0.

a) Geben Sie die Breite der Wasseroberfläche bei maximalem Pegel an.

b) Ermitteln Sie den prozentualen Zuwachs des Querschnittsflächeninhalts des
mit Wasser gefüllten Kanals, wenn der Wasserstand vom Normalpegel bis zum
maximalen Pegel ansteigt.

c) Ein kritischer Pegel wird erreicht, wenn der Neigungswinkel der Böschungslinie
gegenüber der Wasseroberfläche die Größe 165° überschreitet.
Ermitteln Sie einen Näherungswert für den kritischen Pegel.

d) Von einem Punkt P (10 | 5) aus soll der Kanal überwacht werden. Untersuchen
Sie, ob von dort aus bei Normalpegel die gesamte Breite der Wasseroberfläche
einsehbar ist.

27. Gegeben ist die Funktion f mit $D_f = D_{f\,max}$ und
(1) $f(x) = x^3 - 4x$ bzw. (2) $f(x) = \frac{e^x + e^{-x}}{2}$.

a) Skizzieren Sie jeweils den Graphen der Funktion f; ermitteln Sie dazu auch die
Koordinaten der „besonderen" Graphpunkte.

b) Beschreiben Sie jeweils ohne Ermittlung einer integralfreien Darstellung der
Integralfunktion F_0: $F_0(x) = \int_0^x f(t)\,dt$; $D_{F_0} = D_{F_0\,max}$, von f das Symmetrie-, das
Monotonie- und das Krümmungsverhalten des Graphen G_{F_0} der Funktion F_0.

G 28. Vorgelegt ist die Funktion f: $x \mapsto e^{1 - 0,5x^2}$; $D_f = \mathbb{R}$; ihr Graph ist G_f.

a) Untersuchen Sie G_f auf Symmetrie, auf Achsenpunkte sowie auf das Verhalten für $x \to \pm \infty$. Zeigen Sie, dass G_f den Hochpunkt H (0 I e) sowie die Wendepunkte W_1 (1 I $\sqrt{e}$) und W_2 (–1 I $\sqrt{e}$) besitzt. Erstellen Sie für G_f eine Monotonie- sowie eine Krümmungstabelle und zeichnen Sie G_f.

b) Untersuchen Sie das Symmetrie-, das Monotonie- und das Krümmungsverhalten des Graphen G_{F_0} der Integralfunktion F_0: $F_0(x) = \int\limits_0^x f(t)\, dt$; $D_{F_0} = \mathbb{R}$, von f.

Ermitteln Sie mithilfe der Abbildung von Teilaufgabe a) Näherungswerte für $F_0(0,5)$, $F_0(1)$, $F_0(2)$ und $F_0(4)$ und tragen Sie G_{F_0} in das Koordinatensystem von Teilaufgabe a) ein.

G 29. Die Tabelle stellt die Entwicklung der Weltbevölkerung in den Jahren 1999 bis 2003 dar.

Jahr	1999	2000	2001	2002	2003
Weltbevölkerung in Mrd.	6,00	6,08	6,15	6,23	6,30

Demographen haben ein Modell angegeben, das die Bevölkerungsentwicklung (in Milliarden) für die Zeit von 2000 bis 2020 beschreibt:

$f(t) = \dfrac{4,1}{1 + 0,000261(t - 50)^2} + 3,6$; t ist die Zeit in Jahren ab 2000.

a) Untersuchen Sie, ob das Modell die Bevölkerungszahlen für die Jahre 2000 bis 2003 sowie für die Jahre 2008, 2009 und 2010 gut modelliert.

b) In welchem Jahr würde die Bevölkerungszahl nach diesem Modell ihr Maximum erreichen?

c) Bei welchem Wert würde sich die Bevölkerungszahl nach diesem Modell langfristig einpendeln?

d) Überprüfen Sie Ihre Ergebnisse zu den Teilaufgaben a) bis c) mithilfe eines Funktionsplotters.

30. Entlang vieler Küsten schützen Deiche vor Überschwemmungen. Ein Deich besteht aus einem Deichkern sowie zum Land und zum Wasser hin auslaufenden Wällen. Der Querschnitt eines Deichkerns kann z. B. durch den Graphen der Funktion
f: $f(x) = (5x + 1) \cdot e^{-0,4x - x^2}$; $D_f = [-0,2; 3]$, beschrieben werden.

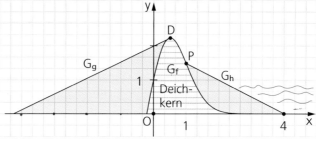

a) Zur Landseite hin wird hinter dem Deichkern ein Sand-Kies-Gemisch aufgeschüttet. Das Profil der Aufschüttung kann durch eine lineare Funktion g beschrieben werden, deren Graph mit der Steigung 0,47 von der Deichkrone D bis NN (hier bis zur x-Achse) reicht. Ermitteln Sie den Funktionsterm g(x).

Hinweis:
$(e^{-0,4x - x^2})' =$
$= -0,4(1 + 5x)e^{-0,4x - x^2}$

b) Zur Seeseite hin soll vor dem Deich vom Profilpunkt P (1 I 1,48) aus abwärts ebenfalls ein Sand-Kies-Gemisch aufgeschüttet werden. NN (hier die x-Achse) soll im Punkt S (4 I 0) erreicht werden. Ermitteln Sie den Term h(x) einer linearen Funktion h, die das Profil dieser Aufschüttung beschreibt.
Finden Sie heraus, wie viel Kubikmeter Sand-Kies-Gemisch für je zehn laufende Meter der seeseitigen Aufschüttung benötigt werden.

Hinweis: 1 LE entspricht 2 m.

31. Vorgelegt sind die Funktionen f: $f(x) = 4e^x - e^{2x}$ und
g: $g(x) = e^x$; $D_f = D_g = \mathbb{R}$; die Abbildung zeigt ihre Graphen
G_f und G_g.

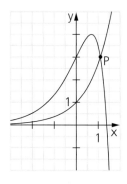

a) Die Gerade h: $x = a$; $-\infty < a < \ln 3$, schneidet G_f im Punkt
R und G_g im Punkt S. Finden Sie die maximale Länge d_{max}
der Strecke [RS] heraus.

b) Die beiden Graphen G_f und G_g schneiden einander im
Punkt P. Der Graph G_f berandet mit den Koordinaten-
achsen und der Parallelen zur y-Achse durch den Punkt
P eine Fläche; ermitteln Sie deren Inhalt A. In welchem
Verhältnis teilt G_g diese Fläche?

Abituraufgabe

32. Gegeben ist die Funktion f: $x \mapsto \dfrac{4x}{e^{0,5x}}$ mit Definitionsbereich $D_f = \mathbb{R}$; G_f bezeichnet
den Graphen von f.

(1) a) Geben Sie die Nullstelle der Funktion an und untersuchen Sie das Verhalten
von f an den Rändern des Definitionsbereichs. Geben Sie eine Gleichung der
horizontalen Asymptote von G_f an.

b) Untersuchen Sie das Monotonie- und das Krümmungsverhalten von G_f.
Ermitteln Sie Lage und Art des Extrempunkts sowie die Lage des Wende-
punkts von G_f.
[*Zur Kontrolle:* $f'(x) = e^{-0,5x}(4 - 2x)$]

c) Die Gleichung der Wendetangente w lautet $y = \dfrac{-4}{e^2}x + \dfrac{32}{e^2}$.
Bestätigen Sie dies durch Rechnung und ermitteln Sie den spitzen Winkel (auf
Grad genau), unter dem w die y-Achse schneidet.

d) Berechnen Sie die Funktionswerte an den Stellen $\dfrac{1}{2}$, 1 und 6. Zeichnen Sie
mithilfe der bisherigen Ergebnisse den Graphen G_f und die Wendetangente w
im Bereich $-1 < x < 9$ (Längeneinheit: 1 cm).

(2) a) Zeigen Sie, dass F: $x \mapsto \dfrac{-8x - 16}{e^{0,5x}}$; $D_F = \mathbb{R}$, eine Stammfunktion von f ist.

b) Der Graph G_f, die x-Achse und die Gerade mit der Gleichung $x = 6$ schließen
eine Fläche vom Inhalt A ein. Berechnen Sie A auf 2 Dezimalen gerundet.

(3) Skizzieren Sie einen Anwendungszusammenhang beispielsweise aus den Natur-
wissenschaften oder der Wirtschaftslehre, in dem ein Funktionsterm der Art
$a \cdot e^{bx}$ ($a, b \neq 0$) eine wichtige Rolle spielt.
Begründen Sie kurz, ob der Parameter b in dem von Ihnen beschriebenen Anwendungszusammenhang positiv oder negativ ist.
Welche Bedeutung hat der Parameter a?

W1　Welche Größe besitzt der größte der drei Innenwinkel des Dreiecks ABC mit
A (1 | 1 | 1), B (1 | –1 | 2) und C (2 | 2 | 2)?

W2　Welche Aussagen können Sie über die Funktion g mit $g(x) = \dfrac{1}{f(x)}$ hinsichtlich ihrer
Definitionsmenge, Wertemenge und Monotonie machen, wenn f überall in $\mathbb{R}$
definiert, differenzierbar und streng monoton zunehmend ist und die Wertemenge
$\mathbb{R}^+$ hat und der Graph G_f keine waagrechte Tangente besitzt?

W3　Welcher der fünf Terme $\dfrac{x^2}{y^2}$, $\dfrac{x}{y}$, xy, $\dfrac{y}{x}$ und $\dfrac{y^2}{x^2}$ besitzt für $x > 10$ und $0 < y < 1$ den
größten Wert?

1. Berechnen Sie die Werte der folgenden bestimmten Integrale.

a) $\int\limits_{0}^{4} dx$

b) $\int\limits_{-\pi}^{\pi} \sin x \, dx$

c) $\int\limits_{1}^{e} \ln x \, dx$

d) $\int\limits_{-4}^{4} e^x \, dx$

2. Gegeben sind die Funktionen f: $f(x) = x\sqrt{4 - x^2}$ und g: $g(x) = \sqrt{4x^2 - x^4}$; $D_f = [-2; 2] = D_g$.

a) Vergleichen Sie die beiden Funktionen f und g miteinander und geben Sie mindestens zwei Eigenschaften an, in denen sich die Funktionen f und g voneinander unterscheiden, sowie mindestens zwei Eigenschaften, in denen die Funktionen f und g miteinander übereinstimmen. Skizzieren Sie die Funktionsgraphen G_f und G_g.

b) Es ist $\int\limits_{0}^{2} f(x)\,dx = \dfrac{8}{3}$. Ermitteln Sie die Werte der vier bestimmten Integrale

(1) $\int\limits_{-2}^{0} f(x)\,dx$,

(2) $\int\limits_{-2}^{2} f(x)\,dx$,

(3) $\int\limits_{0}^{2} g(x)\,dx$

und

(4) $\int\limits_{-2}^{2} g(x)\,dx$.

3. Veranschaulichen Sie das Integral $\int\limits_{1}^{e^2}\left[\ln x - \dfrac{2}{e^2 - 1}\right]dx$ durch eine Zeichnung und berechnen Sie seinen Wert.

4. Die Abbildung zeigt den Graphen G_f einer ganzrationalen Funktion f dritten Grads mit dem Definitionsbereich $D_f = \mathbb{R}$. Die in der Abbildung angegebenen Punkte P (1 | 3), N_1 (0 | 0), N_2 (2 | 0) und N_3 (4 | 0) sind Punkte von G_f. **Abituraufgabe**

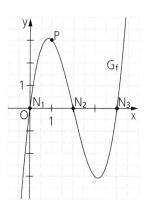

a) Geben Sie den Funktionsterm von f in der Form $f(x) = a(x - b)(x - c)(x - d)$ an, indem Sie passende Werte für a, b, c, d $\in \mathbb{R}$ ermitteln. Zeigen Sie, dass sich dieser in der Form $f(x) = x^3 - 6x^2 + 8x$ schreiben lässt.

b) Weisen Sie nach, dass N_2 Wendepunkt von G_f ist, und ermitteln Sie die Gleichung der zugehörigen Wendetangente. [*Zur Kontrolle*: Tangentengleichung y = −4x + 8]

c) Die Wendetangente schließt mit den Koordinatenachsen ein Dreieck ein. Bestimmen Sie die Innenwinkel dieses Dreiecks.

Betrachtet wird nun die Integralfunktion F: $x \mapsto \int\limits_{0}^{x} f(t)\,dt$; $D_F = \mathbb{R}$.

d) Berechnen Sie F(4). Was folgt daraus für die Flächenstücke, die der Graph G_f mit der x-Achse im I. und IV. Quadranten einschließt? Begründen Sie Ihre Antwort. Bestimmen Sie nun die Summe der Inhalte dieser beiden Flächenstücke.

e) Einer der drei abgebildeten Graphen I, II und III stellt den Graphen von F dar. Geben Sie an, welcher dies ist, und begründen Sie Ihre Antwort, indem Sie erklären, warum die beiden anderen Graphen nicht in Betracht kommen.

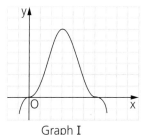

Graph I

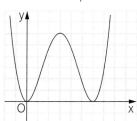

Graph II

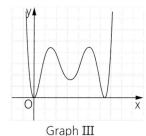

Graph III

f) Bekanntlich ist jede Integralfunktion der Funktion f auch Stammfunktion von f. Begründen Sie, dass jede Integralfunktion mindestens eine Nullstelle hat. Geben Sie den Term einer Stammfunktion von f an, die keine Integralfunktion von f ist.

5. Untersuchen Sie bei jeder der drei Aussagen, ob sie wahr ist; stellen Sie ggf. falsche Aussagen richtig.

a) Wenn ein Funktionsgraph G_f an der Stelle $x = x_0$ einen Wendepunkt besitzt, dann gilt $f''(x_0) = 0$.

b) Wenn $f''(x_0) = 0$ ist, dann besitzt der Funktionsgraph G_f an der Stelle $x = x_0$ einen Wendepunkt.

c) Wenn der Graph G_f einer überall in $\mathbb{R}$ definierten und zweimal differenzierbaren Funktion f zwei relative Extrempunkte besitzt, dann besitzt G_f mindestens einen Wendepunkt.

Abituraufgabe

6. Gegeben ist die Funktion f: $x \mapsto x \cdot e^{2-x}$ mit dem Definitionsbereich $D_f = \mathbb{R}$. Ihr Graph wird mit G_f bezeichnet.

(1) a) Geben Sie die Nullstelle von f an und untersuchen Sie das Verhalten von f für $x \to -\infty$ und $x \to +\infty$.

b) Bestimmen Sie Art und Lage des Extrempunkts von G_f und ermitteln Sie die Gleichung der Tangente t an G_f im Punkt P (0 I f(0)).
[*Zur Kontrolle*: $f'(x) = (1 - x)e^{2-x}$]

c) Untersuchen Sie das Krümmungsverhalten von G_f. Geben Sie die Koordinaten des Wendepunkts von G_f an.

d) Berechnen Sie f(−0,5) und f(5). Zeichnen Sie die Tangente t und den Graphen G_f unter Berücksichtigung der bisherigen Ergebnisse in ein Koordinatensystem ein. (Platzbedarf im Hinblick auf das Folgende: $-7 \leq y \leq 9$)

(2) a) Ermitteln Sie durch Betrachtung einer jeweils geeigneten Dreiecks- oder Trapezfläche grobe Näherungswerte für $\int_0^1 f(x)\,dx$ und $\int_1^5 f(x)\,dx$.

b) Betrachtet wird die Integralfunktion I: $x \mapsto \int_0^x f(t)\,dt$ für $x \in \mathbb{R}$.

Bestimmen Sie ohne Verwendung einer integralfreien Darstellung der Funktion I Art und Lage des Extrempunkts des Graphen von I. Skizzieren Sie unter Einbeziehung der bisherigen Ergebnisse, insbesondere auch der Näherungswerte aus Teilaufgabe (2) a), den Graphen von I in das Koordinatensystem aus Teilaufgabe (1) d).

(3) Gegeben ist nun zusätzlich die Schar der Geraden g_a mit den Gleichungen $y = ax$; $a \in \mathbb{R}$.

a) Jede Gerade g_a hat mit G_f den Ursprung gemeinsam (kein Nachweis erforderlich). Untersuchen Sie rechnerisch, für welche Werte des Parameters a es einen zweiten Punkt gibt, den die Gerade g_a mit G_f gemeinsam hat. Geben Sie die x-Koordinate x_s dieses Punkts in Abhängigkeit von a an.
[*Zur Kontrolle*: $x_s = 2 - \ln a$]

b) F: $x \mapsto (-x - 1) \cdot e^{2-x}$ mit $x \in \mathbb{R}$ ist eine Stammfunktion von f (Nachweis nicht erforderlich).
Ermitteln Sie den Inhalt der Fläche, die G_f mit der Geraden g_a für $a = 1$ einschließt.

c) G_f und die x-Achse schließen im I. Quadranten ein sich ins Unendliche erstreckendes Flächenstück ein, das den endlichen Flächeninhalt e^2 besitzt (Nachweis nicht erforderlich).
Für ein bestimmtes a_0 teilt die Gerade g_{a_0} dieses Flächenstück in zwei inhaltsgleiche Teilstücke. Geben Sie einen Ansatz zur Bestimmung von a_0 an.

KAPITEL 2
Die Binomialverteilung und ihre Anwendungen in der beurteilenden Statistik

Florence Nightingale
geb. 12. 5. 1820 in Florenz
gest. 13. 8. 1910 in London

Florence Nightingale war die Tochter einer wohlhabenden britischen Familie; ihr Vorname war nach dem Ort ihrer Geburt ausgewählt worden. Sie wurde gemeinsam mit ihrer älteren Schwester von ihrem Vater Edward Nightingale in Latein, Griechisch, Französisch und Italienisch sowie in Geschichte und Philosophie unterrichtet. Bereits in früher Jugend zeigte Florence Nightingale eine besondere Begabung für Mathematik; ihr Vater unterstützte diese Begabung. Die hochintelligente und willensstarke Florence rebellierte sehr früh gegen ein Leben „gesellschaftlichen Nichtstuns", wie es den Konventionen ihrer Zeit entsprochen hätte. *„Wir sind Enten, die einen wilden Schwan ausgebrütet haben!"*, soll ihre Mutter Fanny Nightingale einmal ausgerufen haben. Florence setzte durch, dass sie in Deutschland und in Frankreich eine Ausbildung als Krankenschwester machen durfte. Als sie 1853 von der katastrophalen Situation der britischen Soldaten im Krimkrieg erfuhr, bot sie der britischen Regierung ihre Hilfe an und reiste dann nach Skutari. Im dortigen Lazarett erleichterte Florence Nightingale mit unermüdlichem Einsatz und großer Willenskraft zusammen mit ihren Helferinnen das Schicksal von über 5 000 Verwundeten. Sie überwand viele Schwierigkeiten, sorgte für bessere Hygiene sowie gesunde Ernährung und kümmerte sich persönlich fast um jeden einzelnen der verwundeten Soldaten. Nach ihrer Rückkehr nach England war sie nach Königin Victoria die zweitberühmteste Frau Englands.

Schon frühzeitig interessierte sich Florence Nightingale auch für Statistik. Sie gilt als Pionierin der Anwendung statistischer Methoden im Bereich der Epidemiologie. Während ihrer Arbeit als Krankenschwester machte sie intensiv Gebrauch von statistischen Analysen für das Gesundheitswesen und visualisierte ihre Ergebnisse in Tabellen und in Diagrammen. Ihr wird u. a. die Erfindung des *„Polar-Area"-Diagramms* zugeschrieben. In dieser Diagrammform werden die Häufigkeiten durch Kreissektoren gleicher Zentriwinkelgröße, aber unterschiedlicher Radiuslänge veranschaulicht.

1858 wurde Florence Nightingale als erste Frau in die Royal Statistical Society aufgenommen. Später erhielt sie die Ehrenmitgliedschaft der American Statistical Association und viele weitere Ehrungen; so wurde sie 1907 mit dem Order of Merit des englischen Königs ausgezeichnet. Nach einem erfüllten Leben starb Florence Nightingale 1910 in London.

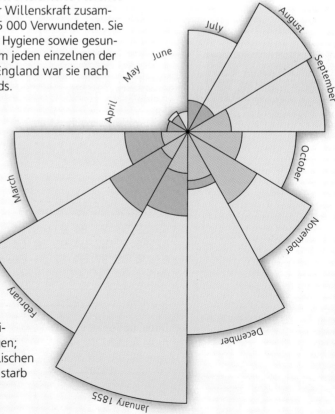

Arbeitsaufträge

1. Beim Glücksspiel *Chuck-a-luck* leistet der Spieler / die Spielerin einen Einsatz von 1 €, nennt eine der Zahlen 1; 2; 3; 4; 5 bzw. 6 und wirft dann drei (Laplace-)Spielwürfel. Zeigt genau einer der drei Würfel die genannte Zahl, so erhält der Spieler / die Spielerin den Einsatz zurück und zusätzlich 1 €.

Zeigen genau zwei Würfel die genannte Zahl, dann erhält er/sie den Einsatz zurück und zusätzlich 2 €; zeigen alle drei Würfel die genannte Zahl, so erhält er/sie den Einsatz zurück und zusätzlich 3 €. Zeigt kein Würfel die genannte Zahl, dann verfällt der Einsatz.

In einem Spielsalon in Monte Carlo versucht sich Daniel beim *Chuck-a-luck*. Er nennt die Zahl 1.

a) Übertragen Sie die Tabelle in Ihr Heft und ergänzen Sie sie dann dort.

Anzahl der geworfenen Einsen	0	1	2	3
Auszahlung	0 €			
Gewinn	−1 €			
Gewinnwahrscheinlichkeit				

b) Stellen Sie die Gewinnwahrscheinlichkeiten in einem Diagramm dar.

c) Finden Sie heraus, welchen Gewinn Daniel pro Spiel im Durchschnitt erzielt.

2. Marie und Paula sind die besten Weitspringerinnen der Oberstufe. Eine von beiden, die „bessere" Weitspringerin, soll beim Stadtschulfest die Schule vertreten.

Die Sportlehrerin überlegt anhand der letzten Weitsprungergebnisse in der Tabelle, welche der beiden Sportlerinnen die „bessere" Weitspringerin ist, und zieht dazu neben der durchschnittlichen Sprungweite d auch die „Zuverlässigkeit der Leistung" mit heran, die sie anhand des Terms

$$\sigma = \sqrt{\frac{(x_1 - d)^2 + (x_2 - d)^2 + (x_3 - d)^2 + (x_4 - d)^2 + (x_5 - d)^2}{5}}$$ vergleicht.

Dabei bedeuten x_1, x_2, x_3, x_4 und x_5 die erzielten Sprungweiten; d ist ihr Mittelwert.

Marie	5,90 m	5,85 m	6,05 m	6,00 m	5,70 m
Paula	6,25 m	6,05 m	6,20 m	5,55 m	5,45 m

Berechnen Sie jeweils den Summenwert der Abweichungen vom Mittelwert d sowie den Wert des Terms σ. Entscheiden Sie, wer von beiden die „bessere" Weitspringerin ist, und begründen Sie Ihre Entscheidung.

3. Die Polizei führte am Mittleren Ring in München eine Geschwindigkeitskontrolle durch; dort beträgt die zulässige Höchstgeschwindigkeit 60 $\frac{km}{h}$. Bei dieser Stichprobe wurden folgende Geschwindigkeiten (in $\frac{km}{h}$) gemessen:

65 69 55 72 84 92 49 60 115 60   58 52 99 60 61 67 60 67 81 60
62 68 57 62 64 95 54 61 59   110 60 51 62 59 60 63 59 60 62 57
62 70 65 57 64 82 51 60 66   52

Berechnen Sie die Durchschnittsgeschwindigkeit d und den Wert des Terms

$$\sigma = \sqrt{\frac{(v_1 - d)^2 + (v_2 - d)^2 + (v_3 - d)^2 + \ldots + (v_n - d)^2}{n}}.$$

Dabei bedeutet v_i; $i \in \{1; 2; \ldots ; n\}$, die Geschwindigkeit des i-ten Fahrzeugs und n die Anzahl der Fahrzeuge. Ermitteln Sie, wie viel Prozent der Stichprobenwerte vom Mittelwert d um mehr als σ abweichen.

- Eine Funktion X, die jedem der n möglichen Ergebnisse $\omega_i \in \Omega$ eines Zufallsexperiments eine reelle Zahl x_i zuordnet, heißt **Zufallsgröße**.
- Ordnet man jedem möglichen Wert x_i, den die Zufallsgröße X annehmen kann, die Wahrscheinlichkeit zu, mit der sie diesen Wert annimmt, so erhält man die **Wahrscheinlichkeitsverteilung** der Zufallsgröße X:

x_i	x_1	x_2	...	x_n
$P(X = x_i)$	$P(X = x_1)$	$P(X = x_2)$	...	$P(X = x_n)$

*Durch den Index n des letzten Werts x_n von X und seiner Wahrscheinlichkeit p_n wird ausgedrückt, dass nur Zufallsgrößen mit **endlichen** Wertemengen betrachtet werden.*

Die Wahrscheinlichkeitsverteilung gibt man meist als Tabelle an und veranschaulicht sie durch ein Diagramm, z. B. durch ein **Histogramm**. Dabei werden die Wahrscheinlichkeiten durch (gleich breite) Rechtecke dargestellt, deren Flächenmaßzahlen die jeweiligen Wahrscheinlichkeiten wiedergeben.

- Der Mittelwert der Zufallsgröße X bei hinreichend vielen Wiederholungen des Zufallsexperiments heißt **Erwartungswert E(X) = μ** der Zufallsgröße. Nimmt die Zufallsgröße X die Werte x_1, x_2, x_3, ... , x_n mit den Wahrscheinlichkeiten p_1, p_2, p_3, ... , p_n (mit $p_1 + p_2 + ... + p_n = 1$) an, so ist

$$E(X) = \mu = x_1 \cdot p_1 + x_2 \cdot p_2 + ... + x_n \cdot p_n = \sum_{i=1}^{n} x_i \cdot p_i.$$

- Die Werte x_i, die die Zufallsgröße X annimmt, „streuen" im Allgemeinen mehr oder weniger stark um den Erwartungswert μ. Es wird deshalb zur besseren Charakterisierung der Verteilung neben dem Erwartungswert auch ein Maß für die **Streuung** um den Erwartungswert festgelegt:
Als **Varianz Var(X)** der Zufallsgröße X definiert man den Erwartungswert der quadratischen Abweichung der Zufallsgröße X von ihrem Erwartungswert μ:

$$Var(X) = (x_1 - \mu)^2 \cdot p_1 + (x_2 - \mu)^2 \cdot p_2 + ... + (x_n - \mu)^2 \cdot p_n = \sum_{i=1}^{n} (x_i - \mu)^2 \cdot p_i.$$

Als **Standardabweichung** der Zufallsgröße X bezeichnet man die Größe

$$\sigma = \sqrt{Var(X)}.$$

Auf den Mathematiker und Naturwissenschaftler Christiaan Huygens geht der Begriff „Erwartungswert" zurück.

Beispiele

Beim Glücksspiel „Die Magische Vier" wirft der Spieler / die Spielerin gleichzeitig zwei Laplace-Spielwürfel. Fällt dabei keine Vier, so muss der Spieler / die Spielerin 1 € bezahlen; anderenfalls erhält er/sie für jede geworfene Vier 2 €.
Übertragen Sie die Tabelle in Ihr Heft und geben Sie dann dort die Wahrscheinlichkeitsverteilung für den Gewinn X bei diesem Zufallsexperiment an.

Anzahl der geworfenen Vieren	0		
Gewinn	−1 €		
Gewinnwahrscheinlichkeit			

Geben Sie an, mit welcher Wahrscheinlichkeit bei dem Spiel „Die Magische Vier"
a) mindesten eine Vier   b) höchstens eine Vier
geworfen wird, und finden Sie heraus, welchen Gewinn man pro Spiel im Durchschnitt erzielt.

Lösung:

Wahrscheinlichkeitsverteilung:

Anzahl der geworfenen Vieren	0	1	2
Gewinn	−1 €	2 €	4 €
Gewinnwahrscheinlichkeit	$\frac{25}{36}$	$\frac{10}{36}$	$\frac{1}{36}$

Wahrscheinlichkeiten:

a) $P(\text{„mindestens eine Vier''}) = \frac{10}{36} + \frac{1}{36} = \frac{11}{36} \approx 30{,}6\,\%$

b) $P(\text{„höchstens eine Vier''}) = \frac{25}{36} + \frac{10}{36} = \frac{35}{36} \approx 97{,}2\,\%$

Erwartungswert:

$$E(X) = \mu = \sum_{i=1}^{3} x_i \cdot p_i = (-1\ \text{€}) \cdot \frac{25}{36} + 2\ \text{€} \cdot \frac{10}{36} + 4\ \text{€} \cdot \frac{1}{36} = -\frac{1}{36}\ \text{€} \approx -3\ \text{ct}:$$

Im Durchschnitt verliert man etwa 3 ct pro Spiel.

○ Übertragen Sie die Tabelle in Ihr Heft und ergänzen Sie sie dann dort so, dass sie eine Wahrscheinlichkeitsverteilung darstellt. Berechnen Sie den Erwartungswert µ, den Summenwert der Abweichungen vom Erwartungswert µ und die Standardabweichung σ.

x_i	−2	0	10	20
Wahrscheinlichkeit $P(X = x_i)$	0,125	0,250	0,600	

Lösung:

x_i	−2	0	10	20
Wahrscheinlichkeit $P(X = x_i)$	0,125	0,250	0,600	0,025

$\left[\sum\limits_{i=1}^{4} P(X = x_i) = 1 \right]$

$$E(X) = \mu = \sum_{i=1}^{4} x_i \cdot P(X = x_i) = 0{,}125 \cdot (-2) + 0{,}250 \cdot 0 + 0{,}600 \cdot 10 + 0{,}025 \cdot 20 = 6{,}25$$

x_i	Abweichung $x_i - \mu$ vom Erwartungswert	Quadrat $(x_i - \mu)^2$ der Abweichung vom Erwartungswert
−2	−8,25	68,0625
0	−6,25	39,0625
10	3,75	14,0625
20	13,75	189,0625
Summenwert	3,00	−

Standardabweichung:

$$\sigma = \sqrt{68{,}0625 \cdot 0{,}125 + 39{,}0625 \cdot 0{,}250 + 14{,}0625 \cdot 0{,}600 + 189{,}0625 \cdot 0{,}025} \approx$$
$$\approx 5{,}61$$

○ Für einen Einstellungstest sind drei Aufgaben erprobt worden. Die Zufallsgröße X beschreibt die Anzahl der richtig beantworteten Fragen:

n	0	1	2	3
Wahrscheinlichkeit $P(X = n)$	0,08	0,38	0,42	0,12

a) Begründen Sie, dass die Tabelle eine Wahrscheinlichkeitsverteilung für die Zufallsgröße X darstellt. Zeichnen Sie ein Stabdiagramm und ein Histogramm.

b) Berechnen Sie den Erwartungswert E(X) und interpretieren Sie ihn.

c) Berechnen Sie die Wahrscheinlichkeit des Ereignisses „Mindestens eine Frage wird richtig beantwortet".

Lösung:

a) Jedem Wert n, den die Zufallsgröße X annehmen kann, wird genau eine reelle Zahl $P(X = n)$ mit $0 \leqq P(X = n) \leqq 1$ als Wahrscheinlichkeit zugeordnet, und die Summe der Wahrscheinlichkeiten $(0,08 + 0,38 + 0,42 + 0,12)$ hat den Wert 1.

Stabdiagramm:

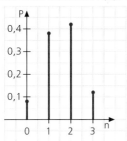

Histogramm:

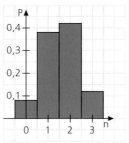

*Bei einem **Stabdiagramm** werden die Wahrscheinlichkeiten durch Strecken veranschaulicht.*

b) $E(X) = \sum\limits_{n=0}^{3} n \cdot P(X = n) = 0 \cdot 0,08 + 1 \cdot 0,38 + 2 \cdot 0,42 + 3 \cdot 0,12 = 1,58$:

Im Mittel werden 1,58 Fragen richtig beantwortet; bei je 100 Bearbeitungen (also bei je 300 Fragen) werden also im Mittel 158 Fragen richtig beantwortet.

c) $P(\text{„Mindestens eine Frage wird richtig beantwortet“}) = 1 - 0,08 = 0,92$
$(= 0,38 + 0,42 + 0,12)$

- Gehört der Erwartungswert einer Zufallsgröße stets zu deren Wertemenge?
- Kann der Erwartungswert einer Zufallsgröße negativ sein?
- Geben Sie an, wie sich die Höhen der Histogrammrechtecke ändern, wenn man die Rechtecksbreiten verdoppelt.
- Warum verwendet man als Maß für die Streuung der Werte einer Zufallsgröße X statt σ nicht einfach den Summenwert der Abweichungen vom Erwartungswert $E(X)$?

Aufgaben

1. Ein Laplace-Spielwürfel wird einmal geworfen. Geben Sie die Wahrscheinlichkeitsverteilung der Zufallsgröße „Augenanzahl" an und berechnen Sie den Erwartungswert und die Standardabweichung.

Tipp: Informieren Sie sich im Begleitheft Ihres Taschenrechners, wie Sie mithilfe des Taschenrechners die Standardabweichung ermitteln können.

2. Eine 2-€-Münze wird dreimal geworfen. Die Zufallsgröße X beschreibt die Anzahl der dabei geworfenen **W**appen.

   a) Zeichnen Sie ein Baumdiagramm und geben Sie die Wahrscheinlichkeitsverteilung von X in einer Tabelle an; zeichnen Sie dann je ein Histogramm mit Rechtecksbreite 1 LE bzw. 2 LE.

   b) Berechnen Sie den Erwartungswert μ und die Standardabweichung σ.

3. Ein Laplace-Spielwürfel wird einmal geworfen. Die Zufallsgröße X ist der Wert des Quadrats der geworfenen Augenanzahl. Geben Sie die Wahrscheinlichkeitsverteilung von X an und berechnen Sie den Erwartungswert $\mu = E(X)$.

4. In einer Urne sind zehn Kugeln; sechs davon sind rot, drei sind weiß und eine ist schwarz. Vor einem Spiel bezahlt Gregor einen Einsatz von s €.
   Dann entnimmt Gregor der Urne nacheinander ohne Zurücklegen „blind" zwei Kugeln. Für jede weiße Kugel erhält er 2 €; für jede andere erhält er nichts. Die Zufallsgröße X beschreibt den Gewinn bei diesem Spiel.

   a) Zeichnen Sie ein Baumdiagramm und geben Sie die Wahrscheinlichkeitsverteilung der Zufallsgröße X an.

   b) Berechnen Sie den Erwartungswert $E(X)$ in Abhängigkeit von s.

   c) Finden Sie heraus, bei welchem Einsatz s € dieses Spiel fair ist.

Abituraufgabe

*Ein Glücksspiel heißt **fair**, wenn der Erwartungswert für den Gewinn gleich null ist.*

5. Tom und Tina bereiten ein Spiel mit einer „gezinkten" Münze, bei der **W**appen mit der Wahrscheinlichkeit 0,6 fällt, vor. Nach Einzahlen von 3 € wirft Tom diese Münze genau dreimal. Für jedes Werfen von **Z**ahl erhält Tom a € ausbezahlt; wenn **W**appen fällt, erhält er nichts. Finden Sie heraus, bei welchem Wert von $a \in \mathbb{R}^+$ dieses Spiel fair ist.

G 6. Eine Urne enthält sechs gleichartige Kugeln; eine Kugel ist weiß, zwei Kugeln sind rot und drei Kugeln sind blau. Simon entnimmt der Urne nacheinander dreimal je eine Kugel (1) mit Zurücklegen bzw. (2) ohne Zurücklegen.

  a) Berechnen Sie jeweils die Wahrscheinlichkeiten der Ereignisse
    E_1: „Genau die zweite der gezogenen Kugeln ist rot",
    E_2: „Die zweite der gezogenen Kugeln ist rot",
    E_3: „Höchstens zwei der gezogenen Kugeln sind rot" und
    $E_4 = E_1 \cap E_3$.

  b) Die Zufallsgröße X ist die Anzahl der gezogenen roten Kugeln. Geben Sie jeweils die Wahrscheinlichkeitsverteilung von X sowie $\mu = E(X)$ an und veranschaulichen Sie sie durch ein Histogramm, in das Sie auch μ eintragen.

7. Ein Laplace-Tetraeder trägt auf seinen vier Flächen die Zahlen 1; 2; 3 bzw. 4; als geworfen gilt die auf dem Tetraederboden stehende Zahl.

  a) Das Tetraeder wird zweimal geworfen; die Zufallsgröße X ist der Summenwert der beiden geworfenen Zahlen. Geben Sie die Wahrscheinlichkeitsverteilung von X in Tabellenform an und berechnen Sie den Erwartungswert $\mu = E(X)$ und die Standardabweichung σ.

  b) Vor einem Spiel wurde vereinbart: Der Spieler zahlt als Einsatz 1 € und wirft das Tetraeder zweimal. Fällt keine 1, dann erhält der Spieler den Summenwert der geworfenen Zahlen in €. Fällt mindestens einmal eine 1, so zahlt der Spieler 5 €. Untersuchen Sie, ob das Spiel fair ist.

8. Die Tabelle zeigt die Wahrscheinlichkeitsverteilung einer Zufallsgröße X.

x_i	− 10	0	10	50	100
$P(X = x_i)$	0,2	a	b	0,2	0,15

  Berechnen Sie die Werte der Parameter a und b, wenn E(X) = 23,5 ist.

G 9. Bei der Produktionskontrolle eines neu entwickelten Schmerzmittels wird die Menge des schmerzlindernden Wirkstoffs je Tablette bestimmt. Bei einer Stichprobe mit dem Umfang n = 25 ergaben sich folgende Mengen x (in mg):

510	480	495	507	500	503	495	530	518	512	506	500	517
510	486	527	516	505	507	494	516	501	509	506	525	

  a) Berechnen Sie den Mittelwert $\bar{x}$ sowie die Standardabweichung σ.

  b) Ermitteln Sie, wie viel Prozent der Stichprobenwerte vom Mittelwert $\bar{x}$ um mehr als σ abweichen.

W1 Welche Schar von Funktionen f_c besitzt die Ableitungsfunktion f_c': $f_c'(x) = e^{2x}$; $D_{f_c} = \mathbb{R}$?

W2 Wie lautet das unbestimmte Integral der Funktion f: $f(x) = 2e^{-x}$; $D_f = \mathbb{R}$?

W3 Wie wirkt sich eine Änderung des Werts des Parameters a; $a \in \mathbb{R} \backslash \{0\}$, auf den Graphen der Funktion f_a: $f_a(x) = \frac{1}{a} \sin (ax)$; $D_{f_a} = \mathbb{R}$, aus?

Der französische Naturforscher Georges Louis Leclerc Comte de Buffon (1707 bis 1788) befasste sich im Jahr 1777 mit dem folgenden stochastischen Problem:
Man lässt eine Nadel der Länge a > 0 auf liniertes Papier mit dem Zeilenabstand d > a fallen. Wie groß ist die Wahrscheinlichkeit, dass die Nadel eine der Linien trifft?

n-malige Ausführung des Buffon-Experiments:

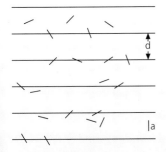

Denkmal von Buffon
(1707–1788) in Paris

Es sei x der Abstand des tiefsten Punkts T der Nadel von der nächsthöheren Parallelen. Die Nadel trifft diese Parallele m genau dann, wenn $0 \leq x \leq a \cdot \sin \alpha$ ist $(0 \leq \alpha \leq \pi)$.

Der doppelt schraffierte Bereich auf und „unter" G_f enthält nur *die* Punkte T, für die $0 \leq \alpha \leq \pi$ und $0 \leq x \leq a \cdot \sin \alpha$ gilt, das grün schraffierte Rechteck dagegen *alle* möglichen Lagen von T.

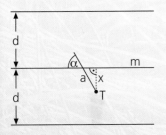

Die Nadel trifft m.

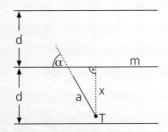

Die Nadel trifft m nicht.

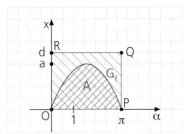

$f: \alpha \mapsto a \cdot \sin \alpha;\ 0 \leq \alpha \leq \pi$
$O\ (0|0),\ P\ (\pi|0),\ Q\ (\pi|d),\ R\ (0|d)$

Für die Wahrscheinlichkeit P(E) des Ereignisses E: „Die Nadel trifft eine Parallele der Schar" gilt $P(E) = \dfrac{\text{Flächeninhalt A}}{\text{Flächeninhalt des Rechtecks OPQR}}$.

1. Zeigen Sie, dass $A = \int\limits_0^\pi (a \cdot \sin \alpha)\, d\alpha = 2a$, also $P(E) = \dfrac{2a}{\pi d}$ und somit $\pi = \dfrac{2a}{d \cdot P(E)}$ ist.

G 2. Für eine große Anzahl n von Würfen ist die relative Häufigkeit $h_n = \dfrac{k}{n} \approx P(E)$
(k: Anzahl der Würfe, bei denen die Nadel eine Parallele trifft). Wenn Sie in der Gleichung $\pi = \dfrac{2a}{d \cdot P(E)}$ (vgl. Aufgabe 1.) P(E) durch h_n ersetzen, können Sie experimentell einen Näherungswert für die Zahl π bestimmen.

3. Die Tabelle zeigt Versuchsergebnisse bei drei Experimenten:

Versuch durchgeführt von	im Jahr	Anzahl der Nadelwürfe	Näherungswert für π
Wolf	1850	5 000	3,1596
Fox	1894	1 000	3,1419
Lazzarini	1901	3 408	3,1415929

Berechnen Sie jeweils, um wie viel Prozent der Näherungswert von π abweicht.
Was fällt Ihnen beim Messwert von Lazzarini auf?

Themenseite

Arbeitsaufträge

1. Die Abbildungen veranschaulichen Zufallsexperimente mit genau zwei Ergebnissen. Beschreiben Sie jedes dieser Zufallsexperimente.

2. Eine 2-€-Münze wird dreimal geworfen. Übertragen Sie das Baumdiagramm vergrößert in Ihr Heft und ergänzen Sie es dann dort.

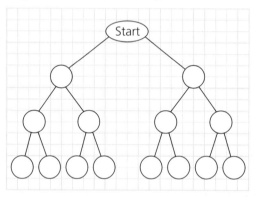

Geben Sie jeweils die Wahrscheinlichkeit dafür an, dass

a) keinmal **W**appen fällt.　　　　　　**b)** genau einmal **W**appen fällt.

c) genau zweimal **W**appen fällt.　　　　**d)** dreimal **W**appen fällt.

3. Bei einem Vortest zur Führerscheinprüfung werden vier Fragen mit je vier Antworten – von denen genau eine richtig ist – gestellt. Felix hat die möglichen Anzahlen der richtigen Lösungen bei Ankreuzen „auf gut Glück" veranschaulicht und meint: „Bei ‚blindem' Ankreuzen sind mit einer Wahrscheinlichkeit von mehr als 50% mindestens 50% meiner Antworten richtig."
Erläutern Sie seine Veranschaulichung und finden Sie heraus, ob er Recht hat.

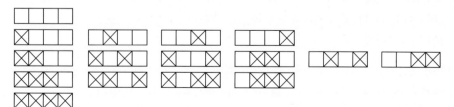

Ein Zufallsexperiment mit genau zwei möglichen Ergebnissen heißt **Bernoulli-Experiment**. Die beiden möglichen Ergebnisse bezeichnet man mit 1 (günstig, Treffer, Erfolg) bzw. mit 0 (ungünstig, Niete, Misserfolg) und die zugehörigen Wahrscheinlichkeiten mit **p = P({1})** bzw. mit q = P({0}) = 1 − p.
Die Ergebnismenge ist Ω = {1; 0}.
Führt man dasselbe Bernoulli-Experiment unter jeweils gleichen Bedingungen mehrmals (n-mal; n ∈ ℕ\{1}, also „n-stufig") durch, so spricht man von einer **Bernoulli-Kette der Länge n**.

○ Ein Laplace-Spielwürfel wird dreimal geworfen. Finden Sie mithilfe eines Baumdiagramms die Wahrscheinlichkeit dafür heraus, dass man

Beispiele

a) keine Sechs   **b)** genau eine Sechs   **c)** genau zwei Sechsen   **d)** drei Sechsen

erhält.

Geben Sie die Wahrscheinlichkeitsverteilung in Tabellenform an, veranschaulichen Sie sie durch ein Histogramm und berechnen Sie den Erwartungswert der Zufallsgröße X, die die Anzahl der geworfenen Sechsen beschreibt.

Lösung:

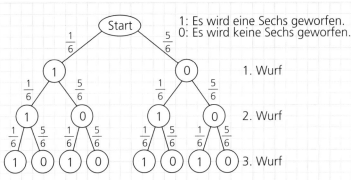

1: Es wird eine Sechs geworfen.
0: Es wird keine Sechs geworfen.

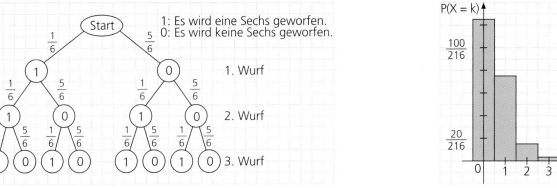

Es liegt eine Bernoulli-Kette der Länge 3 vor. Wahrscheinlichkeitsverteilung:

Anzahl k der geworfenen Sechsen	0	1	2	3
Wahrscheinlichkeit	$\frac{125}{216}$	$\frac{75}{216}$	$\frac{15}{216}$	$\frac{1}{216}$

Erwartungswert: $E(X) = 0 \cdot \frac{125}{216} + 1 \cdot \frac{75}{216} + 2 \cdot \frac{15}{216} + 3 \cdot \frac{1}{216} = \frac{108}{216} = 0{,}5$

Man erhält im Mittel bei je zwei Dreierwürfen eine Sechs.

○ Zur Behandlung einer bestimmten Krankheit erhalten zehn Patienten ein Medikament, das mit einer Wahrscheinlichkeit von 75 % zur Heilung führt. Mit welcher Wahrscheinlichkeit

a) werden alle zehn Patienten geheilt?   **b)** wird genau ein Patient nicht geheilt?

c) wird mindestens einer dieser zehn Patienten geheilt?

Lösung:

Bernoulli-Kette mit n = 10; „Treffer": Patient wird geheilt mit p = 0,75;
die Zufallsgröße X beschreibt die Anzahl der geheilten Patienten.

a) $P(X = 10) = 0{,}75^{10} \approx 5{,}6\%$ **b)** $P(X = 9) = 10 \cdot 0{,}25 \cdot 0{,}75^9 \approx 18{,}8\%$

c) $P(X \geqq 1) = 1 - P(X = 0) = 1 - 0{,}25^{10} \approx 100{,}0\%$

○ Ein Fotokopiergerät liefert brauchbare und unbrauchbare Kopien; die Wahrscheinlichkeit dafür, dass eine Kopie unbrauchbar ist, beträgt 1,5%.
Das Anfertigen von Kopien soll als Bernoulli-Kette angesehen werden.
Erläutern Sie, dass diese Modellannahme in der Realität unzutreffend sein kann.

Lösung:

(1) Die Ausschusswahrscheinlichkeit p (hier 1,5%) kann sich während des Betriebs ändern. Beispiele für mögliche Gründe: technische Defekte (z. B. Toner muss erneuert werden, Überhitzung des Kopiergeräts)

(2) Die Unabhängigkeitsbedingung kann verletzt sein.
Beispiele für mögliche Gründe: Zu dünnes oder verknittertes oder schief eingelegtes Papier beeinflusst den Einzug des nächsten Blatts.

○ Wie viele mögliche Ergebnisse gibt es bei einer Bernoulli-Kette der Länge n, wenn man sich nur für die Anzahl der Treffer interessiert?

○ Was lässt sich über Wahrscheinlichkeit von „Erfolg" (bzw. von „Misserfolg") in den einzelnen Stufen eines n-stufigen Bernoulli-Experiments aussagen?

Aufgaben

1. Entscheiden Sie jeweils, ob das Zufallsexperiment als eine Bernoulli-Kette aufgefasst werden kann. Geben Sie ggf. deren Länge n, den „Treffer" und die Trefferwahrscheinlichkeit p an.

a) Aus einer Urne mit 45 weißen und 55 schwarzen Kugeln werden nacheinander „blind" zehn Kugeln mit Zurücklegen entnommen.

b) Aus einer Urne mit 45 weißen und 55 schwarzen Kugeln werden nacheinander „blind" zehn Kugeln ohne Zurücklegen entnommen.

c) Ein Taschenrechner der Firma LOGO ist erfahrungsgemäß mit einer Wahrscheinlichkeit von 0,05 defekt. Aus einer großen Lieferung werden 20 zufällig ausgewählte LOGO-Taschenrechner geprüft.

d) Ein reguläres Dodekaeder (Beschriftung der Flächen: 1; 2; 3; … ; 12) wird fünfzehnmal geworfen. Als Treffer gilt das Werfen einer Primzahl.

2. Ein Glücksrad hat acht gleich große Sektoren, die mit den Zahlen 2; 1; 2; 1; 2; 3; 2 bzw. 1 beschriftet sind; ein Zeiger weist nach dem Stillstand des Rads auf die „erdrehte" Zahl.

a) Zeichnen Sie ein passendes Glücksrad.

b) Das Glücksrad wird zweimal gedreht; nach dem Stillstand des Rads wird jedesmal die „erdrehte" Zahl abgelesen und notiert.

Finden Sie heraus, mit welcher Wahrscheinlichkeit die Zahl 3
(1) keinmal   (2) genau einmal   (3) zweimal   „erdreht" wird.
Übertragen Sie die Tabelle in Ihr Heft und ergänzen Sie sie dann dort.

Anzahl der „erdrehten" Dreien	0	1	2
Wahrscheinlichkeit			

3. Ein Laplace-Spielwürfel wird zehnmal (allgemein: n-mal; $n \in \mathbb{N}$) geworfen. Mit jeweils welcher Wahrscheinlichkeit erhält man

a) genau einmal   **b)** mindestens einmal   **c)** höchstens einmal

als Augenanzahl eine ungerade Primzahl?

4. Die Monitore der Firma SUNSUN erfüllen mit einer Wahrscheinlichkeit von 97% die Qualitätsnorm. Bei einer Stichprobe werden aus einer großen Anzahl von SUNSUN-Monitoren zehn zufällig ausgewählt und getestet.
Mit welcher Wahrscheinlichkeit wird bei dieser Stichprobe die Qualitätsnorm von

a) genau einem Monitor nicht erfüllt?   **b)** höchstens einem Monitor nicht erfüllt?

5. Bei einer Umfrage stimmten 87% der Befragten für ein Rauchverbot in Gaststätten. Aus der Probandengruppe werden sechs Personen zufällig ausgewählt. Mit welcher Wahrscheinlichkeit befürworten fünf dieser sechs Personen das Rauchverbot?

6. Beim maschinellen Abfüllen von Johannisbeergelee wird der „Sollwert" von 400 g nicht immer genau eingehalten. Der Hersteller garantiert aber, dass 95% der Gläser mindestens 390 g Johannisbeergelee enthalten. Bei einer Stichprobe werden 20 aus der laufenden Produktion zufällig entnommene Geleegläser überprüft. Mit welcher Wahrscheinlichkeit

a) enthalten alle 20 Gläser mindestens 390 g?

b) enthält höchstens eines der 20 Gläser weniger als 390 g?

c) enthält mindestens eines der 20 Gläser weniger als 390 g?

G 7. Hungrige Mäuse tummeln sich vor dem Eingang A (0 | 4) eines Labyrinths. Zufalls- generatoren an jeder der 12 „Kreuzungen" des Labyrinths [also z. B. im Punkt (0 | 2), aber *nicht* im Punkt (2 | 0)] öffnen jeder Maus genau einen kürzesten Weg von A zum Futterplatz Z (3 | 0). Die Öffnung „nach rechts" erfolgt dabei jeweils mit einer Wahrscheinlichkeit von 0,4 und die „nach unten" mit einer Wahrschein- lichkeit von 0,6.

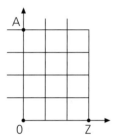

a) Finden Sie heraus, wie viele verschiedene kürzeste Wege es von A nach Z gibt.

b) Ermitteln Sie bei jedem der vier kürzesten Wege ① bis ④ die Wahrscheinlich- keit, dass die Maus ihn nimmt.

① ② ③ ④

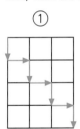 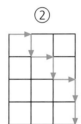 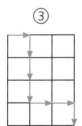 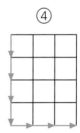

8. Die Wahrscheinlichkeit, dass ein zehnjähriges Kind nicht schwimmen kann, ist 10%. Eine Sportlehrkraft befragt die 20 zehnjährigen Schüler/Schülerinnen der Klasse 5A, ob sie schwimmen können. Mit welcher Wahrscheinlichkeit

a) können alle befragten Kinder dieser Klasse schwimmen?

b) kann genau eines der befragten Kinder nicht schwimmen?

c) kann mindestens eines der befragten Kinder nicht schwimmen?

W1 Wie lautet jeweils die Umkehrfunktion der Funktion

a) f: $f(x) = \frac{1}{2x} + \frac{2}{x}$; $D_f = \mathbb{R} \setminus \{0\}$?

b) g: $g(x) = \frac{x-2}{2x-1}$; $D_g = \mathbb{R} \setminus \{0,5\}$?

W2 Welche Punkte haben die Parabeln P_1: $y = x^2$ und P_2: $y = 2 - x^2$ miteinander gemeinsam?

W3 Wie groß ist der Inhalt der Fläche, die von den Graphen G_f und G_g von f: $f(x) = 2 - 2\cos(2x)$ und g: $g(x) = 5 + \sin x$; $D_f = D_g = \left[-\frac{\pi}{2}; \frac{3}{2}\pi\right]$, berandet wird?

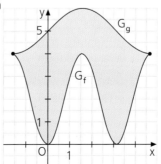

Arbeitsaufträge

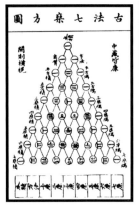

Das Pascaldreieck war bereits lange vor Pascal bekannt.

Jakob Bernoulli
(1654 bis 1705)
verwendete als Erster
den Begriff **Urne** für
ein Gefäß, aus dem
Lose, Kugeln usw.
gezogen werden.

1. Gestalten Sie ein Poster über den Mathematiker und Philosophen Blaise Pascal und stellen Sie diese Persönlichkeit Ihrer Klasse vor.

2. Informieren Sie sich darüber, was man unter dem Pascal-Dreieck versteht.
Übertragen Sie die Abbildung in Ihr Heft; ergänzen und erweitern Sie sie dann dort mindestens bis zur 10. Zeile.

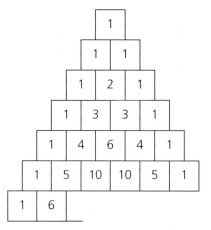

Blaise Pascal
(1623 bis 1662)

3. Aus einer Urne mit fünf Kugeln (drei weiße und zwei schwarze) werden nacheinander drei Kugeln „blind" gezogen.

1. Fall: Ziehen mit Zurücklegen
Es wird eine Kugel gezogen; ihre Farbe wird notiert, und dann wird die Kugel wieder in die Urne zurückgelegt.
In gleicher Weise wird noch zweimal verfahren.

2. Fall: Ziehen ohne Zurücklegen
Es wird eine Kugel gezogen und ihre Farbe notiert; die Kugel wird nicht wieder in die Urne zurückgelegt.
In gleicher Weise wird noch zweimal verfahren.

a) Zeichnen Sie jeweils ein Baumdiagramm.

b) Übertragen Sie die beiden Tabellen in Ihr Heft und ergänzen Sie sie dann dort.
Wahrscheinlichkeitsverteilungen:

Ziehen mit Zurücklegen

Anzahl der weißen Kugeln	0	1	2	3
Wahrscheinlichkeit				

Ziehen ohne Zurücklegen

Anzahl der weißen Kugeln	0	1	2	3
Wahrscheinlichkeit				

c) Geben Sie jeweils die Wahrscheinlichkeit dafür an, dass mindestens zwei weiße Kugeln gezogen werden, und vergleichen Sie die beiden Ergebnisse miteinander.

Bernoulli-Experimente (mit einer Trefferwahrscheinlichkeit $p \in \mathbb{Q}$; $0 \leq p \leq 1$) kann man durch das **Ziehen aus einer Urne** mit weißen und schwarzen Kugeln simulieren. Bedeutet dabei „Treffer" das Ziehen einer weißen Kugel, so ist der Anteil der weißen Kugeln am gesamten Urneninhalt gleich der Trefferwahrscheinlichkeit p zu wählen. Einer **Bernoulli-Kette** der Länge n ($n \in \mathbb{N} \setminus \{1\}$) entspricht dann das n-malige **Ziehen** von jeweils (genau) einer Kugel **mit Zurücklegen**. Bei einer Bernoulli-Kette hat jedes Ergebnis mit genau k Treffern und n – k Nieten stets die gleiche Wahrscheinlichkeit $p^k \cdot (1 - p)^{n-k}$, da die Wahrscheinlichkeit, einen Treffer zu erzielen, bei jedem Zug gleich ist.

Die Anzahl der verschiedenen Ergebnisse, die bei einer Bernoulli-Kette der Länge n genau k Treffer enthalten, bezeichnet man als **Binomialkoeffizienten** $\binom{n}{k}$ (gelesen „n über k" oder „k aus n") mit $k \in \mathbb{N}_0$ und $k \leq n$.

Berechnung von $\binom{n}{k}$ mithilfe eines Urnenmodells

Man zieht aus einer Urne mit nur weißen und schwarzen Kugeln n-mal ($n \in \mathbb{N}$) genau eine Kugel, notiert ihre Farbe und legt sie dann in die Urne zurück. Als Treffer gilt das Ziehen einer weißen Kugel.

Wenn man dabei k-mal ($k \in \{0; 1; \ldots; n\}$) eine weiße [und (n – k)-mal eine schwarze] Kugel zieht, gäbe es – wenn die weißen Kugeln unterscheidbar wären –
$n \cdot (n - 1) \cdot \ldots \cdot (n - k + 1) = \frac{n!}{(n - k)!}$ verschiedene mögliche Ergebnisse. Da die weißen Kugeln aber *nicht* unterscheidbar sind, kann man sie untereinander durchtauschen, ohne dass sich dadurch das Ergebnis ändert; dafür gibt es k! Möglichkeiten. Somit gibt es nur $\frac{n!}{k! \, (n - k)!} = \binom{n}{k}$ verschiedene Ergebnisse.

Bei einer Bernoulli-Kette der Länge n und der Trefferwahrscheinlichkeit p gilt daher für die Wahrscheinlichkeit des Erzielens von genau k ($0 \leq k \leq n$) Treffern

$$P(X = k) = \binom{n}{k} \cdot p^k \cdot (1 - p)^{n-k}$$

(Die Zufallsgröße X beschreibt die Anzahl der Treffer.).

Beispiel: n = 3; p = 0,25

Anzahl k der Treffer	0	1	2	3
P(X = k)	$\frac{27}{64}$	$\frac{27}{64}$	$\frac{9}{64}$	$\frac{1}{64}$

Binomialkoeffizienten *treten beim Potenzieren von* **Binomen** *auf*:

$(a + b)^1 =$
$= \mathbf{1} \cdot a + \mathbf{1} \cdot b$
$(a + b)^2 =$
$= \mathbf{1} \cdot a^2 + \mathbf{2} \cdot ab + \mathbf{1} \cdot b^2$
$(a + b)^3 =$
$= \mathbf{1} \cdot a^3 + \mathbf{3} \cdot a^2 b +$
$\mathbf{3} \cdot ab^2 + \mathbf{1} \cdot b^3$

○ Ermitteln Sie jeweils den Wert von   a) $\binom{10}{4}$ b) $\binom{10}{6}$ c) $\binom{100}{97}$ 💻 d) $\binom{400}{44}$

Lösung:

a) $\binom{10}{4} = \frac{10!}{4! \cdot 6!} = \frac{10 \cdot 9 \cdot 8 \cdot 7}{4!} = 210$

b) $\binom{10}{6} = \frac{10!}{6! \cdot 4!} = \frac{10 \cdot 9 \cdot 8 \cdot 7}{4!} = 210$

c) $\binom{100}{97} = \frac{100!}{97! \cdot 3!} = \frac{100 \cdot 99 \cdot 98}{6} = 161\,700$

d) $\binom{400}{44} \approx 9{,}989 \cdot 10^{58}$

Viele Taschenrechner bieten eine Tastenkombination an, mit der man den Wert von $\binom{n}{k}$ direkt berechnen kann. Beispiel: Eine häufig verwendete Tastenkombination für $\binom{5}{2}$ ist 5 nCr 2 =. Sehr große Binomialkoeffizienten kann man mithilfe einer Tabellenkalkulation mit dem Befehl KOMBINATIONEN (n; k) ermitteln.

○ Nach Angaben der Telekom kommt man nur bei 70% aller Telefonanrufe sofort beim ersten Wählen durch. Sophie möchte zehn Telefonate tätigen. Berechnen Sie, mit welcher Wahrscheinlichkeit sie

a) jedesmal sofort durchkommt.   **b)** nur (genau) fünfmal sofort durchkommt.

Lösung:

a) $P(X = 10) = 0{,}7^{10} \approx 2{,}8\%$

b) $P(X = 5) = \binom{10}{5} \cdot 0{,}7^5 \cdot 0{,}3^5 = 252 \cdot 0{,}21^5 \approx 10{,}3\%$

In einer Urne sind fünf (allgemein: N) Kugeln, drei (S) schwarze und zwei (N – S) weiße.
Es wird nacheinander dreimal (n-mal) je eine Kugel ohne Zurücklegen gezogen.
Mit welcher Wahrscheinlichkeit sind genau zwei (k) der gezogenen Kugeln schwarz?

Lösung:

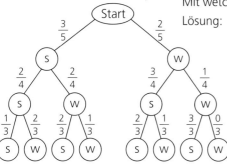

$$P(\text{„zwei schwarze Kugeln"}) = \frac{3}{5} \cdot \frac{2}{4} \cdot \frac{2}{3} + \frac{3}{5} \cdot \frac{2}{4} \cdot \frac{2}{3} + \frac{2}{5} \cdot \frac{3}{4} \cdot \frac{2}{3} = \frac{36}{60} = \frac{3}{5}$$

$$oder\ P(X = 2) = \frac{\binom{3}{2} \cdot \binom{2}{1}}{\binom{5}{3}} = \frac{3 \cdot 2}{10} = \frac{3}{5}$$

$$P(X = k) = \frac{\binom{S}{k} \cdot \binom{N-S}{n-k}}{\binom{N}{n}}; \quad k \leqq S;\ n \leqq N;\ n - k \leqq N - S$$

- Wie kann man am Baumdiagramm die Länge einer Bernoulli-Kette ablesen?
- Wie kann man ein Bernoulli-Experiment mit $p = \frac{1}{2}\sqrt{2} \notin \mathbb{Q}$ näherungsweise durch ein Urnenmodell simulieren?
- Was ergibt (für $n \in \mathbb{N}$)   a) $\binom{n}{0}$?   b) $\binom{n}{n}$?   c) $\binom{n}{1}$?
- Was versteht man unter einem Binom? Was ergibt $(a + b)^4$, was $(a - b)^5$?

Aufgaben

1. Berechnen Sie a) $\binom{12}{9}$ b) $\binom{150}{145}$ c) $\binom{25}{6}$ d) $\binom{65}{60}$ e) $\binom{15}{11}$ f) $\binom{10}{8}$ g) $\binom{30}{27}$.

> 45; 220; 1 365;
> 4 060; 177 100;
> 8 259 888;
> 591 600 030
>
> *Termwerte zu 1.*   **L**

2. In einer Urne sind 20 Kugeln; sechs davon sind weiß, die übrigen sind schwarz. Treffer ist das Ziehen einer weißen Kugel. Erklären Sie (in diesem Zusammenhang) die Terme

   a) $\binom{20}{5}$ b) 0,3   c) $0,3^5$ d) $0,7^{15}$ e) $\binom{20}{5} \cdot 0,3^5 \cdot 0,7^{15}$.

3. Eine Bernoulli-Kette hat die Länge n und die Trefferwahrscheinlichkeit p; die Zufallsgröße X beschreibt die Trefferanzahl. Ermitteln Sie

   a) $P(X = 3)$, wenn n = 4 und p = 0,2 ist.   b) $P(X \leqq 3)$, wenn n = 5 und p = 0,6 ist.

   c) $P(0 < X \leqq 3)$, wenn n = 5 und p = 0,4 ist. d) $P(X > 0)$, wenn n = 10 und p = 0,5 ist.

   e) $P(X \leqq 1)$, wenn n = 6 und p = 0,1 ist.   f) $P(X > 8)$, wenn n = 10 und p = 0,8 ist.

> 0,0256; 0,3758;
> 0,6630; 0,8352;
> 0,8857; 0,9990
>
> *Lösungen zu 3.*   **L**

4. Ein Laplace-Würfel trägt auf einer seiner Flächen ein Auge, auf zwei Flächen jeweils zwei Augen und auf drei Flächen jeweils drei Augen. Bei einem Spiel wird der Würfel zweimal geworfen; man gewinnt, wenn der Summenwert der beiden Augenanzahlen ungerade ist.

   a) Zeigen Sie, dass die Gewinnwahrscheinlichkeit $\frac{4}{9}$ ist.

   b) Berechnen Sie die Wahrscheinlichkeit, dass man entweder bei genau zwei oder bei genau drei von zehn Spielen gewinnt.

G 5. In einer Urne sind acht Lose; vier davon sind Gewinnlose. Axel nimmt zwei Lose auf einmal. Ermitteln Sie die Wahrscheinlichkeit dafür, dass Axel

   a) zwei Gewinnlose zieht,   b) genau ein Gewinnlos zieht,   c) kein Gewinnlos zieht,

   (1) mithilfe eines Baumdiagramms und
   (2) mithilfe der Formel aus dem 3. Musterbeispiel.
     Erläutern Sie Ihrem Nachbarn / Ihrer Nachbarin diese Formel.

6. Euro-Münzen werden in Deutschland von fünf verschiedenen Prägestätten hergestellt; der Prägeort wird durch einen Kennbuchstaben auf der Münze angegeben (vgl. Diagramm). Für die in Deutschland im Umlauf befindlichen 2-€-Münzen werden die im Diagramm dargestellten Anteile angenommen. Sarah hat fünf 2-€-Münzen im Geldbeutel. Mit welcher Wahrscheinlichkeit

Abituraufgabe

a) haben drei ihrer fünf 2-€-Münzen den Prägeort München?

b) haben zwei ihrer fünf 2-€-Münzen den Prägeort Karlsruhe?

Geben Sie ein selbst gewähltes, zum Sachzusammenhang passendes Zufallsexperiment und dazu ein Ereignis, dessen Wahrscheinlichkeit $3! \cdot 0{,}18 \cdot 0{,}22 \cdot 0{,}12$ beträgt, an.

7. Für eine Fernsehshow werden 10 Kandidaten benötigt. Da erfahrungsgemäß von den eingeladenen Personen 5 % nicht erscheinen, werden zu jeder Show 12 Personen eingeladen.

a) Mit welcher Wahrscheinlichkeit erscheinen davon genau zehn Personen?

b) Mit welcher Wahrscheinlichkeit erscheinen davon mehr als zehn Personen?

Simulieren Sie die beiden Teilaufgaben jeweils durch ein Urnenmodell.

8. Nach Angaben der Post erreichen 90 % aller derjenigen Inlandsbriefe, die vor 18 Uhr aufgegeben werden, am nächsten Tag den Empfänger. Sophie schreibt 16 Einladungen zu einem Sommerfest und wirft sie vor der 18-Uhr-Leerung in den Briefkasten. Mit welcher Wahrscheinlichkeit werden

a) alle 16 Briefe am nächsten Tag zugestellt?

b) alle Briefe bis auf einen am nächsten Tag zugestellt?

c) alle Briefe bis auf einen bestimmten am nächsten Tag zugestellt?

9. In einem Kurs sind vier Schülerinnen und sechs Schüler mit den Namen

Christine	Marie	Susanne	Verena		
Felix	Franz	Leon	Lucas	Tobias	Wolfgang.

Aus ihnen werden zufällig fünf Personen ausgewählt. Übertragen Sie die Tabelle in Ihr Heft und ergänzen Sie sie dann dort.

Anzahl der ausgewählten Schüler	0	1	2	3	4	5
Wahrscheinlichkeit						

a) Veranschaulichen Sie die Wahrscheinlichkeitsverteilung durch ein Stabdiagramm.

b) Berechnen und deuten Sie den Erwartungswert.

c) Finden Sie eine Simulation durch ein Urnenmodell.

10. Die Wahrscheinlichkeit für die Geburt eines Mädchens beträgt 0,486. In einer kleinen Klinik kamen an einem Tag fünf Kinder zur Welt. Übertragen Sie die Tabelle (X: Anzahl der an diesem Tag in dieser Klinik geborenen Mädchen) in Ihr Heft, ergänzen Sie sie dann dort und erläutern Sie sie.

k	0	1	2	3	4	5
$P(X = k)$						

W1 Welche der Zahlen 17; 29; 31; 33; 45 ist das arithmetische Mittel der vier anderen?

W2 Wie lautet die Lösungsmenge der Gleichung $x(x - 4)(x + 1) = 0$ über $G = \mathbb{R}$?

W3 Welche Durchmesserlänge hat ein kreisförmiger See mit Umfangslänge 1,2 km?

Arbeitsaufträge

1. Laura testet im Biologieunterricht die Keimfähigkeit von Kapuzinerkresse; auf der Packung steht, dass die Samen zu 80% keimen. Laura setzt in zehn Blumentöpfe je ein Samenkorn.
   Ermitteln Sie die Wahrscheinlichkeit dafür, dass keines, eines, zwei, drei, ..., zehn der Samenkörner keimen, stellen Sie Ihre Ergebnisse in Ihrem Heft in einer Tabelle dar und berechnen Sie den Erwartungswert.

Anzahl der keimenden Samenkörner	0	1	2	3	4	5	6	7	8	9	10
Wahrscheinlichkeit											

2. Aufgaben lösen durch Raten – Multiple-Choice-Aufgaben unter der Lupe:
   In der Tabelle finden Sie zehn Fremdwörter; zu jedem dieser Fremdwörter sind vier Bedeutungen angegeben, von denen genau eine richtig ist.

Bezoar	Descort	lyophil	Prünelle	Terminant
☐ Gegengift	☐ Gedichtgattung	☐ empfindlich	☐ Hautöffnung	☐ Bettelmönch
☐ Region des Meeresbodens	☐ Besitzaufgabe	☐ leicht löslich	☐ getrocknete Pflaume	☐ zielstrebiger Mensch
☐ cholesterinarme Margarine	☐ Außerkraftsetzen eines Gesetzes	☐ lichtdurchlässig	☐ herbstblühender Strauch	☐ Teil eines Terms
☐ blühender Strauch	☐ Fahnenflucht	☐ lichtundurchlässig	☐ Injektionsnadel	☐ Termin- koordinator

Griot	Ingerenz	Kawasse	zymisch	Ephedra
☐ Zauberer in Westafrika	☐ Einflussbereich	☐ Eingeborenen- boot	☐ verletzend spöttisch	☐ Gestalt aus der griech. Mythologie
☐ scharfer Pfeffer	☐ Zutritt	☐ altertümlicher Kochtopf	☐ die Gärung betreffend	☐ schachtelhalm- artige Pflanze
☐ Gegengift	☐ Gärungsprozess	☐ Mindestgebot bei einer Auktion	☐ sich wieder- holend	☐ den täglichen Sonnenstand be- treffende Tabelle
☐ blühender Strauch	☐ Zusammenhang	☐ Ehrenwächter in der Türkei	☐ rosafarbig	☐ Musikinstrument

a) Schätzen Sie, wie viel Prozent der zehn Aufgaben Sie durch reines Raten richtig lösen.

b) Notieren Sie dann Ihre durch Raten gefundenen Lösungen in Ihrem Heft.

c) Finden Sie anschließend (z. B. mithilfe des Internets oder eines Lexikons) jeweils die richtige Bedeutung heraus. Wie viel Prozent der Bedeutungen haben Sie richtig erraten?

d) Übertragen Sie die Tabelle in Ihr Heft und ergänzen Sie sie dann dort.

Anzahl der richtig erratenen Lösungen	0	1	2	3	4
Wahrscheinlichkeit	$0{,}75^{10} \approx 5{,}6\%$				

Anzahl der richtig erratenen Lösungen	5	6	7	8	9	10
Wahrscheinlichkeit						

e) Vergleichen Sie Ihr persönliches Ergebnis aus c) mit den Wahrscheinlichkeiten der Tabelle zu d) und mit dem Erwartungswert.

Eine Zufallsgröße X heißt **binomial verteilt** mit den Parametern n und p, wenn sich die Wahrscheinlichkeit der Trefferanzahl k wie bei einer Bernoulli-Kette der Länge n und der Trefferwahrscheinlichkeit p beschreiben lässt. Die zugehörige Wahrscheinlichkeits-verteilung **B(n; p): B(n; p; k) = P(X = k) = $\binom{n}{k} \cdot p^k \cdot (1 - p)^{n-k}$**; $k \in \{0; 1; 2; \ldots; n\}$, für die Trefferanzahl X einer Bernoulli-Kette heißt **Binomialverteilung**.

Sie wird häufig in Form eines Histogramms veranschaulicht.

Die Abbildungen zeigen Histogramme von Binomialverteilungen mit p = 0,4 und

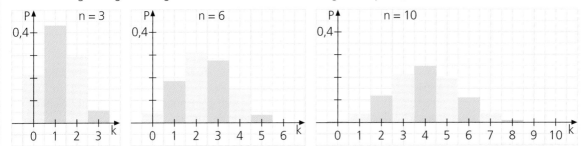

Für den **Erwartungswert** gilt **E(X) = n · p**, für die **Varianz** gilt
Var(X) = np(1 − p) und für die **Standardabweichung** gilt $\sigma = \sqrt{np(1 - p)}$.

Beispiele

○ Das abgebildete Glücksrad wird viermal gedreht. Ein Treffer wird erzielt, wenn der Zeiger auf den Sektor 2 weist. Geben Sie die Wahrscheinlichkeitsverteilung für die Trefferanzahl X an und stellen Sie sie in einem Histogramm dar. Berechnen Sie jeweils auf zwei Arten den Erwartungswert E(X) und die Standardabweichung σ.

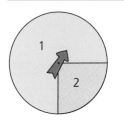

Lösung:

Bernoulli-Kette der Länge n = 4 und der Trefferwahrscheinlichkeit p = 0,25;
Wahrscheinlichkeitsverteilung:

$P(X = 0) = \binom{4}{0} \cdot 0{,}25^0 \cdot 0{,}75^4 = \frac{81}{256}$;

$P(X = 1) = \binom{4}{1} \cdot 0{,}25 \cdot 0{,}75^3 = \frac{108}{256} = \frac{27}{64}$;

$P(X = 2) = \binom{4}{2} \cdot 0{,}25^2 \cdot 0{,}75^2 = \frac{54}{256} = \frac{27}{128}$;

$P(X = 3) = \binom{4}{3} \cdot 0{,}25^3 \cdot 0{,}75 = \frac{12}{256} = \frac{3}{64}$;

$P(X = 4) = \binom{4}{4} \cdot 0{,}25^4 \cdot 0{,}75^0 = \frac{1}{256}$:

k	0	1	2	3	4
P(X = k)	$\frac{81}{256}$	$\frac{108}{256}$	$\frac{54}{256}$	$\frac{12}{256}$	$\frac{1}{256}$

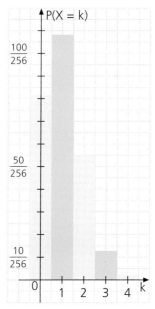

Histogramm: Jedes Rechteck hat die Breite 1 LE; die Höhe entspricht P(X = k).

Erwartungswert:

(1) $E(X) = 0 \cdot \frac{81}{256} + 1 \cdot \frac{108}{256} + 2 \cdot \frac{54}{256} + 3 \cdot \frac{12}{256} + 4 \cdot \frac{1}{256} = \frac{256}{256} = 1$ *oder*

(2) $E(X) = n \cdot p = 4 \cdot 0{,}25 = 1$

Standardabweichung:

(1) $\sigma = \sqrt{(0 - 1)^2 \cdot \frac{81}{256} + (1 - 1)^2 \cdot \frac{108}{256} + (2 - 1)^2 \cdot \frac{54}{256} + (3 - 1)^2 \cdot \frac{12}{256} + (4 - 1)^2 \cdot \frac{1}{256}} =$

$= \sqrt{\frac{81}{256} + 0 + \frac{54}{256} + \frac{4 \cdot 12}{256} + \frac{9 \cdot 1}{256}} = \sqrt{\frac{192}{256}} = \frac{\sqrt{3}}{2} \approx 0{,}87$ *oder*

(2) $\sigma = \sqrt{np(1 - p)} = \sqrt{4 \cdot 0{,}25 \cdot 0{,}75} = \sqrt{0{,}75} = 0{,}5\sqrt{3} \approx 0{,}87$

○ Eine binominal verteilte Zufallsgröße X hat die Parameter n und p.
Geben Sie die Wahrscheinlichkeitsverteilung für n = 3 und $0 \leq p \leq 1$ an und zeigen Sie für dieses Beispiel, dass der Erwartungswert E(X) = np ist.

Lösung:

n = 3; q = 1 − p

k	0	1	2	3
P(X = k)	$\binom{3}{0} q^3 = q^3$	$\binom{3}{1} pq^2 = 3pq^2$	$\binom{3}{2} p^2q = 3p^2q$	$\binom{3}{3} p^3 = p^3$

$$E(X) = 0 \cdot q^3 + 1 \cdot 3pq^2 + 2 \cdot 3p^2q + 3 \cdot p^3 = 3p \cdot (q^2 + 2pq + p^2) =$$
$$= 3p \cdot (p + q)^2 = 3p \cdot 1^2 = 3p \ (= np)$$

○ Beim Känguruwettbewerb sind 30 Aufgaben zu lösen. Zu jeder Aufgabe sind fünf Antworten angegeben, von denen genau eine richtig ist. Bei zehn der 30 Aufgaben kreuzt Simon die Lösung durch reines Raten an. Finden Sie heraus, mit welcher Wahrscheinlichkeit Simon bei diesen zehn Aufgaben

a) zehnmal die richtige Lösung ankreuzt.

b) höchstens zwei richtige Lösungen ankreuzt.

c) genau vier richtige Lösungen ankreuzt.

Lösung:

Bernoulli-Kette der Länge 10 mit $p = \frac{1}{5} = 0{,}2$

a) $P(X = 10) = B(10; \frac{1}{5}; 10) = \binom{10}{10} \cdot 0{,}2^{10} \cdot 0{,}8^0 = 1{,}024 \cdot 10^{-7} \approx 0{,}0\%$

b) $P(X \leq 2) = P(X = 0) + P(X = 1) + P(X = 2) =$

$$= \binom{10}{0} \cdot 0{,}2^0 \cdot 0{,}8^{10} + \binom{10}{1} \cdot 0{,}2^1 \cdot 0{,}8^9 + \binom{10}{2} \cdot 0{,}2^2 \cdot 0{,}8^8 \approx$$

$$\approx 0{,}10737 + 0{,}26844 + 0{,}30199 = 0{,}67780 \approx 67{,}8\%$$

c) $P(X = 4) = B(10; \frac{1}{5}; 4) = \binom{10}{4} \cdot 0{,}2^4 \cdot 0{,}8^6 = 210 \cdot 0{,}2^4 \cdot 0{,}8^6 \approx 0{,}08808 \approx 8{,}8\%$

○ Das nebenstehend abgebildete Laplace-Glücksrad hat zwei Sektoren, von denen der eine fünfmal so groß wie der andere ist. Ein Treffer wird erzielt, wenn der Zeiger nach dem Drehen auf den kleineren Sektor weist. Wie oft muss Susan das Rad mindestens drehen, um mit einer Wahrscheinlichkeit von mindestens 95% mindestens einen Treffer zu erzielen?

Lösung:

$\varphi = \frac{360°}{5 + 1} = 60°$; $p = \frac{60°}{360°} = \frac{1}{6}$; Susan muss das Rad mindestens n-mal drehen.

$1 - \left(\frac{5}{6}\right)^n \geq 0{,}95$; $-\left(\frac{5}{6}\right)^n \geq -0{,}05$; $\left(\frac{5}{6}\right)^n \leq 0{,}05$; I log (...)

$n \log \frac{5}{6} \leq \log 0{,}05$; I : log $\frac{5}{6}$ [*Hinweis*: log $\frac{5}{6} < 0$]

$n \geq \dfrac{\log 0{,}05}{\log \frac{5}{6}} = 16{,}431...$

Susan muss das Glücksrad mindestens 17-mal drehen.

○ Geben Sie Beispiele für binominal verteilte Zufallsgrößen an, die den Erwartungswert 10 (bzw. 1 bzw. 20) haben.

○ Wo befindet sich das Wahrscheinlichkeitsmaximum einer binominal verteilten Zufallsgröße?

○ Kann der Erwartungswert einer binominal verteilten Zufallsgröße negativ sein?

○ Erläutern Sie an einem Zahlenstrahl, dass P(X ≥ 4) = 1 − P(X < 4) = 1 − P(X ≤ 3) ist.

1. Eine Zufallsgröße X ist binominal verteilt; ihre Parameterwerte sind n = 10 und
p = 0,95. Ermitteln Sie

a) P(X = 0).   b) P(X = 10).   c) B(10; 0,95; 10).   d) B(10; 0,95; 8).

2. Eine Zufallsgröße X ist binominal verteilt mit n = 6 und p = 0,3. Tabellieren Sie ihre
Wahrscheinlichkeitsverteilung und zeichnen Sie ein Histogramm.

G 3. Eine Zufallsgröße X ist binominal verteilt mit n = 8 und p = 0,25. Ermitteln Sie

a) P(X = 1).   b) P(X = 2).   c) B(8; 0,25; 3).   d) P(1 < X ≤ 3).   e) P(1 ≤ X < 3).

f) P(X = 4).   g) P(X = 5).   h) B(8; 0,25; 6).   i) P(X < 7).   j) P(X ≤ 7).

G 4. Eine Zufallsgröße X ist binominal verteilt mit n = 10 und p = 0,5. Geben Sie ein
passendes Zufallsexperiment an und berechnen Sie

a) P(X = 10).   b) P(X ≤ 9).   c) P(X ≥ 8).   d) P(8 < X ≤ 10).   e) P(8 ≤ X < 10).

Aufgaben

0,0000; 0,0746;
0,5987

*Wahrscheinlich-
keiten zu 1.*   **L**

0,0010; 0,0107;
0,0537; 0,0547;
0,9990

*Wahrscheinlich-
keiten zu 4.*   **L**

5. Aus einer Urne, die nur drei weiße Kugeln und eine rote Kugel enthält, wird
„blind" fünfmal je eine Kugel mit Zurücklegen gezogen.

a) Mit welcher Wahrscheinlichkeit wird dabei genau k-mal (k ∈ {0; 1; 2; 3; 4; 5})
die rote Kugel gezogen? Übertragen Sie die Tabelle (Zufallsgröße X: Anzahl der
gezogenen roten Kugeln) in Ihr Heft und ergänzen Sie sie dann dort.

k	0	1	2	3	4	5
P(X = k)						

b) Begründen Sie, welches der drei Histogramme zu diesem Zufallsexperiment gehört.

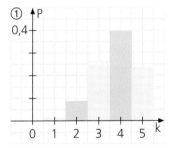 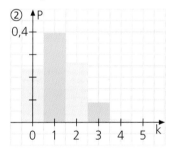 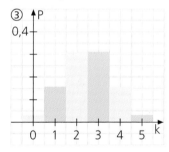

6. In einer 2 000 Probanden umfassenden Gruppe sind 100 Personen mit der Krankheit K infiziert.

a) Mit welcher Wahrscheinlichkeit ist unter 50 zufällig ausgewählten Probanden
dieser Gruppe höchstens eine Person, die mit der Krankheit K infiziert ist?

b) Wie viele Probanden dieser Gruppe muss man mindestens untersuchen, um mit
einer Wahrscheinlichkeit von mindestens 99% auf mindestens eine Person zu
treffen, die mit der Krankheit K infiziert ist?

7. Ein Glücksrad ist in vier gleich große Sektoren unterteilt. Zeichnen Sie ein solches
Rad in Ihr Heft und tragen Sie dann dort die Ziffern 1 und 2 und 3 so ein, dass die
Ziffer 3 mit der Wahrscheinlichkeit 0,50 und die Ziffer 2 mit der gleichen Wahr-
scheinlichkeit wie die Ziffer 1 „erdreht" wird. Das Rad wird zehnmal gedreht.
Ermitteln Sie jeweils die Wahrscheinlichkeit des Ereignisses

E_1: „Die Ziffer 3 wird höchstens zweimal ,erdreht' ".
E_2: „Die Ziffer 3 wird genau viermal ,erdreht' ".
E_3: „Die Ziffer 2 wird mindestens zweimal ,erdreht' ".
E_4: „Die Ziffer 1 wird häufiger ,erdreht' als die beiden anderen Ziffern zusammen".
E_5: „Die Summe der zehn ,erdrehten' Ziffern hat den Wert 6".

G 8. Eine binomial verteilte Zufallsgröße X hat die Parameter n (mit $n \in \mathbb{N}$) und p (mit $0 \leq p \leq 1$).

a) Geben Sie die Wahrscheinlichkeitsverteilung (1) für n = 2 (2) für n = 4 an.

b) Zeigen Sie für n = 2, dass E(X) = np und Var(X) = npq (mit q = 1 – p) ist.

c) Zeigen Sie für n = 4, dass E(X) = np ist.

G 9. Vor der schriftlichen Führerscheinprüfung führt die Fahrschule UNFALLFREI einen Vortest durch. Er besteht aus zehn Fragen mit je drei vorgegebenen Antworten, von denen jeweils genau eine richtig ist. Nur wer bei diesem Multiple-Choice-Test mehr als 75% der Fragen richtig beantwortet hat, wird zur schriftlichen Prüfung zugelassen.

a) Die Zufallsgröße X ist die Anzahl der richtigen Vortestantworten bei reinem Raten. Stellen Sie die Wahrscheinlichkeitsverteilung als Tabelle und in einem Säulendiagramm dar.

b) Mit welcher Wahrscheinlichkeit besteht man den Vortest bei reinem Raten?

10. Beim Einchecken auf dem Flughafen Charles de Gaulle in Paris kommen die Gepäckstücke unabhängig voneinander auf ein Transportband. Die Wahrscheinlichkeit, dass ein zufällig ausgewähltes Gepäckstück auf diesem Band das Ziel München hat, ist 0,22.

a) Berechnen Sie die Wahrscheinlichkeit der folgenden Ereignisse:
Von zehn zufällig ausgewählten Gepäckstücken auf diesem Band
(1) haben höchstens drei das Ziel München.
(2) hat nur das zehnte das Ziel München.
(3) ist das zehnte Gepäckstück das zweite mit Ziel München.

b) Erläutern Sie in diesem Sachzusammenhang die Terme
$$P(E_4) = 0{,}22^3 \cdot 0{,}78^7 \quad \text{und} \quad P(E_5) = \binom{10}{5} \cdot 0{,}22^5 \cdot 0{,}78^5.$$

11. Dem Jongleur Aldo gelingt sein neuester Trick mit 90% Sicherheit. In einer Woche sind insgesamt zehn Vorstellungen geplant, in denen Aldo diesen Trick vorführt.

a) Mit welcher Wahrscheinlichkeit blamiert sich Aldo bei diesem Trick nie?

b) Mit welcher Wahrscheinlichkeit muss Aldo damit rechnen, dass ihm dieser Trick mindestens einmal misslingt?

c) Mit welcher Wahrscheinlichkeit gelingt Aldo dieser Trick in keiner Vorstellung?

Beschreiben Sie in diesem Sachzusammmenhang die Ereignisse E_4 bis E_8 in Worten:

d) $P(E_4) = \binom{10}{2} \cdot 0{,}9^2 \cdot 0{,}1^8$　　　　e) $P(E_5) = 1 - 0{,}1^{10}$

f) $P(E_6) = \binom{10}{8} \cdot 0{,}9^8 \cdot 0{,}1^2 + \binom{10}{9} \cdot 0{,}9^9 \cdot 0{,}1^1 + \binom{10}{10} \cdot 0{,}9^{10}$

g) $P(E_7) = 0{,}9^5 \cdot 0{,}1^5$　　　　h) $P(E_8) = \frac{10!}{5! \, 5!} \cdot 0{,}9^5 \cdot 0{,}1^5$

W1　**W**arum stellt keine der Geraden ① bis ③ den Graphen der Funktion f' dar?

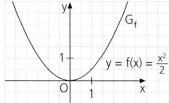

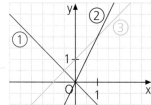

W2　**W**elches ist der größte Wert, den der Term $\left| 1 - 3 \sin\left(\frac{x}{2}\right) \right|$ annehmen kann?

W3　**W**elchen Wert hat p_3, wenn die drei Punkte A (0 | 0 | 6), B (4 | 4 | 4) und P (1,5 | 1,5 | p_3) auf einer Geraden liegen?

Sir Francis Galton machte sich als Wissenschaftler in einer Reihe von Disziplinen einen Namen, so als Geograph, als Afrikaforscher und als Meteorologe. Er erfand die Galtonpfeife, ein Gerät zur Erzeugung hoher Töne, sowie die Daktyloskopie, also die Methode, Personen mithilfe ihrer Fingerabdrücke zu identifizieren. Außerdem beschäftigte er sich mit Vererbungslehre, führte verschiedene statistische Methoden ein und prägte den Begriff *Regression*.

Er erfand ferner das Galton-Brett zur Veranschaulichung von Wahrscheinlichkeitsverteilungen und erläuterte dessen Funktionsweise in dem Artikel *Mechanical Illustration of the Causes of the Curve of Frequency.*

Auf dem Galton-Brett sind Stifte regelmäßig angeordnet. Durch die obere Öffnung fallen kleine Kugeln, die durch die Stifte mit gleicher Wahrscheinlichkeit nach rechts oder nach links abgelenkt werden und sich schließlich in Behältern am unteren Ende des Bretts ansammeln. So lässt sich die Binomialverteilung B(n; 0,5) histogrammartig veranschaulichen.

Sir Francis Galton (1822 bis 1911)

1.

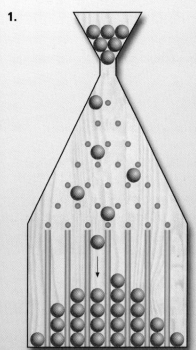

Durch die obere Öffnung des links abgebildeten Galton-Bretts fallen 500 Kugeln, die von den Stiften jeweils mit gleicher Wahrscheinlichkeit nach rechts oder nach links abgelenkt werden. Übertragen Sie die Tabelle in Ihr Heft und ergänzen Sie sie dann dort; tragen Sie dabei in die dritte Tabellenzeile die zu erwartenden Kugelanzahlen N(k) in den acht Fächern ein. Stellen Sie dann diese Anzahlen in einem Histogramm dar.

Frühestes Galton-Brett

k	0	1	2	3	4	5	6	7
B(7; 0,5; k)	0,00781	0,05469						
N(k)	4	27						

0 1 2 3 4 5 6 7

2. Die abgebildete Kaskade hat fünfzehn Schalen in fünf Reihen. Zunächst sind alle Schalen randvoll und alle Auffangbecher (Fassungsvermögen je 1 500 cm³) leer. Dann werden drei Liter Wasser langsam in die oberste Schale gefüllt. Aus jeder Schale fließt nach links dreimal so viel Wasser aus wie nach rechts. Finden Sie heraus, wie viel Wasser sich in den einzelnen Auffangbechern sammelt, und stellen Sie Ihre Ergebnisse in Tabellenform dar.

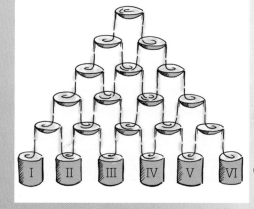

Themenseite

Arbeitsaufträge

1. Eine Laplace-Münze wird sechsmal geworfen.

   a) Finden Sie heraus, mit welcher Wahrscheinlichkeit *genau* k-mal (k ∈ {0; 1; 2; ... ; 6}) **Z**ahl geworfen wird. Übertragen Sie die linke Tabelle in Ihr Heft und ergänzen Sie sie dann dort.

   b) Finden Sie heraus, mit welcher Wahrscheinlichkeit *höchstens* k-mal (k ∈ {0; 1; 2; ... ; 6}) **Z**ahl geworfen wird. Übertragen Sie die rechte Tabelle in Ihr Heft und ergänzen Sie sie dann dort..

n; p	k	P(„genau k-mal **Z**ahl") = B(6; 0,5; k)
6; 0,5	0	
	1	
	2	
	3	
	4	
	5	
	6	

n; p	k	P(„höchstens k-mal **Z**ahl") = F(6; 0,5; k)
6; 0,5	0	
	1	
	2	
	3	
	4	
	5	
	6	

2. In einer Urne sind nur vier weiße und vier schwarze Steinchen. Man zieht sechsmal mit Zurücklegen je ein Steinchen. Ermitteln Sie mithilfe der Tabellen von Arbeitsauftrag 1. jeweils die Wahrscheinlichkeit dafür, dass

   a) genau 2 weiße Steinchen   b) genau 3 weiße Steinchen

   c) höchstens 3 weiße Steinchen   d) mindesten 3 weiße Steinchen

   e) genau 4 weiße Steinchen   f) höchstens 5 weiße Steinchen

   gezogen werden.

3. Zur Berechnung von Wahrscheinlichkeiten bei Bernoulli-Experimenten kann man ein Tabellenkalkulationsprogramm benutzen. Da diese Programme dafür die sogenannte **„BINOMVERT-Funktion"** bereithalten, ist die Umsetzung besonders einfach.

   Beispiel: Ein Laplace-Spielwürfel wird 8-mal geworfen. Erscheint dabei als Augenanzahl eine Quadratzahl, so war der betreffende Wurf ein „Treffer". Die Trefferwahrscheinlichkeit p beträgt somit $\frac{2}{6}$ = 0,3333... .

   Diese Angaben werden zunächst in einem Tabellenkalkulationsblatt erfasst.

	A	B	C	D	E	F	G	H	I	J
1	**Simulation eines Bernoulli-Experiments**									
2	Länge n der Bernoulli-Kette:	8								
3	Trefferwahrscheinlichkeit p:	0,333333333								
4	**Anzahl k der Treffer:**	0	1	2	3	4	5	6	7	8
5	Wahrscheinlichkeit P(X = k) für genau k Treffer:									
6	Wahrscheinlichkeit P(X <=k) für höchstens k Treffer:									

   Nun kommt der Befehl BINOMVERT zum Einsatz, der folgenden Aufbau („Syntax") hat: **BINOMVERT(Anzahl der Erfolge; Anzahl der Versuche; Erfolgswahrscheinlichkeit; kumuliert)**. Dabei ist „kumuliert" ein Wahrheitswert: Ist dieser FALSCH (Eintrag in die Formel: „0"), dann wird die Wahrscheinlichkeit, dass **genau** die geforderte Anzahl von Treffern eintritt, ausgegeben; bei der Eingabe „1" ist der Wahrheitswert WAHR, und es wird die Wahrscheinlichkeit, dass es **höchstens** die geforderte Anzahl von Treffern gibt, ausgerechnet.

   Simulieren Sie mithilfe eines Tabellenkalkulationsprogramms das zehnmalige Werfen eines Laplace-Spielwürfels; als „Treffer" soll gelten, wenn die geworfene Augenanzahl eine Primzahl ist.

Die Bestimmung von Trefferwahrscheinlichkeiten wird rechnerisch umso aufwändiger, je länger die zugrunde liegende Bernoulli-Kette ist.
Mithilfe von **Tabellen zur Binomialverteilung** kann man jedoch den Rechenaufwand wesentlich verringern.

- **Tabelle** von Werten des Terms **B(n; p; k)** der **Binomialverteilung B(n; p)**

  Beispiel:
  $n = 5$; $p = 0{,}20$; $k \in \{0; 1; 2; 3; 4; 5\}$

  $B(5; 0{,}2; 0) = \binom{5}{0} \cdot 0{,}2^0 \cdot 0{,}8^5 = 0{,}32768$

  $B(5; 0{,}2; 1) = \binom{5}{1} \cdot 0{,}2^1 \cdot 0{,}8^4 = 0{,}40960$

  $B(5; 0{,}2; 2) = \binom{5}{2} \cdot 0{,}2^2 \cdot 0{,}8^3 = 0{,}20480$

  $B(5; 0{,}2; 3) = \binom{5}{3} \cdot 0{,}2^3 \cdot 0{,}8^2 = 0{,}05120$

  $B(5; 0{,}2; 4) = \binom{5}{4} \cdot 0{,}2^4 \cdot 0{,}8^1 = 0{,}00640$

  $B(5; 0{,}2; 5) = \binom{5}{5} \cdot 0{,}2^5 \cdot 0{,}8^0 = 0{,}00032$

		p = 0,20
n	k	B(n; p; k)
5	0	0,32768
	1	0,40960
	2	0,20480
	3	0,05120
	4	0,00640
	5	0,00032

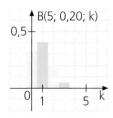

Die Tabellen zur Binomialverteilung B(n; p) ermöglichen es, die Wahrscheinlichkeit B(n; p; k) = P(X = k) für **genau** k Treffer in einer Bernoulli-Kette der Länge n und der Trefferwahrscheinlichkeit p direkt abzulesen.

Besonders umfangreiche Rechnungen fallen an, wenn $P(X \leq k)$, also die Wahrscheinlichkeit dafür, dass die Anzahl der Treffer **höchstens** k beträgt, gesucht ist.
Um $P(X \leq k) = P(X = 0) + P(X = 1) + \ldots + P(X = k)$ zu ermitteln, verwendet man Tabellen für die sogenannte **kumulierte Binomialverteilung F(n; p)**.

- **Tabelle** von Werten des Terms **F(n; p; k)** der **kumulierten Binomialverteilung F(n; p)**

  $$F(n; p; k) = P(X \leq k) = P(X = 0) + P(X = 1) + \ldots + P(X = k) = \sum_{i=0}^{k} B(n; p; i)$$

  Beispiel:
  $n = 5$; $p = 0{,}20$; $k \in \{0; 1; 2; 3; 4; 5\}$
  $F(5; 0{,}20; 0) = P(X \leq 0) = P(X = 0) = 0{,}32768$
  $F(5; 0{,}20; 1) = P(X \leq 1) = P(X = 0) + P(X = 1) =$
  $\qquad = 0{,}32768 + 0{,}40960 = 0{,}73728$
  $F(5; 0{,}20; 2) = P(X \leq 2) =$
  $\qquad = P(X = 0) + P(X = 1) + P(X = 2) =$
  $\qquad = 0{,}73728 + 0{,}20480 =$
  $\qquad = 0{,}94208$

		p = 0,20	
n	k	B(n; p; k)	F(n; p; k)
5	0	0,32768	0,32768
	1	0,40960	0,73728
	2	0,20480	0,94208
	3	0,05120	0,99328
	4	0,00640	0,99968
	5	0,00032	1,00000

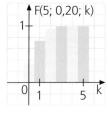

Allgemein gilt:
- $P(X < k) = P(X \leq k - 1) = F(n; p; k - 1)$
  Beispiel:
  $n = 5$; $p = 0{,}20$; $k = 3$
  $P(X < 3) = P(X \leq 2) = F(5; 0{,}20; 2) = 0{,}94208$
- $P(X > k) = 1 - P(X \leq k) = 1 - F(n; p; k)$
  Beispiel:
  $n = 5$; $p = 0{,}20$; $k = 3$
  $P(X > 3) = 1 - P(X \leq 3) = 1 - F(5; 0{,}20; 3) = 1 - 0{,}99328 = 0{,}00672$
- $P(k_1 < X \leq k_2) = P(X \leq k_2) - P(X \leq k_1) = F(n; p; k_2) - F(n; p; k_1)$
  Beispiel:
  $n = 5$; $p = 0{,}20$; $k_1 = 1$; $k_2 = 4$
  $P(1 < X \leq 4) = P(X \leq 4) - P(X \leq 1) = F(5; 0{,}20; 4) - F(5; 0{,}20; 1) =$
  $= 0{,}99968 - 0{,}73728 = 0{,}26240$

Aus Stochastiktabellen können die Wahrscheinlichkeiten für bestimmte Werte von n und von p entnommen werden. Mithilfe einer Tabellenkalkulation kann man Wahrscheinlichkeiten für diese, aber auch für nicht tabellierte Werte von n und p ermitteln.

Beispiele

● Gegeben ist B(4; 0,75) in Tabellenform. Übertragen Sie die Tabelle in Ihr Heft und ergänzen Sie dann dort die Funktionswerte F(4; 0,75; k) der kumulierten Binomialverteilung F(4; 0,75). Vergleichen Sie anschließend Ihre Ergebnisse mit den Werten in einer Stochastiktabelle. Was fällt Ihnen auf?

		p = 0,75	
n	k	B(n; p; k)	F(n; p; k)
4	0	0,00391	
	1	0,04688	
	2	0,21094	
	3	0,42188	
	4	0,31641	

Lösung:

		p = 0,75	
n	k	B(n; p; k)	F(n; p; k)
4	0	0,00391	0,00391
	1	0,04688	(0,00391 + 0,04688 =) 0,05079
	2	0,21094	(0,05079 + 0,21094 =) 0,26173
	3	0,42188	(0,26173 + 0,42188 =) 0,68361
	4	0,31641	(0,68361 + 0,31641 =) 1,00002

Rundungsfehler aus der 6. und weiteren Dezimalstelle(n) können – so wie hier – vorangehende Dezimalstellen der Funktionswerte beeinflussen.

● X ist eine binomial verteilte Zufallsgröße mit den Parameterwerten n = 10 und p = 0,50. Ermitteln Sie mithilfe der nebenstehenden Tabelle die Wahrscheinlichkeiten

a) P(X = 5),   **b)** P(X ≦ 5),   **c)** P(X > 5),

d) P(2 < X < 7),   **e)** P(3 ≦ X < 8),   **f)** P(4 ≦ X ≦ 9),

g) P(3 < X ≦ 8),   **h)** P(X = 3) + P(X = 4).

		p = 0,50	
n	k	B(n; p; k)	F(n; p; k)
10	0	0,00098	0,00098
	1	0,00977	0,01074
	2	0,04395	0,05469
	3	0,11719	0,17188
	4	0,20508	0,37695
	5	0,24609	0,62305
	6	0,20508	0,82813
	7	0,11719	0,94531
	8	0,04395	0,98926
	9	0,00977	0,99902
	10	0,00098	1,00000

Lösung:

a) P(X = 5) = B(10; 0,50; 5) ≈ 0,24609

b) P(X ≦ 5) = F(10; 0,50; 5) ≈ 0,62305

c) P(X > 5) = 1 – F(10; 0,50; 5) ≈ 1 – 0,62305 = 0,37695

d) P(2 < X < 7) = F(10; 0,50; 6) – F(10; 0,50; 2) ≈ 0,82813 – 0,05469 = 0,77344

e) P(3 ≦ X < 8) = F(10; 0,50; 7) – F(10; 0,50; 2) ≈ 0,94531 – 0,05469 = 0,89062

f) P(4 ≦ X ≦ 9) = F(10; 0,50; 9) – F(10; 0,50; 3) ≈ 0,99902 – 0,17188 = 0,82714

g) P(3 < X ≦ 8) = F(10; 0,50; 8) – F(10; 0,50; 3) ≈ 0,98926 – 0,17188 = 0,81738

h) P(X = 3) + P(X = 4) = B(10; 0,50; 3) + B(10; 0,50; 4) ≈
     ≈ 0,11719 + 0,20508 = 0,32227

● Veranschaulichen Sie B(10; 0,5) und F(10; 0,5) jeweils graphisch.

Lösung:

$$B(10; 0,5): \quad k \mapsto \binom{10}{k} \cdot 0,5^k \cdot (1-0,5)^{n-k} = \binom{10}{k} \cdot 0,5^n;$$

$$F(10; 0,5): \quad k \mapsto \sum_{i=0}^{k} \binom{10}{i} \cdot 0,5^n; \quad D_{B(10;\,0,5)} = D_{F(10;\,0,5)} = \{0;\ 1;\ 2;\ \dots;\ 10\}:$$

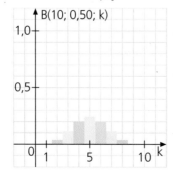

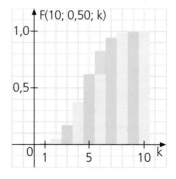

- Können verschiedene Ergebnisse einer Bernoulli-Kette gleich wahrscheinlich sein?
- Kann ein Bernoulli-Experiment ein Laplace-Experiment sein?
- Ermitteln Sie B(n; p; 4), wenn F(n; p; 3) = p_1 und F(n; p; 4) = p_2 gegeben sind.
- Begründen Sie, dass F(n; p) stets eine streng monoton zunehmende Funktion ist.

Aufgaben

1. X ist jeweils eine binomial verteilte Zufallsgröße mit den angegebenen Parameterwerten. Ermitteln Sie die Wahrscheinlichkeiten mithilfe von Stochastiktabellen und/oder mithilfe eines Tabellenkalkulationsprogramms.

  a) n = 20; p = 0,80: P(X = 10);   P(X = 15);   P(X < 8);   P(X ≥ 12)

  b) n = 50; p = 0,60: P(X = 10);   P(X = 25);   P(X > 40);   P(X ≤ 25)

  c) n = 100; p = 0,45: P(X = 32);   P(X = 45);   P(X < 40);   P(32 < X ≤ 40)

  d) n = 365; p = 0,50: P(X = 150); P(X = 180); P(X > 150); P(150 < X ≤ 180)

2. Finden Sie jeweils mithilfe von Stochastiktabellen den Wert von k (k ∈ ℕ) heraus.

  a) B(15; 0,30; k) = 0,17004   b) B(50; 0,25; k) = 0,12937

  c) B(20; 0,35; k) = 0,12720   d) F(25; 0,40; k) = 0,58577

  e) F(20; 0,60; k) = 0,02103   f) F(8; 0,75; k) ≈ 0,6

  g) B(200; 0,65; k) = 0,04434   h) B(25; 0,85; k) = 0,21738

  i) B(9; 0,30; k) = 0,26683   j) F(4; 0,01; k) = 0,99941

  k) F(20; 0,60; k) ≈ 0,02   l) F(100; 0,15; k) = 0,56832

3. Ermitteln Sie jeweils mithilfe von Stochastiktabellen den kleinsten Wert von k (k ∈ ℕ), für den

  a) F(10; $\frac{1}{6}$; k) > 0,9 ist.   b) F(200; $\frac{2}{3}$; k) ≥ 0,75 ist.   c) F(25; $\frac{5}{6}$; k) > 0,25 ist.

  d) F(100; 0,70; k) > 0,95 ist. e) F(30; $\frac{1}{3}$; k) ≥ 0,99 ist.   f) F(50; 0,90; k) > 0,50 ist.

4. Ermitteln Sie jeweils mithilfe von Stochastiktabellen den größten Wert von k (k ∈ ℕ), für den

  a) F(10; $\frac{1}{6}$; k) < 0,99 ist.   b) F(200; $\frac{2}{3}$; k) < 0,45 ist.   c) F(25; $\frac{5}{6}$; k) ≤ 0,05 ist.

  d) F(100; 0,70; k) < 0,55 ist. e) F(30; $\frac{1}{3}$; k) < 0,90 ist.   f) F(50; 0,80; k) ≤ 0,95 ist.

> 4; 12; 17; 43; 70; 132
>
> *Höchstwerte zu 4.* **L**

G 5. Die Zufallsgröße X ist nach B(n; 0,5) binomial verteilt. Berechnen Sie jeweils die drei Wahrscheinlichkeiten
  P(μ − σ ≤ X ≤ μ + σ],   P(μ − 2σ ≤ X ≤ μ + 2σ]   und   P(μ − 3σ ≤ X ≤ μ + 3σ)

  a) für n = 50.   b) für n = 100.

Binomialverteilung:
Erwartungswert
μ = np
Standardabweichung
σ = $\sqrt{np(1-p)}$

6. Aus einer Urne mit 15 weißen und 15 schwarzen Kugeln werden „blind" nacheinander 50 Kugeln mit Zurücklegen entnommen. Ermitteln Sie jeweils die Wahrscheinlichkeit des Ereignisses

  a) E_1: „Es werden genau 25 weiße Kugeln gezogen".

  b) E_2: „Es werden mehr weiße als schwarze Kugeln gezogen".

  c) E_3: „Die ersten zehn gezogenen Kugeln sind weiß".

  d) E_4: „Die letzten zehn gezogenen Kugeln sind weiß".

  e) E_5: „Es werden höchstens 25 weiße Kugeln gezogen".

  f) E_6: „Es werden mindestens 25 weiße Kugeln gezogen".

  Welcher Zusammenhang besteht zwischen P(E_1), P(E_5) und P(E_6)?

G 7. Gegeben sind die drei Binomialverteilungen B(15; 0,1), B(15; 0,5) und B(15; 0,9).
Finden Sie heraus, welches der drei Histogramme zu welcher Verteilung gehört.
Berechnen Sie jeweils E(X) und vergleichen Sie die drei Histogramme miteinander.

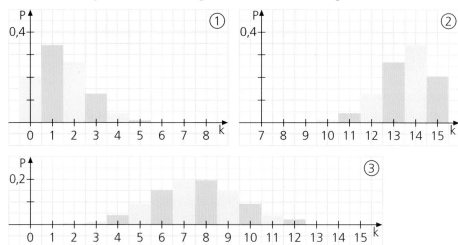

G 8. Vorgelegt sind die drei Binomialverteilungen B(5; 0,2), B(20; 0,2) und B(50; 0,2).
Finden Sie heraus, welches der drei Histogramme zu welcher Verteilung gehört.
Berechnen Sie jeweils E(X) und vergleichen Sie die drei Histogramme miteinander.

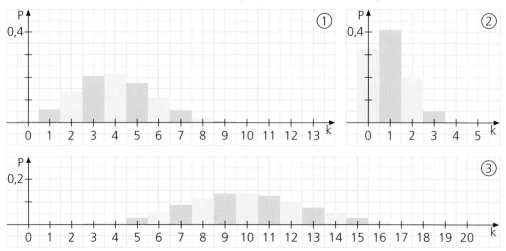

Abituraufgabe

9. Ein Kopiergerät liefert mit einer Wahrscheinlichkeit von 15% unbrauchbare Kopien.

a) Lucas fertigt zwanzig Kopien an. Ermitteln Sie jeweils die Wahrscheinlichkeit der
vier Ereignisse
E_1: „Alle 20 Kopien sind brauchbar",
E_2: „Mehr als drei Viertel der Kopien sind brauchbar",
E_3: „Es ist genau eine Kopie unbrauchbar, und diese befindet sich unter den
letzten fünf" und
E_4: „Von den Kopien sind genau drei unbrauchbar, und diese folgen unmittelbar
aufeinander".

b) Es werden n Kopien angefertigt. Für welche Werte von n ist die Wahrscheinlichkeit dafür, dass alle n Kopien brauchbar sind, kleiner als 10%?

0,4%; 3,4%; 3,9%;
45,1%; 83,0%

*Lösungen zu
9. a) und c)*   **L**

c) Von einem Rundschreiben werden 170 (brauchbare) Kopien benötigt.
Lucas fertigt zur Sicherheit 200 Kopien. Mit welcher Wahrscheinlichkeit erhält er
trotzdem weniger als 170 brauchbare Kopien?

10. Bei einem Multiple-Choice-Test werden 20 Fragen gestellt. Zu jeder Frage gibt es vier Antworten, von denen jeweils genau eine richtig ist.
Wie viele richtige Antworten sind für das Bestehen des Tests mindestens zu verlangen, wenn die Wahrscheinlichkeit, den Test nur durch Raten zu bestehen, höchstens 0,1% betragen soll?

Abituraufgabe

11. In einer Marktstudie ließ die Firma SCHOCOWORLD ihren neuen Schoko-Müsli-Riegel SCHOMIRI von Jugendlichen testen; 20% von ihnen stuften SCHOMIRI als sehr schmackhaft ein. Die Zufallsgröße X gibt die Anzahl derjenigen unter 100 zufällig ausgewählten Probanden an, die SCHOMIRI als sehr schmackhaft einstuften.

a) Ermitteln Sie die Wahrscheinlichkeit dafür, dass von diesen 100 zufällig ausgewählten Jugendlichen höchstens 20 SCHOMIRI als sehr schmackhaft einstuften.

b) Berechnen Sie den Erwartungswert E(X).

c) Sophie behauptet, dass $P(18 \leq X \leq 23) > P(12 \leq X \leq 17)$ ist. Hat sie Recht?

Abituraufgabe

12. Ein Elektronikunternehmen fertigt Bauteile für Handys in sehr großen Stückzahlen. Erfahrungsgemäß entspricht ein solches Bauteil mit einer Wahrscheinlichkeit von 98% den Qualitätsanforderungen.

a) Bei einer Qualitätsprüfung werden drei Bauteile zufällig ausgewählt; begründen Sie, warum dies als Bernoulli-Kette angesehen werden kann. Ermitteln Sie mithilfe eines Baumdiagramms die Wahrscheinlichkeiten der beiden Ereignisse E_1: „Genau eines dieser Bauteile erfüllt die Qualitätsanforderungen nicht" und E_2: „Höchstens eines dieser Bauteile erfüllt die Qualitätsanforderungen nicht".

b) Eine Sendung umfasst 50 Bauteile. Die Zufallsgröße X beschreibt die Anzahl der Bauteile, die nicht den Qualitätsanforderungen genügen; X kann als binomial verteilt angesehen werden. Berechnen Sie den Erwartungswert E(X) sowie die Wahrscheinlichkeit dafür, dass die Zufallsgröße X einen Wert annimmt, der um mindestens 2 größer als ihr Erwartungswert ist.

Abituraufgabe

13. PC-Monitore werden im Dauerbetrieb getestet, um festzustellen, wie lange sie die geforderte Qualitätsnorm erfüllen. Die Tabelle zeigt für die Monitore der Typen M_1 und M_2 die Wahrscheinlichkeit für das Erfüllen der Qualitätsnorm in Abhängigkeit von der Anzahl der Betriebstage:

Betriebstage Wahrscheinlichkeit	101	183	366	549	732
Monitor M_1	0,99	0,98	0,94	0,86	0,50
Monitor M_2	0,98	0,96	0,91	0,80	0,40

a) Begründen Sie, warum bei einem Qualitätstest am 732. Betriebstag die Annahme einer Binomialverteilung gerechtfertigt ist.

b) Ermitteln Sie, mit welcher Wahrscheinlichkeit von 100 Monitoren M_1 (M_2) mindestens 50 am 732. Betriebstag die Qualitätsnorm erfüllen.

c) Ermitteln Sie, mit welcher Wahrscheinlichkeit von 100 Monitoren M_1 (M_2) mehr als 35, aber weniger als 45 am 732. Betriebstag die Qualitätsnorm erfüllen.

2,7%; 13,4%; 54,0%; 64,2%

Teillösungen zu 13. **L**

W1   Welche Funktion könnte die Ableitungsfunktion f': $f'(x) = 6x \cdot e^{x^2}$; $D_{f'} = \mathbb{R}$, besitzen?

W2   Wie lautet die Ableitung von $f(x) = 5 \cdot \ln(x^2 + 6)$?

W3   Welchen Wert hat $\lim\limits_{h \to 0} \dfrac{\sqrt{2 + h} - \sqrt{2}}{h}$?

Arbeitsaufträge

1. Von einem Privatsender wird seit einigen Jahren regelmäßig die Show ALLES KLAR! gesendet. Da sich die Verantwortlichen nicht darüber einigen können, ob die Show fortgesetzt werden soll, soll eine Zuschauerbefragung die Entscheidung bringen. Für die Abschätzung der Zuschauerquote werden 200 repräsentativ ausgewählte Personen befragt; falls weniger als 25% dieser Personen die Show gesehen haben, soll sie abgesetzt werden. Berechnen Sie die Wahrscheinlichkeit dafür, dass ALLES KLAR! nicht fortgesetzt wird, obwohl die Zuschauerquote in Wirklichkeit 30% beträgt.

2. a) Im Festzelt des Wies'nwirts Alois hört man immer wieder Klagen über schlecht eingeschenkte Bierkrüge. Alois hat festgestellt, dass bei seinen Schankkellnern und -kellnerinnen die Wahrscheinlichkeit dafür, dass ein Krug schlecht eingeschenkt ist, höchstens 10% beträgt und Alois damit die gesetzlichen Vorschriften (gerade noch) erfüllt. Die Aufsichtsbehörde führt (unangekündigt) einen Test durch, bei dem sie 50 zufällig ausgewählte, frisch eingeschenkte Bierkrüge überprüft; sie will einschreiten, wenn unter diesen 50 Krügen mehr als sechs schlecht eingeschenkt sind. Finden Sie heraus, mit welcher Wahrscheinlichkeit Alois von der Aufsichtsbehörde beschuldigt wird.

b) Beim Wies'nwirt Xaver sind durchschnittlich 20% der Bierkrüge schlecht eingeschenkt. Auch bei ihm testet die Aufsichtsbehörde; sie will auch hier einschreiten, wenn unter 50 zufällig ausgewählten, frisch eingeschenkten Krügen mehr als sechs schlecht eingeschenkt sind. Finden Sie heraus, mit welcher Wahrscheinlichkeit die Aufsichtsbehörde bei Xaver nicht einschreitet.

3. Gabi hat für ihre Seminararbeit das Thema
Mathematik als Unterrichtsfach in der Schule
gewählt. Im Rahmen ihrer Arbeit hat sie 244 Schülerinnen und Schüler ihres Gymnasiums befragt und dann die Ergebnisse der Befragung ausgewertet. Eine der von ihr untersuchten Hypothesen war: „Jungen schreiben Erfolge in der Mathematik ihrer guten Begabung zu".
Dazu wertete sie die Antworten des Statements 10.1 aus. Zur Auswertung wendete sie ein Testverfahren an und fand die Hypothese „hochsignifikant" bestätigt.

a) Diskutieren Sie mit Ihrem Nachbarn / Ihrer Nachbarin über Gabis Arbeit.

b) Informieren Sie sich (z. B. im Internet) darüber, was der Begriff „signifikant" bedeutet, und geben Sie ihn in eigenen Worten wieder.

10. Wenn ich in Mathematik gut abschneide, dann liegt das:

10.1 an meiner guten Begabung.
   stimmt ☐ ☐ ☐ ☐ stimmt
        1   2   3   4   nicht

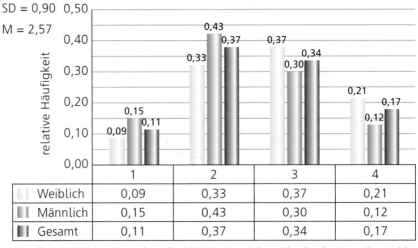

Gute Note in Mathematik liegt an eigener guter Begabung.

SD = 0,90
M = 2,57

relative Häufigkeit

	1	2	3	4
Weiblich	0,09	0,33	0,37	0,21
Männlich	0,15	0,43	0,30	0,12
Gesamt	0,11	0,37	0,34	0,17

1 = stimmt, 2 = stimmt eher schon als nicht, 3 = stimmt eher nicht als schon, 4 = stimmt nicht

In der **Statistik** werden erhobene Datenmengen untersucht; dabei wird ein interessierender statistischer Zusammenhang durch eine Zufallsgröße X beschrieben. Da es bei statistischen Untersuchungen im Allgemeinen nicht möglich ist, die **Grundgesamtheit** vollständig zu untersuchen, wählt man aus ihr „zufällig" n Elemente aus; sie bilden eine **Stichprobe**. Die Aufgabe der **beurteilenden Statistik** besteht darin, aus dem Befund der Stichprobe begründete Schlüsse bezüglich der Verhältnisse in der Grundgesamtheit zu ziehen. Dabei geht es u. a. um das Testen von Hypothesen.

Beispiel: Für Wahlprognosen befragt man aus der Grundgesamtheit (sie umfasst alle Wahlberechtigten) eine (repräsentative) Stichprobe von Wählern.

Testen von Hypothesen

Die zu beurteilende Hypothese heißt **Nullhypothese H_0**. Auf der Grundlage statistischer Tests wird entschieden, ob die Nullhypothese abzulehnen (zu „verwerfen") ist oder nicht.

Die Wahrscheinlichkeit dafür, dass man dabei eine *in Wirklichkeit wahre* Nullhypothese irrtümlich als falsch ablehnt, also einen sogenannten **Fehler 1. Art** begeht, nennt man **Irrtumswahrscheinlichkeit 1. Art**; ihr höchstzulässiger Wert α wird meist vor Beginn des Tests festgelegt und als **Signifikanzniveau** bezeichnet. Statistische Verfahren ermöglichen es, diejenigen Werte der Zufallsgröße X zu ermitteln, für die die Nullhypothese abgelehnt werden soll. Die Menge dieser Werte aus der Wertemenge der Zufallsgröße X heißt **Ablehnungsbereich** (oder **kritischer Bereich**) $\overline{A}$; die Menge der übrigen Werte der Zufallsgröße X bildet den **Annahmebereich A**. Annahmebereich A und Ablehnungsbereich $\overline{A}$ werden durch den sogenannten **kritischen Wert** getrennt. Liegt das Ergebnis eines Zufallsexperiments im Ablehnungsbereich, so hält man die Nullhypothese H_0 für falsch; liegt es im Annahmebereich, so hält man sie für wahr.

Bei dieser Entscheidung können zweierlei Fehler auftreten:

Entscheidungsregel:
- $X \in \overline{A}$:
  H_0 *wird verworfen*
- $X \in A$:
  H_0 *wird angenommen*

	Stichprobenergebnis liegt im Annahmebereich	Stichprobenergebnis liegt im Ablehnungsbereich
Hypothese ist in Wirklichkeit wahr	Entscheidung, H_0 anzunehmen, ist richtig	Entscheidung, H_0 zu verwerfen, ist falsch: **Fehler 1. Art** *oder* α-Fehler
Hypothese ist in Wirklichkeit falsch	Entscheidung, H_0 anzunehmen, ist falsch: **Fehler 2. Art** *oder* β-Fehler	Entscheidung, H_0 zu verwerfen, ist richtig

Ein statistischer Test, bei dem auf Stichprobenbasis über die Annahme oder Ablehnung einer Nullhypothese entschieden wird, heißt **Signifikanztest**.
Bei einem Signifikanztest wählt man diejenige Hypothese als Nullhypothese, bei der der Fehler 1. Art von größerer Bedeutung ist als der Fehler 2. Art.
Erfolgt die Entscheidung auf dem Signifikanzniveau $\alpha = 0{,}05$, so spricht man von einem **signifikanten** Ergebnis, bei $\alpha = 0{,}01$ von einem **hochsignifikanten** Ergebnis.

Beispiele

○ Eine Studie zu den Auswirkungen lauter Musik in Diskotheken ergab, dass 10% der Jugendlichen zwischen 16 und 18 Jahren Hörschäden aufweisen.
Diese Aussage wird angezweifelt, und es wird davon ausgegangen, dass in Wirklichkeit mindestens 20% der Jugendlichen Hörschäden aufweisen. Um dies zu überprüfen, soll eine Gruppe von 50 jugendlichen Diskothekenbesuchern untersucht werden.
Ermitteln Sie zur Nullhypothese H_0: „Mindestens 20% der Jugendlichen weisen Hörschäden auf" einen möglichst großen Ablehnungsbereich auf dem Signifikanzniveau $\alpha = 0{,}05$.

Hinweis: Die Nullhypothese ist so gewählt, dass sie signifikant abgelehnt werden kann.

Lösung:

Die Zufallsgröße X beschreibt die Anzahl der Hörgeschädigten unter den 50 Jugendlichen; im Extremfall ist X nach B(50; 0,20) binomial verteilt.
Die Nullhypothese H_0, nämlich $p \geq 0{,}20$, ist auf dem Signifikanzniveau $\alpha = 0{,}05$ zu überprüfen.
Ablehnungsbereich: $\overline{A} = \{0; 1; \ldots ; k\}$
Annahmebereich: $A = \{k + 1; k + 2; \ldots; 50\}$
Aus $P(X \leq k) \leq 0{,}05$ ergibt sich $P(X \leq k) = F(50; 0{,}20; k) \leq 0{,}05$. Mithilfe eines Tabellenwerks erhält man hieraus (als größten möglichen Wert) $k = 5$.
Somit ist der größtmögliche Ablehnungsbereich $\overline{A} = \{0; 1; \ldots ; 5\}$:
Haben unter den 50 untersuchten Jugendlichen höchstens fünf Jugendliche Hörschäden, so ist auf dem Signifikanzniveau 5% die Nullhypothese zu verwerfen.

○ Eine Firma stellt Mikrochips in Massenproduktion her; dabei ist die Ausschussquote 15%. Die Firma beauftragt deshalb ein Expertenteam mit Maßnahmen zur Qualitätsverbesserung. Falls der Anteil der fehlerhaften Chips deutlich gesenkt werden kann, wird dem Team eine Prämie gezahlt. Nach Abschluss der Verbesserungsmaßnahmen wird der laufenden Produktion eine Stichprobe von 200 Chips entnommen. Befinden sich darunter höchstens 22 fehlerhafte, wird die Prämie ausbezahlt.

a) Mit welcher Wahrscheinlichkeit erhält das Team die Prämie, obwohl keine Qualitätsverbesserung eingetreten ist?

b) Mit welcher Wahrscheinlichkeit wird dem Team die Prämie verweigert, obwohl der Anteil der fehlerhaften Chips auf 10% gesunken ist?

Lösung:

a) Das Team erhält die Prämie, wenn höchstens 22 fehlerhafte Chips unter den 200 überprüften festgestellt werden, obwohl weiterhin $p_{Ausschuss} = 0{,}15$ ist.
Es ist $P(X \leq 22) = F(200; 0{,}15; 22) \approx 0{,}06450 \approx 6{,}5\%$:
Mit einer Wahrscheinlichkeit von etwa 6,5% erhält das Team die Prämie, obwohl keine Verbesserung eingetreten ist.

b) Das Team erhält die Prämie nicht, wenn in der Stichprobe mehr als 22 fehlerhafte Chips festgestellt wurden, obwohl nunmehr $p_{Ausschuss} = 0{,}10$ ist.
Es ist $P(X > 22) = 1 - F(200; 0{,}10; 22) \approx 1 - 0{,}72897 = 0{,}27103 \approx 27{,}1\%$:
Mit einer Wahrscheinlichkeit von etwa 27,1% erhält das Team die Prämie nicht, obwohl die Ausschussquote auf 10% gesunken ist.

1. Schritt: H_0 angeben
2. Schritt: Stichprobenumfang n und Signifikanzniveau α wählen
3. Schritt: Ablehnungsbereich $\overline{A}$ ermitteln
4. Schritt: Entscheidungsregel aufstellen
5. Schritt: Auf Grund des Stichprobenergebnisses Entscheidung treffen

○ Langjährige Beobachtungen hatten ergeben, dass der durchschnittliche Anteil der „Schwarzfahrer" bei öffentlichen Verkehrsmitteln etwa 4% beträgt.
Verstärkte Kontrollen lassen jedoch vermuten, dass der Anteil der Schwarzfahrer inzwischen auf unter 4% gesunken ist. Um dies zu testen, werden 200 Fahrgäste zufällig ausgewählt und kontrolliert. Entwickeln Sie einen 5%-Signifikanztest, stellen Sie also auf dem Signifikanzniveau 5% eine Entscheidungsregel auf.

Lösung:

Nullhypothese H_0: $p \geq 0{,}04$
H_0 wird abgelehnt, wenn „wenige Schwarzfahrer" festgestellt werden.
Ablehnungsbereich: $\overline{A} = \{0; 1; \ldots ; k\}$.
Es gilt $F(200; 0{,}04; k) \leq 0{,}05$. Aus dem Tabellenwerk ergibt sich $k = 3$:
Man wird H_0 (also die Hypothese, dass der Anteil der Schwarzfahrer nach wie vor mindestens 4% beträgt) nur dann ablehnen, wenn unter den 200 kontrollierten Fahrgästen höchstens drei Schwarzfahrer sind.

- Wovon hängt der Ablehnungsbereich der Nullhypothese H_0 eines Signifikanztests ab?
- Führt ein statistischer Test immer zur Ablehnung einer falschen Hypothese?
- Kann man aus der Ablehnung einer Hypothese darauf schließen, dass die Hypothese falsch ist?
- Was versteht man unter einer repräsentativen Stichprobe?

Aufgaben

G 1. Der Verteidiger eines Angeklagten vertritt die Hypothese H_0: „Der Angeklagte ist unschuldig". Tatsächlich ist der Angeklagte aber schuldig. Das Gericht spricht den Angeklagten frei.

a) Wie bezeichnet man im Sinne der Stochastik diese Entscheidung des Gerichts?

b) Welche der beiden Fehlerarten hat bei einem Strafprozess schlimmere Folgen?

G 2. Diskutieren Sie jeweils

a) den α-Fehler   b) den β-Fehler

und vergleichen Sie die damit zusammenhängenden Folgen:

(1) Es werden zwei Unterrichtsmethoden A und B getestet.
  H_0: „Die (neue) Methode A ist nicht besser als die (bisherige) Methode B"
(2) Ein Polizist untersucht den Inhalt einer Schnupftabaksdose.
  H_0: „Das weiße Pulver ist Rauschgift"
(3) Die Betriebsstatistik des Kernkraftwerks UHO wird analysiert.
  H_0: „Es gibt im Kernkraftwerk UHO keine Störfälle"

3. Bei einem Multiple-Choice-Test werden Tina zu 20 Aufgaben jeweils vier Lösungen angeboten, von denen genau eine richtig ist.

a) Mit jeweils welcher Wahrscheinlichkeit findet Tina durch reines Raten
  (1) genau die Hälfte der richtigen Lösungen?
  (2) mindestens die Hälfte der richtigen Lösungen?
  (3) höchstens die Hälfte der richtigen Lösungen?

b) Ab welcher Anzahl richtiger Lösungen kann man die Nullhypothese
  H_0: „Tina rät nur" mit einer Irrtumswahrscheinlichkeit von 5% verwerfen?

Abituraufgabe

G 4. In einer Tierpopulation sind durchschnittlich 3% der Tiere mit dem Erreger einer Krankheit M infiziert. Die Zufallsgröße X, die die Anzahl der infizierten Tiere in einer Stichprobe beschreibt, wird als binomial verteilt angenommen.

a) Ermitteln Sie die Wahrscheinlichkeit dafür, dass
  (1) in einer Herde von 50 Tieren mindestens 4 Tiere infiziert sind.
  (2) in einer Herde von 100 Tieren höchstens 8 Tiere infiziert sind.

b) Experten vermuten, dass die Infektionsrate inzwischen auf mindestens 10% gestiegen ist. In einer Studie soll diese Vermutung an 200 Tieren getestet werden.
  (1) Entwickeln Sie einen Test und ermitteln Sie auf einem Signifikanzniveau von 1% bzw. von 5% den Ablehnungsbereich.
  (2) Aus Kostengründen wird überlegt, die Stichprobe zu verkleinern.
    Stellen Sie dar, welche Auswirkungen dies haben könnte.

G 5. In einer Großstadt tauchen gefälschte 2-€-Münzen auf, die sich von den echten u. a. dadurch unterscheiden, dass sie beim Münzwurf seltener **K**opf zeigen als die echten. Zur Überprüfung wird eine 2-€-Münze 100-mal geworfen.
Geben Sie eine Entscheidungsregel an, bei der das Risiko, eine gefälschte Münze für echt zu halten, höchstens 5% beträgt.

Abituraufgabe

6. Ein Sportartikelhersteller produziert Tischtennisbälle, die mit einer Quote von 5% fehlerhaft sind. Bei einer Qualitätskontrolle werden 100 aus der laufenden Produktion zufällig entnommene Tischtennisbälle kontrolliert. Die Zufallsgröße „Anzahl der fehlerhaften Tischtennisbälle" ist als binomial verteilt anzusehen.

  a) Berechnen Sie die Wahrscheinlichkeit folgender Ereignisse:
    (1) Genau 5 Bälle sind fehlerhaft.
    (2) Mehr als 95% der Bälle sind einwandfrei.
    (3) Mindestens 90%, aber höchstens 96% der Bälle sind einwandfrei.

  b) Bei einem Großhändler werden 100 Bälle aus jeder Lieferung geprüft. Sind mindestens acht von ihnen fehlerhaft, dann geht die Lieferung an den Hersteller zurück.
    (1) Ermitteln Sie die Wahrscheinlichkeit dafür, dass eine Lieferung, die eine Fehlerquote von höchstens 5% besitzt, fälschlicherweise zurückgeschickt wird.
    (2) Wie muss die Entscheidungsregel geändert werden, damit bei gleichem Stichprobenumfang das Risiko, eine Sendung mit mehr als 5% fehlerhaften Tischtennisbällen anzunehmen, kleiner als 12% ist?

G 7. Ein Einzelhändler vereinbart mit dem Herstellerwerk CERAM.com einen Preisnachlass, falls der Anteil der zerbrochenen Kacheln in einer Lieferung 10% übersteigt. Aus einer großen Lieferung entnimmt der Einzelhändler eine Stichprobe von 100 Kacheln. Entwickeln Sie einen 5%-Signifikanztest.

8. Eine Partei vermutet, dass mindestens 60% der Wahlberechtigten für den Bürgermeisterkandidaten Thomas Meier stimmen werden. Die Partei wählt 100 Wahlberechtigte nach dem Zufallsprinzip aus und befragt sie; 42 von ihnen geben an, für Thomas Meier stimmen zu wollen. Kann man aufgrund des Stichprobenergebnisses obige Vermutung auf dem 5%-Signifikanzniveau aufrechterhalten?

9. In einer Mühle wird Mehl der Type 405 in Packungen zu 1 000 g abgefüllt. In den Handel sollen nur Packungen gelangen, die um höchstens 15 g vom Sollwert 1 000 g nach unten abweichen. Die zuständige Behörde schreibt außerdem vor, dass höchstens 2% jeder Lieferung von Mehlpackungen um mehr als 15 g pro Packung zu leicht sein dürfen.
Geben Sie für den Stichprobenumfang 50 Packungen einen Signifikanztest mit der Irrtumswahrscheinlichkeit 5% an, mit dem die Einhaltung der Vorschriften überprüft werden kann.

Abituraufgabe

10. Der Abfüllautomat einer Getränkefirma füllt Flaschen mit einer Ausschusswahrscheinlichkeit von 5% ab. Der Einzelhändler Fruth vermutet aber, dass sich die Ausschusswahrscheinlichkeit inzwischen vergrößert hat. Um dies zu testen, werden 100 zufällig ausgewählte Flaschen untersucht. Sind unter ihnen mehr als sieben Ausschussflaschen, dann wird Fruths Vermutung angenommen.

  a) Mit welcher Wahrscheinlichkeit entscheidet man sich irrtümlicherweise für eine höhere Ausschusswahrscheinlichkeit, obwohl sie sich nicht erhöht hat?

  b) Mit welcher Wahrscheinlichkeit wird eine Erhöhung nicht entdeckt, obwohl sich die Ausschusswahrscheinlichkeit verdoppelt hat?

G 11. Beim Werfen eines Tetraeders, dessen Flächen mit den Zahlen 1; 2; 3 bzw. 4 beschriftet sind, tritt die Zahl 1 mit der Wahrscheinlichkeit 0,4 auf; die Zahlen 2; 3 und 4 treten mit gleicher Wahrscheinlichkeit auf. Britta behauptet, dass dieses Tetraeder ein Laplace-Tetraeder ist. Pascal wirft das Tetraeder 200-mal und glaubt der Meinung von Britta nicht, wenn die 1 mindestens 64-mal erscheint.
Mit welcher Wahrscheinlichkeit kommt Pascal zu der Ansicht, dass Britta nicht Recht hat?

12. Da es bei den Computern einer Firma für Unternehmensberatung immer wieder zu Systemabstürzen kommt, erhält das Personal eine spezielle Schulung. Angeblich sind nach dieser Schulung nur noch höchstens 40% der Abstürze auf reine Bedienungsfehler zurückzuführen. Bei den nächsten 100 Systemabstürzen waren in 45 Fällen reine Bedienungsfehler die Ursache.

Untersuchen Sie, ob man die Vermutung, dass nur noch höchstens 40% der Abstürze auf reine Bedienungsfehler zurückzuführen sind, aufgrund des Testergebnisses auf einem Signifikanzniveau von 5% ablehnen kann.

G 13. Ein Glücksrad hat vier gleich große Sektoren, die mit den Buchstaben P, L, A bzw. Y beschriftet sind.   **Abituraufgabe**

    a) Man dreht das Glücksrad dreimal. Mit welcher Wahrscheinlichkeit erhält man drei gleiche Buchstaben und mit welcher die Buchstabenfolge YYY?

    b) Nach Inbetriebnahme des Glücksrads kommt der Verdacht auf, dass der Buchstabe Y zu häufig auftritt. Die Nullhypothese H_0: „Das Glücksrad liefert den Buchstaben Y mit einer Wahrscheinlichkeit von höchstens 25%" soll durch 200-maliges Drehen des Glücksrads getestet werden. Ermitteln Sie die Entscheidungsregel für das 5%- sowie für das 1%-Signifikanzniveau.

14. Der Stadtrat einer Großstadt stellt ein Konzept für eine neue Fußgängerzone vor und behauptet, dass mindestens 60% der Bürger und Bürgerinnen für dieses Konzept sind; eine Bürgerinitiative behauptet dagegen, dass der tatsächliche Prozentsatz niedriger ist. Bei einer Umfrage stimmten 55 von 100 zufällig ausgewählten Bürgern und Bürgerinnen für das vorgestellte Konzept.

Kann man aufgrund dieses Stichprobenergebnisses mit einer Irrtumswahrscheinlichkeit von höchstens 5% behaupten, dass weniger als 60% der Bürger und Bürgerinnen für das vorgestellte Konzept sind?

G 15. Bei jedem Laplace-Spielwürfel tritt die Augenanzahl 6 mit der Wahrscheinlichkeit $\frac{1}{6}$ auf. Thomas glaubt nur dann, dass ein vorliegender Spielwürfel ein Laplace-Spielwürfel ist, wenn bei 100 Würfen mit diesem Würfel die Anzahl der Sechsen mindestens 13 und höchstens 21 beträgt.

Wie groß ist bei diesem Test die Wahrscheinlichkeit, dass Thomas einen Laplace-Spielwürfel nicht als solchen erkennt?
Hinweis: $\overline{A} = \{0; \dots ; 12\} \cup \{22; \dots ; 100\}$

G 16. Ein Reiseleiter behauptet, dass mindestens 60% aller Flüge in ein Feriendorf in Griechenland Verspätung haben. Das Reiseunternehmen möchte dies überprüfen und kontrolliert die nächsten 20 Flüge (50 Flüge; 100 Flüge) auf ihre Pünktlichkeit. Kann der Behauptung des Reiseleiters auf dem 5%-Signifikanzniveau widersprochen werden, wenn nur 8 Flüge (20 Flüge; 40 Flüge) Verspätung haben?

W1 Welche der drei Zeichen „=", „<" und „>" können anstelle des Leerzeichens ☐ in $P(E \cap F)$ ☐ $P_F(E)$ stehen, wenn E und F Ereignisse desselben Zufallsexperiments darstellen?

W2 Welche Umfangslänge hat das Dreieck ABC, wenn $x, y \in \mathbb{N}$ und $x \cdot y = 100$ gilt?

W3 Welche Punkte haben die Graphen der Funktionen f: $f(x) = \ln x$ und g: $g(x) = (\ln x)^2$; $D_f = D_g = \mathbb{R}^+$, miteinander gemeinsam?

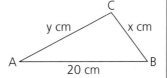

THE
NORMAL
LAW OF ERROR
STANDS OUT IN THE
EXPERIENCE OF MANKIND
AS ONE OF THE BROADEST
GENERALISATIONS OF NATURAL
PHILOSOPHY • IT SERVES AS THE
GUIDING INSTRUMENT IN RESEARCHES
IN THE PHYSICAL AND SOCIAL SCIENCES
AND IN MEDICINE, AGRICULTURE, AND ENGINEERING.
IT IS AN INDISPENSABLE TOOL FOR THE ANALYSIS AND FOR THE
INTERPRETATION OF THE BASIC DATA OBTAINED BY OBSERVATION AND EXPERIMENT.

(WILLIAM YOUDEN)

Histogramme von gemäß B(n; p), also binomial, verteilten Zufallsgrößen lassen sich vor allem für große Werte von n gut durch sogenannte **Glockenkurven** annähern.
Die Abbildungen zeigen Histogramme von binomial verteilten Zufallsgrößen mit

a) n = 10; p = 0,5, **b)** n = 20; p = 0,5 bzw. **c)** n = 50; p = 0,5

sowie die zugehörigen Glockenkurven G_φ. Der Funktionsterm der sogenannten

φ-Funktion mit $D_\varphi = \mathbb{R}$, nämlich $\varphi_{\mu;\sigma}(x) = \dfrac{1}{\sigma\sqrt{2\pi}}\, e^{-\frac{(x-\mu)^2}{2\sigma^2}}$, enthält die Parameter

μ (Erwartungswert) und σ (Standardabweichung).

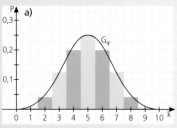
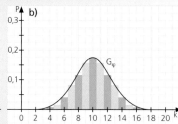
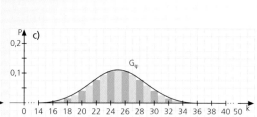

1. Zeichnen Sie mithilfe eines Tabellenkalkulationsprogramms oder eines Funktionsplotters jeweils den Graphen der Binomialverteilung B(n; p) mit den angegebenen Parameterwerten und tragen Sie dann in diese Zeichnung den Graphen der zugehörigen φ-Funktion ein.

a) n = 4; p = 0,5   **b)** n = 8; p = 0,5

2. Ermitteln Sie jeweils die Wahrscheinlichkeit des Ereignisses
(1) E_1: „Bei 100 Würfen mit einem Laplace-Spielwürfel erscheint genau 17-mal eine Eins"
(2) E_2: „Bei 200 Würfen mit einer 2-€-Münze erscheint genau 100-mal **Z**ahl"

a) mithilfe einer Stochastiktabelle.   **b)** mithilfe der zugehörigen φ-Funktion.

Mit wachsendem Wert von n werden die Histogramme von binomial verteilten Zufallsgrößen immer breiter und flacher, die Erwartungswerte $\mu = np$ und die Standardabweichungen $\sigma = \sqrt{np(1-p)}$ immer größer. Die Histogramme nähern sich immer mehr Glockenkurven an; dabei ergeben sich je nach den Werten der Parameter n und p unterschiedliche Glockenkurven. Durch die sogenannte „Standardisierung"
$\dfrac{x-\mu}{\sigma} \mapsto x;\ \sigma y \mapsto y$ kann man jedoch erreichen, dass sich alle Histogramme bei wachsendem n der „Standardglockenkurve", der **Gauß'schen Glockenkurve** (die zugehörige Zufallsgröße besitzt den Mittelwert 0 und die Standardabweichung 1), nähern; sie ist
der Graph der Funktion φ mit $D_\varphi = \mathbb{R}$ und dem Funktionsterm $\varphi(x) = \dfrac{1}{\sqrt{2\pi}}\, e^{-\frac{x^2}{2}} = \varphi_{0;\,1}(x)$.

Histogramm vor der Standardisierung

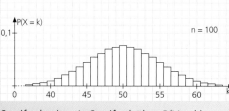

Streifenbreite: 1; Streifenhöhe: P(X = k)

Histogramm nach der Standardisierung

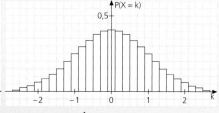

Streifenbreite: $\dfrac{1}{\sigma}$; Streifenhöhe: $\sigma \cdot$ P(X = k)

Themenseite

3. Gegeben ist die Funktion f: $f(x) = \frac{1}{\sqrt{2\pi}} e^{-\frac{x^2}{2}}$; $D_f = \mathbb{R}$.

a) Zeigen Sie, dass ihr Graph G_f symmetrisch zur y-Achse ist.

b) Beschreiben Sie ihr Monotonieverhalten.

c) Ermitteln Sie die Koordinaten des Hochpunkts und der Wendepunkte sowie eine Gleichung der Asymptote von G_f.

d) Zeichnen Sie G_f.

e) Zeichnen Sie den Graphen derjenigen Stammfunktion F der Funktion f, der durch den Punkt T (0 | 0,5) verläuft.

Eine Zufallsgröße, deren Wahrscheinlichkeitsverteilung als Graph die Gauß'sche Glockenkurve G_φ (oder allgemeiner: den Graphen der Funktion $\varphi_{\mu;\,\sigma}$) besitzt, wird als **normalverteilt** bezeichnet. Binomial verteilte Zufallsgrößen sind also für große Werte von n näherungsweise normalverteilt.
Untersuchungen haben gezeigt, dass auch viele Größen aus dem Alltag näherungsweise normalverteilt sind.

Beispiele: „Gewicht", Körpergröße und Kopfumfangslänge von Neugeborenen; Körpergröße von Erwachsenen; Höhe des Taschengelds von 18-Jährigen

4. In einer Frauenklinik wurde die Körpergröße (in cm) der Neugeborenen gemessen und tabelliert. Veranschaulichen Sie die Messdaten durch ein Histogramm und beschreiben Sie es.

Körpergröße (in cm)	≤ 45	46	47	48	49	50	51	52	53	54	55	56	≥ 57
Anzahl	0	3	5	16	24	26	32	28	26	22	14	4	0
rel. Häufigkeit (in %)	0	1,5	2,5	8	12	13	16	14	13	11	7	2	0

Mittelwert $\mu = 51,3$ cm; Standardabweichung $\sigma = 2,4$ cm

In Abbildung a) stellen die dunkler getönten Rechtecke zusammen $F(n; p; k_0)$ dar; dies trifft auch auf die standardisierte Form in Abbildung b) zu. $F(n; p; k_0)$ kann durch die dunkler getönte Fläche unter der Gauß'schen Glockenkurve von $-\infty$ bis z in Abbildung c) angenähert werden.

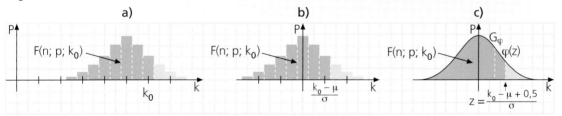

Ihren Flächeninhalt kann man als Wert eines Integrals darstellen:

$F(n; p; k_0) \approx \Phi(z) = \frac{1}{\sqrt{2\pi}} \int_{-\infty}^{z} e^{-\frac{x^2}{2}} dx$; $z \in \mathbb{R}$. Da man diese Integralfunktion Φ der

φ-Funktion nicht durch elementare Funktionen darstellen kann, sind die Werte der Φ-Funktion tabelliert.

Beispiel:
Eine 2-€-Münze wird 1 000-mal geworfen. Mit welcher Wahrscheinlichkeit erscheint **W**appen höchstens 505-mal?
Gesucht ist $P(k \leq 505)$.
Es ist $\mu = 500$ und $\sigma = \sqrt{1\,000 \cdot 0,5 \cdot 0,5} \approx 15,8$, d. h.:
$z \approx \frac{505 - 500 + 0,5}{15,8} \approx 0,35$ und $\Phi(0,35) \approx 0,6368 \approx 64\%$.

x	$\varphi(x)$	$\Phi(x)$
0,30	0,38139	0,61791
0,31	0,38023	0,62172
0,32	0,37903	0,62552
0,33	0,37780	0,62930
0,34	0,37654	0,63307
0,35	0,37524	0,63683
0,36	0,37391	0,64058
0,37	0,37255	0,64431
0,38	0,37115	0,64803
0,39	0,36973	0,65173

Themenseite

Zu 2.1:
Aufgaben 1. bis 4.

1. Jede der drei Tabellen zeigt eine Wahrscheinlichkeitsverteilung; begründen Sie dies jeweils. Berechnen Sie jeweils den Erwartungswert, die Varianz sowie die Standardabweichung und zeichnen Sie ein Histogramm.

a)

x_i	2	3
$P(X = x_i)$	0,6	0,4

b)

x_i	−2	0	10
$P(X = x_i)$	0,45	0,50	0,05

c)

x_i	−2	0	1	5	10
$P(X = x_i)$	0,25	0,20	0,35	0,10	0,10

Hinweis: Primzahlen sind natürliche Zahlen mit genau zwei Teilern.

2. Andreas wirft einen Laplace-Spielwürfel einmal. Fällt eine Primzahl, so erhält er den entsprechenden Betrag in €; fällt eine Nichtprimzahl, so verliert er den entsprechenden Betrag in €.

a) Zeigen Sie, dass dieses Spiel für Andreas ungünstig ist.

b) Wandeln Sie das Spiel so ab, dass es dann fair ist.

G 3. Eine Zufallsgröße kann genau fünf unterschiedliche Werte annehmen. Geben Sie eine Wahrscheinlichkeitsverteilung an, bei der der Erwartungswert zwischen dem kleinsten und dem zweitkleinsten Wert der Zufallsgröße liegt, und stellen Sie Ihr Ergebnis der Klasse vor.

4. Bei einem Glücksspiel mit einem Glücksrad der abgebildeten Art soll der Erwartungswert der Auszahlung bei einmaligem Drehen 1,50 € betragen.
Die einzelnen Auszahlungsbeträge sind angegeben.

a) Berechnen Sie, wie groß die Mittelpunktswinkel der beiden Sektoren gewählt werden müssen, die zu den Auszahlungen 0 € und 4 € gehören.

b) Bestimmen Sie die Standardabweichung der Zufallsgröße X, die die Auszahlung beschreibt, auf Cent genau.

Zu 2.2 und 2.3:
Aufgaben 5. bis 8.

5. Ein Laplace-Spielwürfel wird fünfmal geworfen. Berechnen Sie jeweils die Wahrscheinlichkeit dafür,

a) dass mindestens einmal eine ungerade Augenanzahl geworfen wird.

b) dass fünf verschiedene Augenanzahlen geworfen werden.

c) dass genau viermal eine Sechs geworfen wird.

d) dass genau einmal eine Vier geworfen wird.

6. Die Schokoladenfabrik Schokina stellt Schokoriegel her und legt zu Werbezwecken jedem siebten Riegel einen Zauberspiegel bei. Martina kauft 14 dieser Schokoriegel und packt sie nacheinander aus.
Ermitteln Sie jeweils die Wahrscheinlichkeit dafür, dass Martina

a) mindestens einen Zauberspiegel findet.

b) nur in den beiden letzten Riegeln je einen Zauberspiegel findet.

c) in den beiden letzten Riegeln je einen Zauberspiegel findet.

d) genau zwei Zauberspiegel findet.

e) nur im ersten, im siebten und im letzten Riegel je einen Zauberspiegel findet.

f) genau drei Zauberspiegel findet.

0,1 %; 0,3 %; 2,0 %;
19,5 %; 29,2 %;
88,4 %

Lösungen zu 6. **L**

7. In einer Urne sind 10 Kugeln, und zwar 5 rote, 3 schwarze und 2 goldene Kugeln. Alex zieht nacheinander „blind" zwei Kugeln
(1) mit Zurücklegen.   (2) ohne Zurücklegen.
Ermitteln Sie jeweils die Wahrscheinlichkeit, dass Alex

a) zwei rote Kugeln   **b)** zwei gleichfarbige Kugeln

c) eine rote und eine schwarze Kugel   **d)** keine goldene Kugel

zieht. Stellen Sie dann die Wahrscheinlichkeiten in Tabellenform dar und vergleichen Sie jeweils die Wahrscheinlichkeiten beim Ziehen mit und ohne Zurücklegen.

G 8. a) Unter den sechs Gewinnzahlen der Wochenziehung des Lottospiels *6 aus 49* können gerade und/oder ungerade Zahlen sein.
Ermitteln Sie die Wahrscheinlichkeitsverteilung der Zufallsgröße X: „Anzahl der ungeraden Gewinnzahlen einer Wochenziehung" und begründen Sie, dass

$$P(X = k) = \frac{\binom{25}{k} \cdot \binom{24}{6-k}}{\binom{49}{6}} \text{ ist.}$$

b) Unter den sechs Gewinnzahlen der Wochenziehung des Lottospiels *6 aus 49* können Primzahlen und/oder Nichtprimzahlen sein.
Ermitteln Sie die Wahrscheinlichkeitsverteilung der Zufallsgröße X: „Anzahl der Primzahlen unter den Gewinnzahlen einer Wochenziehung" und begründen Sie,

dass $P(X = k) = \dfrac{\binom{15}{k} \cdot \binom{34}{6-k}}{\binom{49}{6}}$ ist.

9. Laura testet die Keimfähigkeit von Kapuzinerkresse; auf der Packung steht, dass die Samen zu 80% keimen. Laura setzt in fünf Blumentöpfe je ein Samenkorn; die Zufallsgröße X gibt die Anzahl der keimenden Samenkörner an.
Ermitteln Sie die Wahrscheinlichkeitsverteilung. Berechnen Sie den Erwartungswert und die Standardabweichung und zeichnen Sie ein Histogramm.

Zu 2.4 und 2.5:
Aufgaben 9. bis 14.

10. Bestimmen Sie die Funktionswerte der Binomialverteilung B(4; 0,3) und zeichnen Sie ein Stabdiagramm, ein Histogramm und ein Kreisdiagramm.

G 11. Die nebenstehende Abbildung zeigt das Histogramm einer der drei Wahrscheinlichkeitsverteilungen
(1) B(60; 0,5),   (2) B(60; $\frac{2}{3}$)   und   (3) B(50; 0,6).
Finden Sie heraus, zu welcher von ihnen das Histogramm passt. Machen Sie Ihre Entscheidung plausibel.

12. Ein Theater hat 200 Plätze. Man weiß, dass bei einer Aufführung die Plätze mit einer Wahrscheinlichkeit von 90% verkauft werden (wobei die Kartenkäufe als voneinander unabhängig angesehen werden).

a) Mit welcher Wahrscheinlichkeit werden für die nächste Vorstellung mindestens 185 Plätze verkauft?

b) Mit welcher Wahrscheinlichkeit werden für die nächste Vorstellung höchstens 190 Plätze verkauft?

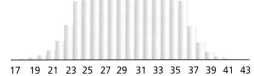

17 19 21 23 25 27 29 31 33 35 37 39 41 43

13. In einem Unternehmen werden Mixgetränke in Flaschen abgefüllt; dabei sind 9,2% der Flaschen nicht korrekt verschlossen. Mit welcher Wahrscheinlichkeit ist in einem Träger mit 20 Flaschen genau eine nicht korrekt verschlossene Flasche?

G 14. Eine Firma untersucht in einem Langzeittest eine Autowaschanlage. Die Zufallsgröße X mit der Wahrscheinlichkeitsverteilung

n	0	1	2	3	4
P(X = n)	0,56	0,24	0,09	0,07	0,04

beschreibt die Anzahl der täglichen störungsbedingten Abschaltungen der Anlage.

a) Berechnen Sie die Wahrscheinlichkeiten der folgenden Ereignisse:
   E_1: „Die Anlage wird höchstens dreimal störungsbedingt abgeschaltet"
   E_2: „Die Anlage wird mindestens einmal störungsbedingt abgeschaltet"

b) Berechnen Sie den Erwartungswert E(X) der Zufallsgröße X und interpretieren Sie ihn.

c) Bei einer technischen Überprüfung der Anlage wird festgestellt, dass die störungsbedingten Abschaltungen unabhängig voneinander erfolgen und dass 75% der Abschaltungen auf eine Übersensibilisierung des Sicherheitssystems zurückzuführen sind.
   Ermitteln Sie die Wahrscheinlichkeit dafür, dass von 200 störungsbedingten Abschaltungen   (1) höchstens 130   (2) mehr als 150   auf Übersensibilisierung zurückzuführen sind.

Zu 2.6:
Aufgaben 15. bis 17.

15. Der Süßwarenhersteller Sweetie behauptet, dass bei ihm der Anteil der zerbrochenen Schokoladeosterhasen höchstens 20% betrage. Der Einzelhändler Candy beklagt sich über „viele zerbrochene Osterhasen". Sweetie sagt dem Einzelhändler Candy einen Preisnachlass zu, wenn der Anteil der zerbrochenen Osterhasen 20% übersteigt.
Anja und Henry von der unabhängigen Stiftung KONSUM führen einen Test durch, bei dem sie 30 zufällig einer Lieferung entnommene Sweetie-Osterhasen untersuchen; sind davon mehr als acht zerbrochen, dann soll Candy ein Preisnachlass gewährt werden.

a) Berechnen Sie die Wahrscheinlichkeit dafür, dass Sweetie den Preisnachlass zu Unrecht gewähren muss.

b) Beim Hersteller Schokina sind durchschnittlich 50% der Osterhasen zerbrochen. Auch bei ihm testen Anja und Henry. Finden Sie heraus, mit welcher Wahrscheinlichkeit bei diesem Test unter 30 Schokina-Osterhasen höchstens acht zerbrochene festgestellt werden.

G 16. Einer Fluggesellschaft wird ein Lesegerät für das Sortieren des Gepäcks auf der Basis von Mikrochips angeboten, das angeblich eine Fehlerquote von weniger als 10% aufweist. Die Fluggesellschaft testet die Hypothese H_0: „Die Fehlerquote ist mindestens 10%"

a) auf dem 5%-Signifikanzniveau

b) auf dem 2%-Signifikanzniveau

c) auf dem 1%-Signifikanzniveau

an 200 mit Mikrochips versehenen Gepäckstücken. Finden Sie jeweils eine Entscheidungsregel.

17. Für eine schriftliche Prüfung wird Millimeterpapier benötigt. Nach Angaben der Lieferfirma ist das Papier mit einer Wahrscheinlichkeit von höchstens 5% unbrauchbar. Der Prüfer teilt die ersten 200 Blatt aus und stellt dabei fest, dass 17 Blatt nicht zu verwenden sind.
Finden Sie heraus, ob die Angabe der Lieferfirma aufgrund dieser Stichprobe auf dem 5%-Signifikanzniveau aufrecht erhalten werden kann.

18. Eine Fluggesellschaft weiß aus Erfahrung, dass im Mittel 10% der gebuchten Flüge nicht angetreten werden. Bei einem Flugzeug, das 90 Passagiere fasst, wurden für einen Flug 100 Buchungen vorgenommen.
Wie groß ist die Wahrscheinlichkeit, dass alle rechtzeitig am Check-in-Schalter eintreffenden Ticketbesitzer mitfliegen können?

Weitere Aufgaben

G 19. Eine Zufallsgröße X ist binomial verteilt nach
(1) B(200; 0,10).   (2) B(200; 0,25).   (3) B(200; 0,40).
(4) B(200; 0,50).   (5) B(200; 0,60).   (6) B(200; 0,90).
Ermitteln Sie jeweils den Erwartungswert μ sowie die Standardabweichung σ und finden Sie dann jeweils heraus, mit welcher Wahrscheinlichkeit ein zufällig ausgewählter Wert von X im Intervall

a) $[\mu - \sigma; \mu + \sigma]$ liegt.   **b)** $[\mu - 2\sigma; \mu + 2\sigma]$ liegt.   **c)** $[\mu - 3\sigma; \mu + 3\sigma]$ liegt.

Was fällt Ihnen auf?

G 20. Die Wahrscheinlichkeit P(a; b) dafür, dass ein Gerät in der Zeit zwischen a Monaten und b Monaten ($0 \leq a < b$) nach Inbetriebnahme ausfällt, wird durch

$$c \cdot \int_a^b e^{-ct}\,dt \; ; \; c \in \mathbb{R}^+, \text{ beschrieben.}$$

a) Welchen Wert c* hat der Parameter c, wenn die Wahrscheinlichkeit dafür, dass das Gerät innerhalb des ersten halben Jahrs ausfällt, 10% beträgt?
Wie groß ist die Wahrscheinlichkeit dafür, dass das Gerät bei c = c* im zweiten Halbjahr nach Inbetriebnahme ausfällt?

b) Zeigen Sie, dass für jeden Wert von $c \in \mathbb{R}^+$ stets $\lim\limits_{x \to \infty} \left(c \cdot \int_0^x e^{-ct}\,dt \right) = 1$ ist, und deuten Sie das Ergebnis.

21. Eine Elektronikfirma liefert an eine Kaufhauskette Sender S und Empfänger E aus, die von Hobbybastlern für die Fernsteuerung von Modellflugzeugen verwendet werden können. Untersuchungen haben ergeben, dass 5% der Sender S und 10% der Empfänger E defekt sind.
Die Zufallsgröße X beschreibe die Anzahl der funktionsfähigen Sender, die Zufallsgröße Y die Anzahl der funktionsfähigen Empfänger; beide Zufallsgrößen können als binomial verteilt angesehen werden.

Abituraufgabe

a) Ermitteln Sie die Wahrscheinlichkeiten dafür, dass
(1) von 100 Sendern mehr als 90 einwandfrei sind.
(2) von 100 Empfängern höchstens 5 defekt sind.

b) Eine Fernsteuerung besteht aus einem Sender S und einem Empfänger E, die unabhängig voneinander arbeiten; sie ist funktionsfähig, wenn sowohl der Sender als auch der Empfänger funktionsfähig ist.
Berechnen Sie die Wahrscheinlichkeiten der Ereignisse
E_1: „Die Fernsteuerung ist funktionsfähig",
E_2: „Die Fernsteuerung ist defekt, weil entweder der Sender oder aber der Empfänger defekt ist" und
E_3: „Die Fernsteuerung ist defekt, weil der Sender und/oder der Empfänger defekt ist".

c) Die Elektronikfirma liefert neben den Empfängern E verbesserte Empfänger E*, von denen nur 5% defekt sind. Bei einer sortenreinen Lieferung von 200 Empfängern ist nicht erkennbar, ob es sich ausschließlich um Empfänger der herkömmlichen Art E *oder* um Empfänger der verbesserten Art E* handelt. Zur Überprüfung wird der Lieferung eine Stichprobe von 20 Empfängern entnommen; sie enthält keinen defekten Empfänger. Mit welcher Wahrscheinlichkeit handelt es sich um eine Sendung von herkömmlichen Empfängern E?

G 22. Die einzelnen Stücke eines Massenartikels werden durch eine Maschine vom Fließ-band in Packkartons befördert. Jede Packung enthält 20 Stück; daher sind für das Füllen einer Packung jeweils 20 Greifbewegungen der Maschine erforderlich. Die Greifsicherheit g der Maschine ist die Wahrscheinlichkeit dafür, dass ein Stück vom Fließband tatsächlich in die Packung gelangt.

a) Die Greifsicherheit der ersten Maschine ist $g_1 = 99{,}5\,\%$.
   Mit welcher Wahrscheinlichkeit
   (1) fehlt in einer zufällig ausgewählten Packung genau 1 Stück?
   (2) fehlt in einer nicht einwandfrei gefüllten Packung genau 1 Stück?

b) Bei einer zweiten Maschine beträgt die Wahrscheinlichkeit p dafür, dass eine Packung vollständig gefüllt ist, 0,80. Berechnen Sie die Greifsicherheit g_2 dieser Maschine.

c) Bei der Qualitätsprüfung einer dritten Maschine soll die Wahrscheinlichkeit p [vgl. Teilaufgabe b)] getestet werden; es werden 50 zufällig ausgewählte, von dieser Maschine befüllte Packungen auf Vollständigkeit überprüft.
   Ermitteln Sie den Annahmebereich A für die Nullhypothese H_0: $p \geqq 0{,}80$, wenn die Wahrscheinlichkeit für den Fehler 1. Art höchstens 5 % betragen soll. Formulieren Sie eine Entscheidungsregel.

23. In einer Bevölkerung sind 2 % sogenannte „S"-Personen; das sind Personen, die nach einem Auslandsaufenthalt den Erreger einer noch nicht ausgebrochenen Krankheit S im Blut haben.

a) Mit welcher Wahrscheinlichkeit ist unter 50 aus dieser Bevölkerung zufällig ausgewählten Personen höchstens eine „S"-Person?

b) Wie viele Personen dieser Bevölkerung muss man mindestens untersuchen, damit unter ihnen mit einer Wahrscheinlichkeit von mindestens 99 % mindestens eine „S"-Person ist?

c) Durch einen neuen Schnelltest werden 94 % der „S"-Personen als solche er-kannt; andererseits stuft dieser Test 8 % der „Nicht-S"-Personen irrtümlicherwei-se als „S"-Personen ein.
   Wie groß ist die Wahrscheinlichkeit dafür, dass eine Person, die vom Test
   (1) als „S"-Person eingestuft wurde, auch wirklich eine „S"-Person ist?
   (2) als „Nicht-S"-Person eingestuft wurde, dennoch eine „S"-Person ist?

d) Der Anteil der „S"-Personen in der Bevölkerung sei p. Ein aufwändiger Bluttest lässt das Vorhandensein von S-Erregern sicher erkennen.
   Bei einer Reihenuntersuchung werden die Blutproben von je acht Personen ver-mischt; nur dann, wenn im Gemisch S-Erreger gefunden werden, wird jede der acht Personen zusätzlich einem Einzeltest unterzogen.
   (1) Geben Sie die mittlere Anzahl von Tests (in Abhängigkeit von p) für eine zufällig ausgewählte Gruppe von acht Personen an.
   (2) Für welche Werte von p sind dabei durchschnittlich weniger Tests nötig als bei einer Einzelprüfung?

W1 Wie viel Prozent der Integrale $\int_{-4}^{3} x^2\,dx$, $\int_{-4}^{3} x\,dx$, $\int_{-2}^{2} \sin x\,dx$, $\int_{-1,5}^{1,5} \cos x\,dx$, $\int_{-4}^{3} 1\,dx$ und $\int_{-4}^{3} x^3\,dx$ haben einen positiven Wert?

W2 Welchen Wert hat $\lim\limits_{x \to 2} \dfrac{3x^3 - 6x^2}{2x^2 - 8}$?

W3 Wie hoch ist der Turm?

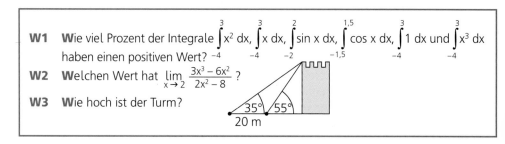

1. In einer Urne befinden sich nur vier weiße und sechs schwarze Kugeln.

   a) Es werden drei Kugeln ohne Zurücklegen gezogen. Zeichnen Sie ein Baum-
      diagramm und ermitteln Sie die Wahrscheinlichkeiten der beiden Ereignisse
      E_1: „Alle drei Kugeln sind schwarz" und
      E_2: „Genau zwei der drei Kugeln sind weiß".

   b) Alle zehn Kugeln werden nacheinander ohne Zurücklegen gezogen. Mit
      welcher Wahrscheinlichkeit erhält man zuerst alle Kugeln der einen Farbe und
      dann alle Kugeln der anderen Farbe?

   c) Es werden nacheinander zehn Kugeln mit Zurücklegen gezogen. Ermitteln Sie
      die Wahrscheinlichkeiten der beiden Ereignisse
      E_3: „Man zieht genau fünf weiße Kugeln" und
      E_4: „Man zieht mindestens sieben schwarze Kugeln".

   d) Man zieht mit einem Griff drei Kugeln. Die Zufallsgröße X beschreibt die Anzahl
      der hierbei gezogenen schwarzen Kugeln. Geben Sie die Wahrscheinlichkeits-
      verteilung der Zufallsgröße X an und ermitteln Sie den Erwartungswert E(X), die
      Varianz Var(X) und die Standardabweichung σ.
      Hinweis: Verwenden Sie das Baumdiagramm von Teilaufgabe a).

2. Die Tabelle zeigt die Wahrscheinlichkeitsverteilung einer Zufallsgröße X:

x_i	-10	0	10	50	100
$P(X = x_i)$	0,25	a	0,05	b	0,10

   Berechnen Sie die Werte der Parameter a und b, wenn E(X) = 18 ist.

3. In der Klasse 10 C wurden eine Deutsch- und eine Mathematikschulaufgabe
geschrieben. Die Zufallsgrößen D und M ordnen einem zufällig ausgewählten
Schüler / einer zufällig ausgewählten Schülerin seine/ihre Deutsch- bzw. Mathe-
matiknote zu. Bei der statistischen Auswertung der Noten ergab sich für die beiden
Erwartungswerte E(D) = E(M) und für die beiden Standardabweichungen $\sigma_D < \sigma_M$.
Erläutern Sie, was dies für die Verteilung der Einzelnoten bedeutet.

4. Beim Zoll stehen neun Personen an; vier von ihnen sind Schmuggler. Der Zoll-
beamte bittet drei dieser neun Personen zur Kontrolle.

   a) Finden Sie eine passende Simulation durch ein Urnenmodell.

   b) Mit welcher Wahrscheinlichkeit ist unter diesen drei Personen
      (1) kein Schmuggler?
      (2) genau ein Schmuggler?
      (3) höchstens ein Schmuggler?
      (4) mindestens ein Schmuggler?

5. Eine Laplace-Münze wird so lange geworfen, bis zum ersten Mal **W**appen erscheint, jedoch höchstens dreimal. Die Anzahl der Würfe bis zum Spielende sei A.
Ermitteln Sie den Erwartungswert μ = E(A) und die Standardabweichung σ.

6. Begründen Sie, dass für $n \in \mathbb{N}$ und $k \in \mathbb{N}_0$ mit $0 \leq k \leq n$ stets
   a) $\binom{n}{k} = \binom{n}{n-k}$ gilt.   **b)** $\binom{n}{k} + \binom{n}{k+1} = \binom{n+1}{k+1}$ gilt.

7. In einer Kiste sind zehn Äpfel; zwei davon sind (innen) faul. Roman nimmt aus der
Kiste „blind" zwei Äpfel. Geben Sie mithilfe eines Baumdiagramms die Wahr-
scheinlichkeitsverteilung der Zufallsgröße X, die die Anzahl von Romans faulen
Äpfeln beschreibt, an.

Selbsttest

Abituraufgabe

8. In den Jahren 2005, 2006 und 2007 wurde jeweils eine repräsentative Umfrage unter 2 000 Menschen in Deutschland zum Thema „Rauchverbot in Restaurants" durchgeführt. Im Jahr 2007 haben dabei 67,0% ein Rauchverbot befürwortet.

a) Die Anzahl der Befürworter des Rauchverbots unter den Befragten ist im Jahr 2007 im Vergleich zum Jahr 2006 um 160 Personen, im Vergleich zum Jahr 2005 um 280 Personen größer. Berechnen Sie den prozentualen Anteil der Befürworter des Rauchverbots in den Jahren 2005 und 2006.

b) Aus den Befragten das Jahres 2007 wird eine Person zufällig ausgewählt. Dabei werden die Ereignisse B: „Die Person befürwortet ein Rauchverbot in Restaurants" und R: „Die Person ist Raucher" betrachtet (vgl. auch nebenstehendes Baumdiagramm).

$$p_2 \to R \quad 7,5\%$$
$$B$$
$$67,0\% \quad p_3 \to \bar{R} \quad 59,5\%$$

$$p_1 \quad p_4 \to R \quad 26,5\%$$
$$\bar{B}$$
$$19,7\% \quad \bar{R} \quad p_5$$

(1) Beschreiben Sie das Ereignis in Worten, dessen Wahrscheinlichkeit im Baumdiagramm mit 7,5% angegeben ist.

(2) Berechnen Sie die Wahrscheinlichkeiten p_1, p_2, p_3, p_4 und p_5 aus dem Baumdiagramm in Prozent auf eine Nachkommastelle genau.

(3) Begründen Sie mit Hilfe entsprechender Wahrscheinlichkeiten, dass die Ereignisse B und R voneinander stochastisch abhängig sind.

(4) Bei welcher der folgenden Zahlen kann es sich um die Anzahl der Raucher unter den befragten Personen handeln? Begründen Sie Ihre Antwort.

150   530   680   1 340

(5) Wie viel Prozent der Raucher haben das Rauchverbot befürwortet?

c) Im Folgenden wird davon ausgegangen, dass in der Bevölkerung 67% das Rauchverbot in Restaurants befürworten.

(1) Wie groß ist die Wahrscheinlichkeit dafür, dass sich unter 12 zufällig ausgewählten Personen höchstens 10 Befürworter befinden?

(2) Wie viele Personen müssen mindestens zufällig ausgewählt werden, damit sich mit einer Wahrscheinlichkeit von mehr als 99% wenigstens ein Befürworter darunter befindet?

d) Es wird angezweifelt, dass der Anteil der Befürworter des Rauchverbots derzeit noch 67% beträgt. Vielmehr wird vermutet, dass der Prozentsatz gegenwärtig höchstens bei 60% liegt. Um diese Vermutung zu „widerlegen", wird eine Befragung von 100 zufällig ausgewählten Personen durchgeführt.
Wie muss die Entscheidungsregel mit einem möglichst großen Ablehnungsbereich lauten, wenn die Vermutung mit einer Wahrscheinlichkeit von höchstens 5% irrtümlich abgelehnt werden soll?

e) Die SMV eines Gymnasiums möchte den Anteil der Raucherinnen unter den Schülerinnen der Mittelstufe an der eigenen Schule ermitteln. Sie führt deshalb eine Befragung durch. Dabei wird die sogenannte Dunkelfeldmethode verwendet, die durch eine Anonymisierung der Daten ehrliche Antworten gewährleisten soll.

Bei dieser Methode zieht die Befragte zufällig eine der drei abgebildeten, verdeckten Karten und beantwortet die Frage wahrheitsgemäß mit „Ja" oder „Nein". Der Interviewer notiert diese Antwort, ohne zu wissen, welche Karte jeweils gezogen wurde.

Von 357 auf diese Weise befragten Mädchen haben 138 mit „Ja" geantwortet. Bestimmen Sie den Schätzwert für den Anteil der Raucherinnen unter den Schülerinnen, der sich aus diesen Angaben herleiten lässt.

KAPITEL 3
Geraden und Ebenen im Raum

Ludwig Otto Hesse
geb. 22. 4. 1811 in Königsberg
gest. 4. 8. 1874 in München

Ludwig Otto Hesse wurde 1811 in Königsberg i. Pr. (jetzt Kaliningrad/Russland) als Sohn des Kaufmanns und Brauereibesitzers Johann Gottlieb Hesse und seiner Frau Anna Karoline, geb. Reiter, geboren. Er studierte an der Universität in Königsberg Mathematik bei Jacobi, bei dem er 1840 auch promovierte; 1841 folgte die Habilitation. Bevor er im Jahr 1845 an der Albertina in Königsberg eine Professur erhielt, war er mehrere Jahre lang als Lehrer für Mathematik, Physik und Chemie an der Gewerbeschule in Königsberg tätig. 1855 erhielt Hesse einen Ruf an die Universität Halle; dem folgte 1856 ein Ruf nach Heidelberg und 1868 ein Ruf an die „Königlich Bayerische Polytechnische Schule" in München (die heutige Technische Universität), die im selben Jahr gegründet worden war. Hesse wurde als einer der bedeutendsten Wissenschaftler an der Polytechnischen Schule angesehen; er erhielt deshalb ein Jahresgehalt von 3 500 fl (1 fl entsprach 1,7143 Mark), und es wurde ihm für seinen Lehrstuhl eine der insgesamt nur acht Assistentenstellen bewilligt.

Hesses Forschungsgebiete waren Algebra, Analysis und vor allem Analytische Geometrie. In seiner Heidelberger Zeit entstand u. a. sein Lehrbuch *Vorlesungen über die analytische Geometrie des Raumes*, in dem er wichtige Forschungsresultate wie die *Hesse'sche Normalenform* vorstellte. Hesse bemühte sich stets um die Verdeutlichung der engen Beziehungen zwischen algebraischen Sätzen und den entsprechenden geometrischen Aussagen.

Als Ludwig Otto Hesse im August 1874 nach langer Krankheit starb, wurde 1875 der erst 25-jährige Felix Klein sein Nachfolger.

K. B. Polytechnische Schule in München

Felix Klein
geb. 25. 4. 1849
in Düsseldorf
gest. 22. 6. 1925
in Göttingen

1. Die Gerade g verläuft durch die Punkte A (3 | 1) und B (1 | 2).

Gleichung der Geraden g:

Tinas Lösung: g: $x_2 = -0{,}5x_1 + 2{,}5$

Jakobs Lösung: g: $\vec{X} = \begin{pmatrix} 3 \\ 1 \end{pmatrix} + \lambda \cdot \begin{pmatrix} -2 \\ 1 \end{pmatrix}$; $\lambda \in \mathbb{R}$.

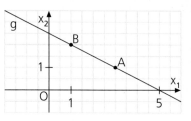

a) Erklären Sie die beiden Geradengleichungen und vergleichen Sie sie miteinander.

b) Geben Sie verschiedene Möglichkeiten an, eine Gerade eindeutig festzulegen.

2. Die Abbildung zeigt vier Geraden. Geben Sie jeweils eine Geradengleichung

(1) in der Form $x_2 = mx_1 + t$ (Koordinatenform) an, falls dies möglich ist.

(2) in der Form $\vec{X} = \begin{pmatrix} a_1 \\ a_2 \end{pmatrix} + \lambda \cdot \begin{pmatrix} u_1 \\ u_2 \end{pmatrix}$; $\lambda \in \mathbb{R}$ (Vektorform) an.

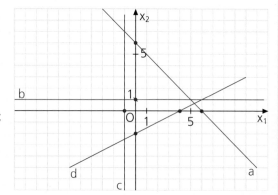

3. Gegeben ist der Punkt A (1 | 2 | 3). Geben Sie seinen Ortsvektor $\overrightarrow{OA}$, kurz: $\vec{A}$, an.

Beschreiben Sie jeweils die Lage der Punkte X mit $\overrightarrow{OX} = k \cdot \overrightarrow{OA}$

a) für $k \in \{0; 1; -1; 2; -2; 3; -3\}$.

b) für $k \in [-4; 4]$.

c) für $k \in \mathbb{R}_0^+$.

d) für $k \in \mathbb{R}$.

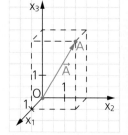

Veranschaulichen Sie die Punkte X in vier Koordinatensystemen.

4. Die Abbildung zeigt den Quader ABCDEFGH mit A (8 | 0 | 0), C (0 | 10 | 0) und H (0 | 0 | 6).

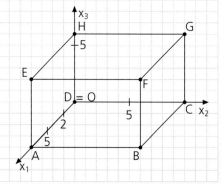

Beschreiben Sie jeweils die Lage der Punkte X mit

a) $\vec{X} = k \cdot \begin{pmatrix} 8 \\ 0 \\ 0 \end{pmatrix}$; $k \in \mathbb{R}$.

b) $\vec{X} = k \cdot \begin{pmatrix} 0 \\ 0 \\ 6 \end{pmatrix}$; $k \in \mathbb{R}$.

c) $\vec{X} = k \cdot \begin{pmatrix} 8 \\ 10 \\ 6 \end{pmatrix}$; $k \in \mathbb{R}$.

d) $\vec{X} = k \cdot \begin{pmatrix} 8 \\ 0 \\ 6 \end{pmatrix}$; $0 \leq k \leq 1$.

Mithilfe von Vektoren ist es möglich, Gleichungen von Geraden in der Ebene (Abb. ①) und im Raum (Abb. ② und ③) anzugeben. Jede Gerade g ist durch einen Geradenpunkt A und ihre Richtung eindeutig festgelegt. Der Punkt A ∈ g lässt sich durch seinen Ortsvektor $\overrightarrow{OA}$ (= $\vec{A}$), die Richtung von g lässt sich durch einen vom Nullvektor $\vec{o}$ verschiedenen Vektor $\vec{u}$ angeben (Abb. ① und ②).

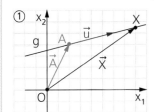 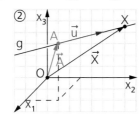 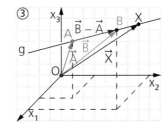

Eine Geradengleichung beschreibt die Ortsvektoren $\overrightarrow{OX}$ (= $\vec{X}$) aller Geradenpunkte.
Sie lässt sich in der Form $\vec{X} = \vec{A} + \lambda\vec{u}$; $\lambda \in \mathbb{R}$ (**Punkt-Richtungs-Form** der Geradengleichung) angeben. Der Ortsvektor $\overrightarrow{OA}$ (= $\vec{A}$) heißt **Stützvektor**; der Vektor $\vec{u}$ heißt **Richtungsvektor**.
Ist eine Gerade durch zwei Punkte A und B festgelegt, so kann man als Richtungsvektor $\vec{u} = \overrightarrow{AB} = \overrightarrow{OB} - \overrightarrow{OA} = \vec{B} - \vec{A}$ wählen (Abb. ③):
$\vec{X} = \vec{A} + \lambda(\vec{B} - \vec{A})$; $\lambda \in \mathbb{R}$ (**Zweipunkteform** der Geradengleichung).
Punkt-Richtungs-Form und Zweipunkteform sind **Vektorformen** der Geradengleichung.

● Die Gerade g geht durch den Punkt A (4 | −2 | 1) und hat den Richtungsvektor

Beispiele

$\vec{u} = \begin{pmatrix} -1 \\ 2 \\ 5 \end{pmatrix}$. Geben Sie eine Gleichung der Geraden g sowie die Koordinaten von zwei

weiteren Geradenpunkten an.

Lösung:

$g: \vec{X} = \begin{pmatrix} 4 \\ -2 \\ 1 \end{pmatrix} + \lambda \cdot \begin{pmatrix} -1 \\ 2 \\ 5 \end{pmatrix}$; $\lambda \in \mathbb{R}$

Beispiele für mögliche weitere Geradenpunkte:

$\lambda_1 = 1: \quad \overrightarrow{P_1} = \begin{pmatrix} 4 \\ -2 \\ 1 \end{pmatrix} + 1 \cdot \begin{pmatrix} -1 \\ 2 \\ 5 \end{pmatrix} = \begin{pmatrix} 4-1 \\ -2+2 \\ 1+5 \end{pmatrix} = \begin{pmatrix} 3 \\ 0 \\ 6 \end{pmatrix}$; $P_1 (3 | 0 | 6)$

$\lambda_2 = -3: \quad \overrightarrow{P_2} = \begin{pmatrix} 4 \\ -2 \\ 1 \end{pmatrix} + (-3) \cdot \begin{pmatrix} -1 \\ 2 \\ 5 \end{pmatrix} = \begin{pmatrix} 4+3 \\ -2-6 \\ 1-15 \end{pmatrix} = \begin{pmatrix} 7 \\ -8 \\ -14 \end{pmatrix}$; $P_2 (7 | -8 | -14)$

● Die Punkte A (2 | 3 | −4) und B (−1 | 4 | −6) legen die Gerade g fest.

a) Geben Sie eine Gleichung der Geraden g an.

b) Finden Sie heraus, durch welche(n) der Punkte P (− 4 | 5 | −8), Q (5 | 2 | 2) und R (8 | 1 | 0) die Gerade g verläuft.

Lösung:

a) Möglicher Richtungsvektor: $\vec{u} = \overrightarrow{AB} = \overrightarrow{OB} - \overrightarrow{OA} = \begin{pmatrix} -1 \\ 4 \\ -6 \end{pmatrix} - \begin{pmatrix} 2 \\ 3 \\ -4 \end{pmatrix} = \begin{pmatrix} -3 \\ 1 \\ -2 \end{pmatrix}$

Gleichung der Geraden g: $\vec{X} = \overrightarrow{OA} + \lambda \cdot (\overrightarrow{OB} - \overrightarrow{OA})$; $g: \vec{X} = \begin{pmatrix} 2 \\ 3 \\ -4 \end{pmatrix} + \lambda \cdot \begin{pmatrix} -3 \\ 1 \\ -2 \end{pmatrix}$; $\lambda \in \mathbb{R}$

b) P: (1) $-4 = 2 + \lambda \cdot (-3)$; $\lambda_1 = 2$;
   (2) $5 = 3 + \lambda \cdot 1$; $\lambda_2 = 2$;
   (3) $-8 = -4 + \lambda \cdot (-2)$; $\lambda_3 = 2$: Also gilt $\begin{pmatrix} -4 \\ 5 \\ -8 \end{pmatrix} = \begin{pmatrix} 2 \\ 3 \\ -4 \end{pmatrix} + 2 \cdot \begin{pmatrix} -3 \\ 1 \\ -2 \end{pmatrix}$, d. h. P $\in$ g.

   Q: (1) $5 = 2 + \lambda \cdot (-3)$; $\lambda_1 = -1$;
   (2) $2 = 3 + \lambda \cdot 1$; $\lambda_2 = -1$;
   (3) $2 = -4 + \lambda \cdot (-2)$; $\lambda_3 = -3$: Also gilt $\begin{pmatrix} 5 \\ 2 \\ 2 \end{pmatrix} \neq \begin{pmatrix} 2 \\ 3 \\ -4 \end{pmatrix} + \lambda \cdot \begin{pmatrix} -3 \\ 1 \\ -2 \end{pmatrix}$, d. h. Q $\notin$ g.

   R: (1) $8 = 2 + \lambda \cdot (-3)$; $\lambda_1 = -2$;
   (2) $1 = 3 + \lambda \cdot 1$; $\lambda_2 = -2$;
   (3) $0 = -4 + \lambda \cdot (-2)$; $\lambda_3 = -2$: Also gilt $\begin{pmatrix} 8 \\ 1 \\ 0 \end{pmatrix} = \begin{pmatrix} 2 \\ 3 \\ -4 \end{pmatrix} + (-2) \cdot \begin{pmatrix} -3 \\ 1 \\ -2 \end{pmatrix}$, d. h. R $\in$ g.

   Die Punkte P und R liegen auf der Geraden g, der Punkt Q nicht.

- Gegeben ist die Gerade g: $\vec{X} = \begin{pmatrix} 3 \\ 1 \\ 2 \end{pmatrix} + \lambda \cdot \begin{pmatrix} -2 \\ 3 \\ 1 \end{pmatrix}$; $\lambda \in \mathbb{R}$.

  Zeichnen Sie ein Koordinatensystem
  und tragen Sie g ein.

  Lösung: siehe nebenstehende Abbildung

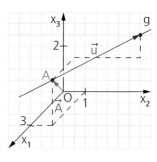

- $\vec{v} = \begin{pmatrix} -4 \\ 2 \\ -6 \end{pmatrix}$ ist ein Richtungsvektor einer Geraden g. Geben Sie weitere mögliche
  Richtungsvektoren von g an.
- Es ist g: $x_2 = mx_1 + t$; $m, t \in \mathbb{R} \backslash \{0\}$. Geben Sie eine Gleichung der Geraden g in
  Vektorform $\vec{X} = \vec{A} + \lambda \cdot \vec{u}$; $\lambda \in \mathbb{R}$, an.
  Welcher Zusammenhang besteht zwischen m und $\begin{pmatrix} u_1 \\ u_2 \end{pmatrix}$?
- Eine Gerade g ist durch zwei Punkte eindeutig festgelegt; man kann jedoch
  beliebig viele Darstellungen von g in Vektorform angeben. Erklären Sie diese
  Tatsache.

Aufgaben

1. Geben Sie jeweils eine Gleichung der Geraden g an.

a) Die Gerade g geht durch den Ursprung des Koordinatensystems und hat den
Richtungsvektor $\vec{u} = \begin{pmatrix} 2 \\ -4 \\ 1 \end{pmatrix}$.

b) Die Gerade g geht durch A (2 | –3| 1) und hat den Richtungsvektor $\vec{u} = \begin{pmatrix} 1 \\ 3 \\ -1 \end{pmatrix}$.

c) Die Gerade g geht durch die Punkte A (5 | –1) und B (3 | 1).

d) Die Gerade g geht durch die Punkte A (0 | 4) und B (2 | –1).

e) Die Gerade g geht durch die Punkte A (3 | –5 | –2) und B (–1 | 0 | 2).

f) Die Gerade g geht durch die Punkte A (0 | 1 | 2) und B (–2 | 1 | 2).

g) Die Gerade g geht durch die Punkte O (0 | 0 | 0) und B (1 | 3 | –5).

2. Beschreiben Sie jeweils die Lage der Geraden g im Koordinatensystem.

a) $\vec{X} = \lambda \cdot \begin{pmatrix} 1 \\ 0 \\ 0 \end{pmatrix}$; $\lambda \in \mathbb{R}$ **b)** $\vec{X} = \lambda \cdot \begin{pmatrix} 0 \\ 1 \\ 0 \end{pmatrix}$; $\lambda \in \mathbb{R}$ **c)** $\vec{X} = \lambda \cdot \begin{pmatrix} 0 \\ 0 \\ 1 \end{pmatrix}$; $\lambda \in \mathbb{R}$

d) $\vec{X} = \begin{pmatrix} 1 \\ 0 \\ 0 \end{pmatrix} + \lambda \cdot \begin{pmatrix} -1 \\ 1 \\ 0 \end{pmatrix}$; $\lambda \in \mathbb{R}$ **e)** $\vec{X} = \begin{pmatrix} 1 \\ 0 \\ 0 \end{pmatrix} + \lambda \cdot \begin{pmatrix} -1 \\ 0 \\ 1 \end{pmatrix}$; $\lambda \in \mathbb{R}$

3. Gegeben ist die Gerade g: $\vec{X} = \begin{pmatrix} -2 \\ 4 \\ 1 \end{pmatrix} + \lambda \cdot \begin{pmatrix} 3 \\ 0 \\ -1 \end{pmatrix}$; $\lambda \in \mathbb{R}$.

    a) Ermitteln Sie jeweils die Koordinaten des Geradenpunkts mit
       (1) $\lambda = -2$ (2) $\lambda = -0{,}5$ (3) $\lambda = 0{,}5$ (4) $\lambda = 1$ (5) $\lambda = -1$.

    b) Untersuchen Sie, welche(r) der Punkte P (7 | 4 | −2), Q (−1,4 | 4 | 0,8),
       R (1 | 2 | 0) und S (1 | 4 | −1) auf der Geraden g liegt/liegen.

    c) Finden Sie die Koordinaten des Geradenpunkts T, der in der x_1-x_2-Ebene liegt.
       Finden Sie die Koordinaten des Geradenpunkts U, der in der x_2-x_3-Ebene liegt.
       Geben Sie den Vektor $\overrightarrow{UT}$ an.

4. Vorgelegt sind die Geraden g: $\vec{X} = \begin{pmatrix} 1 \\ 3 \\ 2 \end{pmatrix} + \lambda \cdot \begin{pmatrix} 0 \\ 1 \\ 0 \end{pmatrix}$; $\lambda \in \mathbb{R}$, und h: $\vec{X} = \begin{pmatrix} 1 \\ 3 \\ 2 \end{pmatrix} + \mu \cdot \begin{pmatrix} 2 \\ 0 \\ 1 \end{pmatrix}$; $\mu \in \mathbb{R}$.

    Zeichnen Sie ein Koordinatensystem und tragen Sie die beiden Geraden ein.
    Was fällt Ihnen auf?

5. Finden Sie jeweils heraus, ob die drei Punkte A, B und C auf einer Geraden liegen.

    a) A (2 | −2), B (−2 | −4) und C (14 | 4)

    b) A (2 | 1 | 3), B (1 | −1 | 3) und C (0 | −3 | 3)

    c) A (0 | −1 | 3), B (1 | −3 | 2) und C (4 | −9 | −1)

    d) A (1 | 2 | −1), B (1 | 3 | 0) und C (1 | 1 | 2)

    e) A (2 | 1 | −1), B (0 | 0 | 0) und C (4 | 2 | −2)

6. Gegeben ist die Strecke [AB]: $\vec{X} = \begin{pmatrix} 2 \\ -3 \\ 4 \end{pmatrix} + \lambda \cdot \begin{pmatrix} 1 \\ 2 \\ -1 \end{pmatrix}$; $-2 \leq \lambda \leq 2$. Ermitteln Sie die

    Koordinaten der Punkte A und B sowie die des Mittelpunkts M der Strecke [AB].

G 7. Beschreiben Sie die geometrischen „Gebilde", die durch die Angaben festgelegt
    sind, möglichst genau.

    a) $\vec{X} = \lambda \cdot \begin{pmatrix} 3 \\ 4 \\ 2 \end{pmatrix}$; $\lambda \in \mathbb{R}^+$ **b)** $\vec{X} = \begin{pmatrix} 0 \\ 2 \\ 0 \end{pmatrix} + \lambda \cdot \begin{pmatrix} 1 \\ -1 \\ 1 \end{pmatrix}$; $0 \leq \lambda < 3$

    c) $\vec{X} = \begin{pmatrix} 0 \\ 2 \\ 1 \end{pmatrix} + \lambda \cdot \begin{pmatrix} 0 \\ 0{,}5 \\ 1 \end{pmatrix}$; $\lambda \in \mathbb{Z}$ **d)** $\vec{X} = \begin{pmatrix} 3 \\ 2 \\ 0 \end{pmatrix} + \lambda \cdot \begin{pmatrix} 1 \\ -1 \\ 0 \end{pmatrix}$; $-2 \leq \lambda \leq 4$

G 8. Die Gerade g durch die Punkte A (6 | 4 | 5) und D (3 | 0 | 4) stellt die Flugroute
    eines Passagierflugzeugs dar. Ein Sportflugzeug fliegt entlang der Geraden
    h: $\vec{X} = \vec{P} + \lambda\vec{u}$; $\lambda \in \mathbb{R}$, durch den Punkt P (0 | −7 | 0) in Richtung des Vektors
    $\vec{u} = \begin{pmatrix} 0 \\ 1 \\ 1 \end{pmatrix}$.

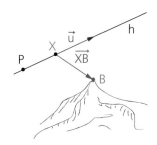

    a) Zeigen Sie, dass die Flugbahnen g und h einander im Punkt S (0 | −4 | 3)
       kreuzen.

    b) Der Punkt B (4 | 4 | 3) stellt den Gipfel eines steilen Bergs dar. Finden Sie heraus,
       wie nahe das Sportflugzeug am Gipfel B vorbeifliegt, indem Sie zunächst das
       Minimum von $\left|\overrightarrow{XB}\right|^2$ ermitteln.

W1 Welche Koordinaten hat der Mittelpunkt der Strecke [AB] mit A (4 | −3 | 5) und
      B (−6 | 1 | 3)?

W2 Welche Punkte hat die Parabel P: $y = x(x − 4)$ mit der x-Achse gemeinsam?

W3 Welche der Gleichungen $a^b = c$, $a^c = b$, $b^a = c$ und $c^a = b$ ist/sind für
      $a \in \mathbb{R}^+\backslash\{1\}$; $b \in \mathbb{R}^+$; $c \in \mathbb{R}^+$ äquivalent mit der Gleichung $\log_a b = c$?

1. Finden Sie heraus, welche Lagen zwei Geraden in der Ebene zueinander haben können. Geben Sie jeweils mindestens ein Beispiel in Ihrer Umgebung an.

2. Die Abbildung zeigt ein Schrägbild eines Würfels mit der Kantenlänge 1 LE. Durch je zwei Würfeleckpunkte wird jeweils eine Gerade festgelegt. Untersuchen Sie, welche Lage die Gerade AB durch die Punkte A und B zu jeder der übrigen Geraden durch je zwei Würfeleckpunkte besitzt. Fassen Sie Ihre Ergebnisse zusammen und stellen Sie sie Ihrem Kurs vor.

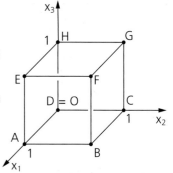

3. Die Abbildung zeigt ein Schrägbild eines regulären Tetraeders mit der Kantenlänge 1 LE.

a) Ermitteln Sie die Tetraederhöhe $\overline{FR}$ mithilfe der Dreiecke EVA und VRF.

b) Geben Sie die Koordinaten der Eckpunkte V, I, E und R dieses Tetraeders an.

c) Durch je zwei Tetraedereckpunkte wird jeweils eine Gerade festgelegt. Untersuchen Sie, welche Lage die Gerade EV durch die Punkte E und V zu jeder der übrigen fünf Geraden durch je zwei Tetraedereckpunkte besitzt. Fassen Sie Ihre Ergebnisse zusammen und stellen Sie sie Ihrem Kurs vor.

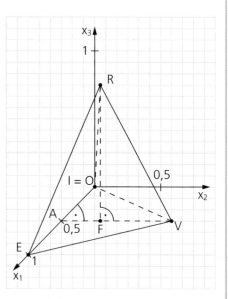

4. Experimentieren Sie mit zwei Schaschlikstäbchen oder mit zwei Bleistiften als „Modellgeraden".

a) Veranschaulichen Sie die Fälle, in denen die Modellgeraden miteinander genau einen Punkt, mehr als einen Punkt bzw. keinen Punkt gemeinsam haben.

b) Untersuchen Sie, ob es Geraden gibt, die nicht durch den Ursprung verlaufen und jede der drei Basisebenen, also die x_1-x_2-Ebene, die x_2-x_3-Ebene und die x_3-x_1-Ebene, schneiden.

c) Untersuchen Sie, ob es Geraden gibt, die nicht durch den Ursprung verlaufen und genau zwei (genau eine; keine) der drei Basisebenen schneiden.

d) Untersuchen Sie, ob es Geraden gibt, die nicht durch den Ursprung verlaufen und alle drei (genau zwei der; genau eine der; keine der) Koordinatenachsen schneiden.

Gegenseitige Lage von zwei Geraden g und h in der Ebene

● g und h schneiden einander; sie haben genau einen Punkt gemeinsam.

● g und h sind zueinander echt parallel; sie haben keinen Punkt gemeinsam.

● g und h fallen zusammen; sie haben unendlich viele Punkte gemeinsam.

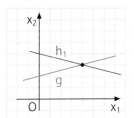 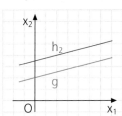 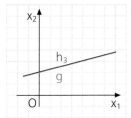

Gegenseitige Lage von zwei Geraden g und h im Raum

● g und h schneiden einander; sie haben genau einen Punkt gemeinsam.

● g und h sind zueinander echt parallel; sie haben keinen Punkt gemeinsam.

● g und h fallen zusammen; sie haben unendlich viele Punkte gemeinsam.

● g und h sind zueinander windschief; sie haben keinen Punkt gemeinsam.

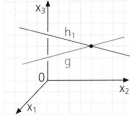 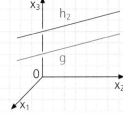

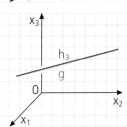 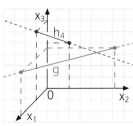

○ Gegeben sind die Geraden g: $\vec{X} = \begin{pmatrix} 4 \\ 7 \\ -1 \end{pmatrix} + \lambda \cdot \begin{pmatrix} 1 \\ -1 \\ 2 \end{pmatrix}$ und h: $\vec{X} = \begin{pmatrix} 1 \\ -2 \\ -3 \end{pmatrix} + \mu \cdot \begin{pmatrix} 2 \\ 4 \\ 2 \end{pmatrix}$; $\lambda, \mu \in \mathbb{R}$.

Beispiele

a) Zeigen Sie, dass die Geraden g und h einander schneiden.

b) Berechnen Sie die Koordinaten ihres Schnittpunkts S.

Lösung:

a) Für die Koordinaten des gemeinsamen Punkts von g und h gilt

(1) $4 + \lambda = 1 + 2\mu$; (2) $7 - \lambda = -2 + 4\mu$; (3) $-1 + 2\lambda = -3 + 2\mu$.

Aus (1) folgt (1') $\lambda = 2\mu - 3$; eingesetzt in (2):

$7 - 2\mu + 3 = -2 + 4\mu$; $10 - 2\mu = -2 + 4\mu$; $-6\mu = -12$; $\mu = 2$;

eingesetzt in (1') ergibt dies

$\lambda = 4 - 3 = 1$.

Erfüllt das Wertepaar $\lambda = 1$ und $\mu = 2$ auch die Gleichung (3)?

L. S.: $-1 + 2 = 1$; R. S.: $-3 + 4 = 1$; L. S. = R. S. ✓

Die beiden Geraden g und h schneiden einander also.

b) $\lambda = 1$ eingesetzt in die Gleichung von g ergibt

$$\vec{X_S} = \vec{S} = \begin{pmatrix} 4 \\ 7 \\ -1 \end{pmatrix} + 1 \cdot \begin{pmatrix} 1 \\ -1 \\ 2 \end{pmatrix} = \begin{pmatrix} 4+1 \\ 7-1 \\ -1+2 \end{pmatrix} = \begin{pmatrix} 5 \\ 6 \\ 1 \end{pmatrix}; \; S\,(5\,|\,6\,|\,1)$$

oder: $\mu = 2$ eingesetzt in die Gleichung von h ergibt

$$\vec{X_S} = \vec{S} = \begin{pmatrix} 1 \\ -2 \\ -3 \end{pmatrix} + 2 \cdot \begin{pmatrix} 2 \\ 4 \\ 2 \end{pmatrix} = \begin{pmatrix} 5 \\ 6 \\ 1 \end{pmatrix}; \; S\,(5\,|\,6\,|\,1):$$

Die beiden Geraden g und h schneiden einander im Punkt S (5 | 6 | 1).

○ Gegeben sind g: $\vec{X} = \begin{pmatrix} 0 \\ 0 \\ 5 \end{pmatrix} + \lambda \cdot \begin{pmatrix} 4 \\ -3 \\ -2 \end{pmatrix}$; $\lambda \in \mathbb{R}$, und h: $\vec{X} = \begin{pmatrix} -5 \\ 3 \\ 11 \end{pmatrix} + \mu \cdot \begin{pmatrix} -4 \\ 3 \\ 2 \end{pmatrix}$; $\mu \in \mathbb{R}$.

Untersuchen Sie die gegenseitige Lage dieser beiden Geraden zueinander.

Lösung:

Vergleicht man die Richtungsvektoren der beiden Geraden, so ergibt sich

$$\vec{u_g} = \begin{pmatrix} 4 \\ -3 \\ -2 \end{pmatrix} = - \begin{pmatrix} -4 \\ 3 \\ 2 \end{pmatrix} = -\vec{u_h}: \text{Die beiden Geraden sind zueinander parallel.}$$

Um herauszufinden, ob sie zueinander echt parallel sind, prüft man, ob (z. B.) der Punkt A (0 | 0 | 5) ∈ g auch auf der Geraden h liegt:
(1) $0 = -5 - 4\mu$; $\mu_1 = -1{,}25$
(2) $0 = 3 + 3\mu$; $\mu_2 = -1 \neq \mu_1$:
Da somit A ∉ h ist, sind die beiden Geraden g und h zueinander echt parallel.

○ Gegeben sind g: $\vec{X} = \begin{pmatrix} 8 \\ 5 \\ -3 \end{pmatrix} + \lambda \cdot \begin{pmatrix} 2 \\ 1 \\ -1 \end{pmatrix}$; $\lambda \in \mathbb{R}$, und h: $\vec{X} = \begin{pmatrix} 6 \\ 4 \\ -2 \end{pmatrix} + \mu \cdot \begin{pmatrix} 2 \\ 1 \\ -1 \end{pmatrix}$; $\mu \in \mathbb{R}$.

Untersuchen Sie die gegenseitige Lage dieser beiden Geraden zueinander.

Lösung:

Vergleicht man die Richtungsvektoren der beiden Geraden, so ergibt sich

$$\vec{u_g} = \begin{pmatrix} 2 \\ 1 \\ -1 \end{pmatrix} = \vec{u_h}: \text{Die beiden Geraden g und h sind zueinander parallel.}$$

Um herauszufinden, ob sie zueinander echt parallel sind, prüft man, ob (z. B.) der Punkt A (8 | 5 | −3) ∈ g auch auf der Geraden h liegt:
(1) $8 = 6 + 2\mu$; $\mu = 1$;   (2) $5 = 4 + \mu$; $\mu = 1$;   (3) $-3 = -2 - \mu$; $\mu = 1$:
A ∈ g liegt auch auf der Geraden h: Die beiden Geraden fallen zusammen.

○ Gegeben sind g: $\vec{X} = \begin{pmatrix} 3 \\ 0 \\ 5 \end{pmatrix} + \lambda \cdot \begin{pmatrix} 0 \\ 1 \\ 1 \end{pmatrix}$; $\lambda \in \mathbb{R}$, und h: $\vec{X} = \begin{pmatrix} 1 \\ -3 \\ 6 \end{pmatrix} + \mu \cdot \begin{pmatrix} 2 \\ 0 \\ -1 \end{pmatrix}$; $\mu \in \mathbb{R}$.

Untersuchen Sie die gegenseitige Lage dieser beiden Geraden zueinander.

Lösung:

Vergleicht man die Richtungsvektoren der beiden Geraden, so ergibt sich

$$\vec{u_g} = \begin{pmatrix} 0 \\ 1 \\ 1 \end{pmatrix} \neq k \cdot \begin{pmatrix} 2 \\ 0 \\ -1 \end{pmatrix} = k \cdot \vec{u_h}: \text{Die beiden Geraden sind nicht zueinander parallel.}$$

Man untersucht dann, ob die beiden Geraden einen gemeinsamen Punkt (einen Schnittpunkt) besitzen.

$$\begin{pmatrix} 3 \\ 0 \\ 5 \end{pmatrix} + \lambda \cdot \begin{pmatrix} 0 \\ 1 \\ 1 \end{pmatrix} = \begin{pmatrix} 1 \\ -3 \\ 6 \end{pmatrix} + \mu \cdot \begin{pmatrix} 2 \\ 0 \\ -1 \end{pmatrix}:$$

(1) $3 = 1 + 2\mu$; $\mu = 1$ (2) $\lambda = -3$ (3) $5 + \lambda = 6 - \mu$

Setzt man $\mu = 1$ und $\lambda = -3$ in die Gleichung (3) ein, so ergibt sich mit 2 = 5 eine falsche Aussage: Die beiden Geraden sind weder zueinander parallel noch besitzen sie einen Schnittpunkt; sie sind also zueinander windschief.

● Gegeben sind zwei Geraden g: $\vec{X} = \vec{A} + \lambda \cdot \vec{u}$; $\lambda \in \mathbb{R}$, und h: $\vec{X} = \vec{B} + \mu \cdot \vec{v}$; $\mu \in \mathbb{R}$, im dreidimensionalen Raum. Entwickeln Sie eine Strategie, um die gegenseitige Lage dieser beiden Geraden herauszufinden.

Lösung:

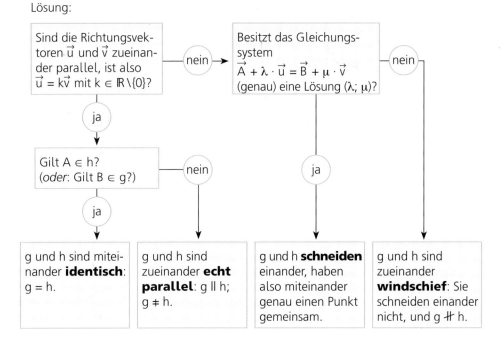

```
┌──────────────────────┐                    ┌──────────────────────┐
│ Sind die Richtungsvek-│    ──nein──▶       │ Besitzt das Gleichungs-│   ──nein──
│ toren u und v zueinan-│                    │ system                │
│ der parallel, ist also│                    │ A + λ·u = B + μ·v     │
│ u = kv mit k ∈ ℝ\{0}? │                    │ (genau) eine Lösung   │
└──────────────────────┘                    │ (λ; μ)?               │
        │                                    └──────────────────────┘
       ja
        ▼
┌──────────────────────┐    ──nein──
│ Gilt A ∈ h?          │
│ (oder: Gilt B ∈ g?)  │
└──────────────────────┘
        │                        ja
       ja
        ▼
```

| g und h sind miteinander **identisch**: g = h. | g und h sind zueinander **echt parallel**: g ∥ h; g ≠ h. | g und h **schneiden** einander, haben also miteinander genau einen Punkt gemeinsam. | g und h sind zueinander **windschief**: Sie schneiden einander nicht, und g ∦ h. |

● Können zwei Geraden genau zwei Punkte miteinander gemeinsam haben?
● Der Punkt P liegt auf der Geraden g. Wie viele Lotgeraden zu g durch P gibt es in der (Zeichen-)Ebene?
● Der Punkt P liegt auf der Geraden g. Wie viele Lotgeraden zu g durch P gibt es im (dreidimensionalen) Raum?

Aufgaben

1. Gegeben ist die Gerade g: $\vec{X} = \begin{pmatrix} 1 \\ 2 \\ -4 \end{pmatrix} + \lambda \cdot \begin{pmatrix} 1 \\ 2 \\ -2 \end{pmatrix}$; $\lambda \in \mathbb{R}$.

Welche der vier Vektoren $\begin{pmatrix} -0,5 \\ -1 \\ 1 \end{pmatrix}$, $\begin{pmatrix} -1 \\ 2 \\ -4 \end{pmatrix}$, $\begin{pmatrix} 3 \\ 6 \\ -6 \end{pmatrix}$ und $\begin{pmatrix} -1 \\ -2 \\ 4 \end{pmatrix}$ sind ebenfalls Richtungsvektoren von g?

2. Untersuchen Sie jeweils, ob die beiden Geraden g und h echt parallel zueinander sind ($\lambda, \mu \in \mathbb{R}$).

a) g: $\vec{X} = \begin{pmatrix} 1 \\ 1 \end{pmatrix} + \lambda \cdot \begin{pmatrix} 2 \\ 3 \end{pmatrix}$;   h: $\vec{X} = \begin{pmatrix} 2 \\ 1 \end{pmatrix} + \mu \cdot \begin{pmatrix} -2 \\ -3 \end{pmatrix}$

b) g: $\vec{X} = \begin{pmatrix} 2 \\ 4 \\ 3 \end{pmatrix} + \lambda \cdot \begin{pmatrix} 5 \\ 10 \\ -6 \end{pmatrix}$;   h: $\vec{X} = \begin{pmatrix} 4 \\ 8 \\ 3 \end{pmatrix} + \mu \cdot \begin{pmatrix} -2,5 \\ -5 \\ 3 \end{pmatrix}$

c) g: $\vec{X} = \begin{pmatrix} 2 \\ 1 \\ 4 \end{pmatrix} + \lambda \cdot \begin{pmatrix} -6 \\ 0 \\ 2 \end{pmatrix}$;   h: $\vec{X} = \begin{pmatrix} 8 \\ 1 \\ 2 \end{pmatrix} + \mu \cdot \begin{pmatrix} 3 \\ 0 \\ -1 \end{pmatrix}$

d) g: $\vec{X} = \begin{pmatrix} 2 \\ -2 \\ 1 \end{pmatrix} + \lambda \cdot \begin{pmatrix} -3 \\ 5 \\ 1 \end{pmatrix}$;   h: $\vec{X} = \begin{pmatrix} -3 \\ 5 \\ 1 \end{pmatrix} + \mu \cdot \begin{pmatrix} 6 \\ -10 \\ -2 \end{pmatrix}$

e) g: $\vec{X} = \lambda \cdot \begin{pmatrix} 0 \\ -2 \\ -4 \end{pmatrix}$;   h: $\vec{X} = \begin{pmatrix} 1 \\ 2 \\ -1 \end{pmatrix} + \mu \cdot \begin{pmatrix} 0 \\ 1 \\ 2 \end{pmatrix}$

3. Untersuchen Sie jeweils die gegenseitige Lage der beiden Geraden (λ, $\mu \in \mathbb{R}$).

a) g: $\vec{X} = \begin{pmatrix} 2 \\ 1 \end{pmatrix} + \lambda \cdot \begin{pmatrix} 2 \\ 2 \end{pmatrix}$;   h: $\vec{X} = \begin{pmatrix} 7 \\ 9 \end{pmatrix} + \mu \cdot \begin{pmatrix} 1 \\ 2 \end{pmatrix}$

b) g: $\vec{X} = \begin{pmatrix} 1 \\ 0 \\ 8 \end{pmatrix} + \lambda \cdot \begin{pmatrix} -2 \\ 0 \\ 3 \end{pmatrix}$;   h: $\vec{X} = \begin{pmatrix} 5 \\ 0 \\ 2 \end{pmatrix} + \mu \cdot \begin{pmatrix} 4 \\ 0 \\ 5 \end{pmatrix}$

c) g: $\vec{X} = \begin{pmatrix} 3 \\ 0 \\ 5 \end{pmatrix} + \lambda \cdot \begin{pmatrix} 0 \\ 0 \\ 1 \end{pmatrix}$;   h: $\vec{X} = \begin{pmatrix} 1 \\ -3 \\ 6 \end{pmatrix} + \mu \cdot \begin{pmatrix} 2 \\ 0 \\ -1 \end{pmatrix}$

d) g: $\vec{X} = \begin{pmatrix} -2 \\ 1 \\ 2 \end{pmatrix} + \lambda \cdot \begin{pmatrix} 2 \\ -6 \\ -4 \end{pmatrix}$;   h: $\vec{X} = \begin{pmatrix} -5 \\ 1 \\ 10 \end{pmatrix} + \mu \cdot \begin{pmatrix} -3 \\ 9 \\ 6 \end{pmatrix}$

e) g: $\vec{X} = \begin{pmatrix} 2 \\ 3 \\ -5 \end{pmatrix} + \lambda \cdot \begin{pmatrix} 5 \\ 0 \\ -10 \end{pmatrix}$;   h: $\vec{X} = \begin{pmatrix} 5 \\ 3 \\ -11 \end{pmatrix} + \mu \cdot \begin{pmatrix} -4 \\ 0 \\ 8 \end{pmatrix}$

f) g: $\vec{X} = \begin{pmatrix} 4 \\ 4 \\ -1 \end{pmatrix} + \lambda \cdot \begin{pmatrix} 1 \\ 2 \\ 2 \end{pmatrix}$;   h: $\vec{X} = \begin{pmatrix} 3 \\ 2 \\ -3 \end{pmatrix} + \mu \cdot \begin{pmatrix} 2 \\ 0 \\ 2 \end{pmatrix}$

G 4. Finden Sie jeweils möglichst ohne Rechnung heraus, welche Lage die beiden Geraden g und h zueinander besitzen (λ, $\mu \in \mathbb{R}$); geben Sie eine Begründung an.

a) g: $\vec{X} = \lambda \cdot \begin{pmatrix} 2 \\ 3 \end{pmatrix}$;   h: $\vec{X} = \begin{pmatrix} 1 \\ 2 \end{pmatrix} + \mu \cdot \begin{pmatrix} 1 \\ 1,5 \end{pmatrix}$

b) g: $\vec{X} = \begin{pmatrix} 2 \\ 3 \\ 4 \end{pmatrix} + \lambda \cdot \begin{pmatrix} 1 \\ 1 \\ 1 \end{pmatrix}$;   h: $\vec{X} = \begin{pmatrix} 2 \\ 3 \\ 4 \end{pmatrix} + \mu \cdot \begin{pmatrix} -2 \\ 3 \\ 0 \end{pmatrix}$

c) g: $\vec{X} = \begin{pmatrix} 2 \\ 3 \\ 0 \end{pmatrix} + \lambda \cdot \begin{pmatrix} 1 \\ 2 \\ 0 \end{pmatrix}$;   h: $\vec{X} = \begin{pmatrix} 3 \\ 5 \\ 0 \end{pmatrix} + \mu \cdot \begin{pmatrix} 2 \\ -1 \\ 0 \end{pmatrix}$

d) g: $\vec{X} = \begin{pmatrix} 2 \\ 3 \\ 5 \end{pmatrix} + \lambda \cdot \begin{pmatrix} 1 \\ 3 \\ 0 \end{pmatrix}$;   h: $\vec{X} = \begin{pmatrix} 4 \\ -3 \\ 1 \end{pmatrix} + \mu \cdot \begin{pmatrix} 1 \\ -2 \\ 0 \end{pmatrix}$

e) g: $\vec{X} = \begin{pmatrix} 1 \\ -4 \\ 2 \end{pmatrix} + \lambda \cdot \begin{pmatrix} 0 \\ 2 \\ 1 \end{pmatrix}$;   h: $\vec{X} = \mu \cdot \begin{pmatrix} 0 \\ 2 \\ 1 \end{pmatrix}$

f) g: $\vec{X} = \begin{pmatrix} 2 \\ 4 \\ 2 \end{pmatrix} + \lambda \cdot \begin{pmatrix} 1 \\ 1 \\ 1 \end{pmatrix}$;   h: $\vec{X} = \begin{pmatrix} 3 \\ 5 \\ 3 \end{pmatrix} + \mu \cdot \begin{pmatrix} -1 \\ -1 \\ -1 \end{pmatrix}$

5. Zwei der drei Geraden g, h und k sind zueinander windschief. Finden Sie ohne Rechnung heraus, für welche dieser Geraden dies zutrifft.

g: $\vec{X} = \begin{pmatrix} 3 \\ 1 \\ 2 \end{pmatrix} + \lambda \cdot \begin{pmatrix} 2 \\ 4 \\ 2 \end{pmatrix}$; $\lambda \in \mathbb{R}$;   h: $\vec{X} = \begin{pmatrix} 3 \\ 1 \\ 2 \end{pmatrix} + \mu \cdot \begin{pmatrix} 4 \\ 3 \\ -6 \end{pmatrix}$; $\mu \in \mathbb{R}$;

k: $\vec{X} = \begin{pmatrix} -2 \\ 4 \\ 3 \end{pmatrix} + \nu \cdot \begin{pmatrix} -4 \\ -3 \\ 6 \end{pmatrix}$; $\nu \in \mathbb{R}$.

G 6. Finden Sie jeweils heraus, ob alle Punkte P bzw. Q bzw. R bzw. S bzw. T bzw. U stets auf einer Geraden liegen. Geben Sie ggf. eine Gleichung dieser Geraden an.

a) P $(2 + r \mid 3 - 5r \mid -3 - r)$; $r \in \mathbb{R}$ **b)** Q $(2 \mid s \mid 0)$; $s \in \mathbb{R}$

c) R $(1 + t \mid 1 - t^2 \mid 1 + t^2)$; $t \in \mathbb{R}$ **d)** S $(2 + k \mid 2 - k \mid 2 + k)$; $k \in \mathbb{R}$

e) T $(\sin \varphi \mid 2 \sin \varphi \mid 1 - \sin \varphi)$; $\varphi \in \mathbb{R}$

f) U $(1 + \tan \varphi \mid 1 - \tan \varphi \mid -2)$; $\varphi \in \left]-\frac{\pi}{2}; \frac{\pi}{2}\right[$

G 7. Ermitteln Sie jeweils diejenigen Werte der Parameter a und b, für die die beiden Geraden   g: $\vec{X} = \begin{pmatrix} 6 \\ 0 \\ 0 \end{pmatrix} + \lambda \cdot \begin{pmatrix} a \\ -3 \\ 4 \end{pmatrix}$; $\lambda \in \mathbb{R}$, und h: $\vec{X} = \begin{pmatrix} 2 \\ 2 \\ b \end{pmatrix} + \mu \cdot \begin{pmatrix} 4 \\ -1,5 \\ 2 \end{pmatrix}$; $\mu \in \mathbb{R}$,

a) echt parallel zueinander sind.   **b)** miteinander identisch sind.

8. Zwei Flugzeuge haben geradlinige Flugbahnen. Ihre Positionen zum Zeitpunkt t = 0 sind A (1 | 2 | 3) bzw. B (6 | 0 | 6); ihre (konstanten) Geschwindigkeitsvektoren sind $\begin{pmatrix} 2 \\ -3 \\ 1 \end{pmatrix}$ bzw. $\begin{pmatrix} -2 \\ 4 \\ 1 \end{pmatrix}$.

Untersuchen Sie, ob die Piloten ausweichen müssen, um eine Kollision zu vermeiden.

G 9. Eine Gemeinde hat ein (ebenes) Gelände erworben, um es als Gewerbegebiet zu erschließen. Das Grundstück hat die Form eines Rechtecks ABCD mit C (−1 | 3) als einem Eckpunkt. Die Gerade g verläuft durch B und C und hat den Richtungsvektor $\begin{pmatrix} 3 \\ -1 \end{pmatrix}$. Die Punkte E (2 | −2) und F (−2 | −3) liegen auf je einer Rechtecksseite.

Abituraufgabe

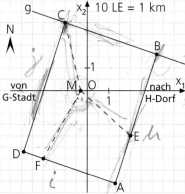

    a) Ermitteln Sie die Koordinaten der drei Eckpunkte A, B und D dieses Rechtecks und berechnen Sie den Flächeninhalt des Grundstücks in ha.

    b) Von den Punkten C, E und F sollen Straßen geradlinig zu einem noch zu ermittelnden Punkt M (x_M | 0) auf der Bundesstraße von G-Stadt nach H-Dorf gebaut werden. Aus Kostengründen soll die Summe S(x_M) der Längen der Straßen [MC], [ME] und [MF] minimal werden. Lassen Sie den Graphen der Funktion
S: $x_M \mapsto$ S(x_M); $x_M \in$]−2; 2[, von einem Funktionsplotter zeichnen und bestimmen Sie so den optimalen Wert der Koordinate x_M und die minimale Gesamtlänge der drei Straßen.

G 10. Gegeben sind die Punkte A (0 | −3 | 0), B (3 | 1 | 0), C (1 | 5 | 0) und D (−3 | 3 | 0) sowie E (0 | −3 | 6) und F (3 | 1 | 6).

    a) Begründen Sie, dass das Viereck ABCD ein Trapez ist, und berechnen Sie seinen Flächeninhalt.

    b) Das Viereck ABCD ist die Grundfläche eines geraden Prismas ABCDEFGH der Höhe h = 6. Zeichnen Sie ein Schrägbild dieses geraden Prismas und berechnen Sie das Prismenvolumen.

    c) Auf der x_3-Achse befindet sich im Punkt L (0 | 0 | 10) eine (punktförmige) Lichtquelle. Durch das einfallende Licht entsteht ein Schatten des Prismas aus Teilaufgabe b) in der x_1-x_2-Ebene. Ermitteln Sie die Koordinaten des Schattenpunkts E* des Punkts E.

    d) Oliver will überprüfen, ob ein vom Punkt L [vgl. Teilaufgabe c)] in Richtung des Vektors $\vec{a} = \begin{pmatrix} 6 \\ 5 \\ -4 \end{pmatrix}$ ausgehender Lichtstrahl die Kante [EF] des Prismas aus Teilaufgabe b) trifft. Er wählt folgenden Lösungsweg:

      (1) Ermitteln einer Gleichung der Geraden g durch L in Richtung des Vektors $\vec{a}$ sowie einer Gleichung der Geraden h durch die Punkte E und F.

      (2) Untersuchen der Lagebeziehung zwischen den Geraden g und h; Olivers Ergebnis: g und h besitzen den Schnittpunkt S (6 | 5 | 6).

      (3) Olivers Schlussfolgerung: Der Lichtstrahl trifft die Kante [EF].

    Untersuchen Sie Olivers Lösungsweg auf Korrektheit und korrigieren Sie gegebenenfalls Fehler.

W1 Was versteht man unter einer binomial verteilten Zufallsgröße?

W2 What are the coordinates of the vertex of the parabola P: $y = -\frac{1}{4}x^2 + 2x + 3$?

W3 Welchen Wert hat $\frac{x}{y}$ und welchen $\frac{y}{x}$, wenn $x^2 + 16y^2 = 8xy$ und $x \neq 0 \neq y$ ist?

Arbeitsaufträge

1. Das Wort *Ebene* verwendet man in unterschiedlichen Bedeutungen. Geben Sie jeweils eine Deutung des angegebenen Begriffs an.

Basisebene

Euklidische Ebene

Ministerebene

Hochebene

Diskussionsebene

Sprachebene

Kommunikationsebene

Tiefebene

Zeichenebene

Finden Sie weitere Beispiele für die Verwendung des Worts *Ebene* und geben Sie auch hier jeweils eine Bedeutung an.

2. Eine Ebene lässt sich auf verschiedene Weisen festlegen. Finden Sie heraus, mit welchen „Bestimmungsstücken" dies möglich ist.

3. Experimentieren Sie z. B. mit einem Bleistift (einem Geodreieck) und Ihrem Mathematikbuch *delta 12*. Finden Sie heraus, welche Eigenschaft alle Vektoren besitzen, die auf einer Ebene senkrecht stehen.

4. Wahr oder falsch? Ein vierbeiniger Stuhl kann wackeln, ein dreibeiniger Hocker nicht.

Mithilfe von Vektoren ist es möglich, Gleichungen von Ebenen anzugeben. Jede Ebene E kann z. B. durch einen Punkt A (bzw. dessen Ortsvektor $\vec{A}$) und zwei Vektoren $\vec{u}$ und $\vec{v}$, die vom Nullvektor $\vec{o}$ verschieden und nicht zueinander parallel sind, eindeutig festgelegt werden:

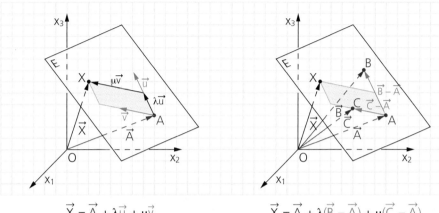

$$\vec{X} = \vec{A} + \lambda\vec{u} + \mu\vec{v} \qquad\qquad \vec{X} = \vec{A} + \lambda(\vec{B} - \vec{A}) + \mu(\vec{C} - \vec{A})$$

Als **vektorielle Parametergleichung** der Ebene E ergibt sich die **Punkt-Richtungs-Form**   bzw.   die **Dreipunkteform** der Ebenengleichung:

Eine Ebenengleichung beschreibt die Ortsvektoren aller Ebenenpunkte. Sie lässt sich in der Form $\vec{X} = \vec{A} + \lambda\vec{u} + \mu\vec{v}$; $\lambda, \mu \in \mathbb{R}$, angeben.
Der Ortsvektor $\vec{A}$ heißt **Stützvektor**; die Vektoren $\vec{u}$ und $\vec{v}$ heißen **Richtungsvektoren**.

Ist die Ebene durch drei Punkte A, B und C, die nicht auf einer Geraden liegen, festgelegt, so kann man als Richtungsvektoren $\vec{u} = \vec{AB} = \vec{B} - \vec{A}$ und $\vec{v} = \vec{AC} = \vec{C} - \vec{A}$ wählen; als Ebenengleichung erhält man dann
$$\vec{X} = \vec{A} + \lambda(\vec{B} - \vec{A}) + \mu(\vec{C} - \vec{A}); \lambda, \mu \in \mathbb{R}.$$

Hinweis: Punkt-Richtungs-Form und Dreipunkteform der Ebenengleichung heißen **Parametergleichungen**, da sie Parameter, hier z. B. λ und μ, enthalten.

Normalenform der Ebenengleichung

Die Lage einer Ebene E kann durch einen Punkt $A \in E$ (bzw. seinen Ortsvektor $\vec{A}$) und einen zur Ebene E senkrechten (und somit vom Nullvektor $\vec{o}$ verschiedenen) Vektor $\vec{n}$, den man als **Normalenvektor** der Ebene E bezeichnet, eindeutig festgelegt werden. Da $\vec{n}$ für jeden Punkt $X \in E$ auf dem Vektor $\vec{AX}$ senkrecht steht, gilt für den Ortsvektor $\vec{X}$ jedes Ebenenpunkts X stets $\vec{n} \circ (\vec{X} - \vec{A}) = 0$ (vektorielle **Normalenform** der Ebenengleichung oder kurz vektorielle **Normalengleichung** der Ebene).

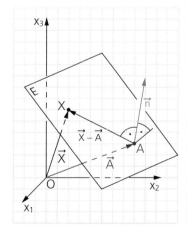

Mit der Abkürzung $\vec{n} \circ \vec{A} = d$ ergibt sich als skalare **Normalenform** der Ebenengleichung, kurz: als skalare **Normalengleichung** (oder auch **Koordinatengleichung**) der Ebene, $n_1 x_1 + n_2 x_2 + n_3 x_3 - d = 0$.

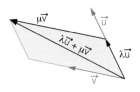

linea (lat.): Gerade
planum (lat.): Ebene

Linearkombination von Vektoren; lineare (Un-)Abhängigkeit von Vektoren

- Man bezeichnet eine Summe von Vielfachen von Vektoren (in der Ebene oder im Raum) als **Linearkombination** dieser Vektoren. So ist z. B. der Term $\lambda\vec{u} + \mu\vec{v}$; $\lambda, \mu \in \mathbb{R}$, eine Linearkombination der Vektoren $\vec{u}$ und $\vec{v}$.

- $\left\{ \begin{matrix} \text{Zwei} \\ \text{Drei} \end{matrix} \right\}$ (oder mehr) Vektoren heißen $\left\{ \begin{matrix} \text{kollinear} \\ \text{komplanar} \end{matrix} \right\}$, wenn es eine $\left\{ \begin{matrix} \text{Gerade} \\ \text{Ebene} \end{matrix} \right\}$ gibt, zu der sie alle parallel sind.

- Man bezeichnet zwei (oder mehr) Vektoren $\vec{u}$, $\vec{v}$, ... als **linear abhängig**, wenn es eine Linearkombination $\lambda\vec{u} + \mu\vec{v} + ...$ gibt, die gleich $\vec{o}$ ist, *ohne* dass die Koeffizienten $\lambda, \mu, ... \in \mathbb{R}$ *alle* gleich 0 sind, sonst als **linear unabhängig**.

- $\left\{ \begin{matrix} \text{Zwei} \\ \text{Drei} \end{matrix} \right\}$ Vektoren $\left\{ \begin{matrix} \vec{u} \text{ und } \vec{v} \\ \vec{u}, \vec{v} \text{ und } \vec{w} \end{matrix} \right\}$ sind *genau dann* $\left\{ \begin{matrix} \text{kollinear} \\ \text{komplanar} \end{matrix} \right\}$, wenn sie linear abhängig sind, wenn also zwischen diesen Vektoren eine *lineare Gleichung* $\left\{ \begin{matrix} \lambda\vec{u} + \mu\vec{v} = \vec{o} \\ \lambda\vec{u} + \mu\vec{v} + \nu\vec{w} = \vec{o} \end{matrix} \right\}$ besteht, in der *nicht alle* Koeffizienten $\lambda, \mu, \nu \in \mathbb{R}$ gleich 0 sind (Kriterium I), die also nach *(mindestens) einem* dieser $\left\{ \begin{matrix} \text{zwei} \\ \text{drei} \end{matrix} \right\}$ Vektoren aufgelöst werden kann (Kriterium II). Speziell im Fall des *dreidimensionalen* Raums kann man auch das Kriterium III anwenden:

  $\left\{ \begin{matrix} \text{Zwei} \\ \text{Drei} \end{matrix} \right\}$ Vektoren $\left\{ \begin{matrix} \vec{u} \text{ und } \vec{v} \\ \vec{u}, \vec{v} \text{ und } \vec{w} \end{matrix} \right\}$ sind *genau dann* linear abhängig, wenn $\left\{ \begin{matrix} \vec{u} \times \vec{v} = \vec{o} \\ (\vec{u} \times \vec{v}) \circ \vec{w} = 0 \end{matrix} \right\}$ ist.

Beispiele

Punkt-Richtungs-Form:
$E: \vec{X} = \vec{A} + \lambda\vec{u} + \mu\vec{v}$;
$\lambda, \mu \in \mathbb{R}$

⊙ Die Ebene E enthält den Punkt A (2 | 5 | –1) und besitzt die Richtungsvektoren

$\vec{u} = \begin{pmatrix} 1 \\ 2 \\ -1 \end{pmatrix}$ und $\vec{v} = \begin{pmatrix} -3 \\ 2 \\ 1 \end{pmatrix}$.

Geben Sie eine Parametergleichung der Ebene E sowie die Koordinaten eines weiteren Ebenenpunkts B an.

Lösung:

$E: \vec{X} = \begin{pmatrix} 2 \\ 5 \\ -1 \end{pmatrix} + \lambda \begin{pmatrix} 1 \\ 2 \\ -1 \end{pmatrix} + \mu \begin{pmatrix} -3 \\ 2 \\ 1 \end{pmatrix}$; $\lambda, \mu \in \mathbb{R}$;

z. B. erhält man für $\lambda_B = 1$; $\mu_B = -1$ aus der Gleichung von E die Koordinaten $x_1 = 2 + 1 + 3 = 6$; $x_2 = 5 + 2 - 2 = 5$; $x_3 = -1 - 1 - 1 = -3$, also den Ebenenpunkt B (6 | 5 | –3) ≠ A.

⊙ Gegeben sind die Punkte A (2 | 4 | 1), B (3 | –1 | 0) und C (1 | 1 | 0).

a) Zeigen Sie, dass die drei Punkte nicht auf einer Geraden liegen.

b) A, B und C liegen in einer Ebene E; geben Sie eine Parametergleichung von E an.

c) Untersuchen Sie, ob die Punkte Q (–1 | –1 | –1) und R (–2 | 1 | 0) in der Ebene E der Teilaufgabe b) liegen.

Lösung:

a) Gerade AB durch die Punkte A und B:

$AB: \vec{X} = \vec{A} + k \overrightarrow{AB} = \vec{A} + k (\vec{B} - \vec{A}) = \begin{pmatrix} 2 \\ 4 \\ 1 \end{pmatrix} + k \begin{pmatrix} 1 \\ -5 \\ -1 \end{pmatrix}$; $k \in \mathbb{R}$

Hinweis: Wegen $k_2 \neq k_1$ ist es nicht mehr erforderlich, die Gleichung (3) $1 - k = 0$ zu überprüfen.

Erfüllen die Koordinaten von C die Gleichung von AB?
(1) $2 + k = 1$; $k_1 = -1$;   (2) $4 - 5k = 1$; $-5k = -3$; $k_2 = 0,6 \neq k_1$:
Der Punkt C liegt nicht auf der Geraden AB; die drei Punkte liegen somit nicht auf einer Geraden, legen also eine Ebene E fest.

b) E: $\vec{X} = \vec{A} + \lambda(\vec{B} - \vec{A}) + \mu(\vec{C} - \vec{A})$; $\lambda, \mu \in \mathbb{R}$ (Dreipunkteform)

$$E: \vec{X} = \begin{pmatrix} 2 \\ 4 \\ 1 \end{pmatrix} + \lambda \begin{pmatrix} 3-2 \\ -1-4 \\ 0-1 \end{pmatrix} + \mu \begin{pmatrix} 1-2 \\ 1-4 \\ 0-1 \end{pmatrix}; \quad E: \vec{X} = \begin{pmatrix} 2 \\ 4 \\ 1 \end{pmatrix} + \lambda \begin{pmatrix} 1 \\ -5 \\ -1 \end{pmatrix} + \mu \begin{pmatrix} -1 \\ -3 \\ -1 \end{pmatrix}; \lambda, \mu \in \mathbb{R}$$

c) Liegt Q in der Ebene E?

   (1) $-1 = 2 + \lambda - \mu$;   (2) $-1 = 4 - 5\lambda - 3\mu$;   (3) $-1 = 1 - \lambda - \mu$;

   Man kann λ eliminieren und μ berechnen, indem man die Gleichungen (1) und
   (3) addiert:
   (1) + (3) $-2 = 3 - 2\mu$; $2\mu = 5$; $\mu = 2,5$
   $\mu = 2,5$ eingesetzt in (1): $\lambda = -1 - 2 + 2,5$; $\lambda = -0,5$
   $\lambda = -0,5$ und $\mu = 2,5$ eingesetzt in (2): R. S. $= 4 + 2,5 - 7,5 = -1 = $ L. S.
   Die Werte $\lambda = -0,5$ und $\mu = 2,5$ erfüllen alle drei Gleichungen; Q liegt also in E.

   Liegt R in der Ebene E?

   (4) $-2 = 2 + \lambda - \mu$;   (5) $1 = 4 - 5\lambda - 3\mu$;   (6) $0 = 1 - \lambda - \mu$;

   (4) + (6) $-2 = 3 - 2\mu$; $2\mu = 5$; $\mu = 2,5$
   eingesetzt in (4): $\lambda = -2 - 2 + 2,5$; $\lambda = -1,5$
   $\lambda = -1,5$ und $\mu = 2,5$ eingesetzt in (5): R. S. $= 4 + 7,5 - 7,5 = 4 \neq$ L. S. $= 1$
   Es gibt kein Wertepaar (λ; μ), das das Gleichungssystem (4); (5); (6) erfüllt;
   R liegt also nicht in der Ebene E.

○ Gegeben sind die beiden einander schneidenden Geraden

g: $\vec{X} = \begin{pmatrix} 2 \\ 2 \\ 0 \end{pmatrix} + r \begin{pmatrix} -2 \\ 1 \\ 1 \end{pmatrix}$ und h: $\vec{X} = \begin{pmatrix} -1 \\ 4 \\ -3 \end{pmatrix} + s \begin{pmatrix} 1 \\ -1 \\ 4 \end{pmatrix}$; $r, s \in \mathbb{R}$

(Schnittnachweis nicht verlangt). Sie legen die Ebene E fest,
in der sie beide liegen.
Ermitteln Sie eine Parametergleichung dieser Ebene E.

Lösung:
E: $\vec{X} = \vec{A} + \lambda\vec{u} + \mu\vec{v}$; $\lambda, \mu \in \mathbb{R}$ (Punkt-Richtungs-Form)
Man kann als Stützvektor den Ortsvektor eines beliebigen
Punkts einer der beiden Geraden, also z. B. des Punkts
A (2 | 2 | 0) $\in$ g, und als Richtungsvektoren die Richtungs-
vektoren der beiden Geraden wählen:

$$\vec{X} = \begin{pmatrix} 2 \\ 2 \\ 0 \end{pmatrix} + \lambda \begin{pmatrix} -2 \\ 1 \\ 1 \end{pmatrix} + \mu \begin{pmatrix} 1 \\ -1 \\ 4 \end{pmatrix}; \lambda, \mu \in \mathbb{R}$$

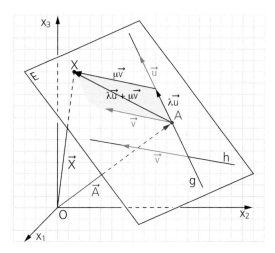

○ Zeigen Sie, dass die beiden Geraden

g: $\vec{X} = \begin{pmatrix} 0 \\ 0 \\ 5 \end{pmatrix} + r \begin{pmatrix} 1 \\ -1 \\ -2 \end{pmatrix}$ und h: $\vec{X} = \begin{pmatrix} -5 \\ 2 \\ 11 \end{pmatrix} + s \begin{pmatrix} -1 \\ 1 \\ 2 \end{pmatrix}$; $r, s \in \mathbb{R}$,

eine Ebene E festlegen, und ermitteln Sie eine Gleichung
dieser Ebene in Parameterform.

Lösung:

(a) Die Geraden g und h sind zueinander parallel, da

$\vec{u_g} = -\vec{u_h} = -\begin{pmatrix} -1 \\ 1 \\ 2 \end{pmatrix}$ ist.

(b) Begründung, dass der Punkt B (−5 | 2 | 11) $\in$ h nicht auf
   g liegt:
   (1) $0 + r = -5$;
   (2) $0 - r = 2$;
   (3) $5 - 2r = 11$;
   (1) + (2) $0 = -3$ (falsch), also gilt B $\notin$ g.

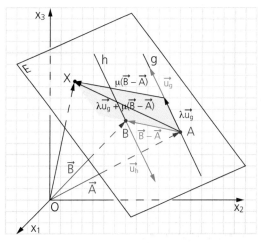

Aus (a) zusammen mit (b) folgt, dass die Geraden g und h zueinander echt parallel sind; sie legen somit eine Ebene E fest (in der sie beide liegen).

Als Stützvektor $\vec{A}$ für die Ebenengleichung $\vec{X} = \vec{A} + \lambda\vec{u} + \mu\vec{v}$; λ, $\mu \in \mathbb{R}$, in Punkt-Richtungs-Form wählt man den Ortsvektor eines beliebigen Punkts einer der beiden Geraden, also z. B. des Punkts A (0 I 0 I 5) $\in$ g; als einen der beiden Richtungsvektoren wählt man den Richtungsvektor der Geraden g und als davon linear unabhängigen zweiten Richtungsvektor den Vektor $\overrightarrow{AB} = \vec{B} - \vec{A}$, wobei B ein beliebiger Punkt der Geraden h, also z. B. B (−5 I 2 I 11), ist:

$$E: \vec{X} = \begin{pmatrix} 0 \\ 0 \\ 5 \end{pmatrix} + \lambda \begin{pmatrix} 1 \\ -1 \\ -2 \end{pmatrix} + \mu \begin{pmatrix} -5-0 \\ 2-0 \\ 11-5 \end{pmatrix}; \quad E: \vec{X} = \begin{pmatrix} 0 \\ 0 \\ 5 \end{pmatrix} + \lambda \begin{pmatrix} 1 \\ -1 \\ -2 \end{pmatrix} + \mu \begin{pmatrix} -5 \\ 2 \\ 6 \end{pmatrix}; \lambda, \mu \in \mathbb{R}$$

○ Die Ebene E enthält den Punkt A (2 I 3 I −1) und steht senkrecht auf der Geraden

$$g: \vec{X} = \begin{pmatrix} 4 \\ -1 \\ 2 \end{pmatrix} + r \begin{pmatrix} 1 \\ 2 \\ -2 \end{pmatrix}; r \in \mathbb{R}.$$ Ermitteln Sie eine

Gleichung der Ebene E in Normalenform.

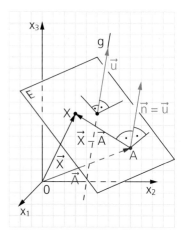

Lösung:

Der Richtungsvektor $\vec{u}$ der Geraden g ist ein Normalenvektor der Ebene E; der Ortsvektor des Punkts A ist ein möglicher Stützvektor:

$E: \vec{n} \circ (\vec{X} - \vec{A}) = 0$ (vektorielle Normalenform)

$$E: \begin{pmatrix} 1 \\ 2 \\ -2 \end{pmatrix} \circ \left[\vec{X} - \begin{pmatrix} 2 \\ 3 \\ -1 \end{pmatrix} \right] = 0; \quad \begin{pmatrix} 1 \\ 2 \\ -2 \end{pmatrix} \circ \left[\begin{pmatrix} x_1 \\ x_2 \\ x_3 \end{pmatrix} - \begin{pmatrix} 2 \\ 3 \\ -1 \end{pmatrix} \right] = 0;$$

$x_1 + 2x_2 - 2x_3 - [1 \cdot 2 + 2 \cdot 3 + (-2) \cdot (-1)] = 0;$

$E: x_1 + 2x_2 - 2x_3 - 10 = 0$

(skalare Normalenform oder Koordinatenform)

○ Geben Sie je eine Gleichung der Ebene $E: \vec{X} = \begin{pmatrix} 2 \\ 5 \\ -1 \end{pmatrix} + \lambda \begin{pmatrix} 1 \\ 2 \\ -1 \end{pmatrix} + \mu \begin{pmatrix} -3 \\ 2 \\ 1 \end{pmatrix}$; λ, $\mu \in \mathbb{R}$, in vektorieller und in skalarer Normalenform an.

Lösung:

Man wählt als Stützvektor den Ortsvektor des Punkts A (2 I 5 I −1). Der Normalenvektor steht auf beiden Richtungsvektoren der Ebene senkrecht; er lässt sich mithilfe des Vektorprodukts ermitteln:

Hinweis: Es ist günstiger, als Normalenvektor nicht $\vec{u} \times \vec{v}$, sondern den Vektor $\begin{pmatrix} 2 \\ 1 \\ 4 \end{pmatrix}$ zu wählen.

$$\text{Normalenvektor: } \vec{u} \times \vec{v} = \begin{pmatrix} 1 \\ 2 \\ -1 \end{pmatrix} \times \begin{pmatrix} -3 \\ 2 \\ 1 \end{pmatrix} = \begin{pmatrix} 4 \\ 2 \\ 8 \end{pmatrix} = 2 \cdot \begin{pmatrix} 2 \\ 1 \\ 4 \end{pmatrix}; \vec{n} = \begin{pmatrix} 2 \\ 1 \\ 4 \end{pmatrix}$$

$$\text{Normalengleichungen der Ebene } E: \begin{pmatrix} 2 \\ 1 \\ 4 \end{pmatrix} \circ \left[\vec{X} - \begin{pmatrix} 2 \\ 5 \\ -1 \end{pmatrix} \right] = 0; \quad E: \begin{pmatrix} 2 \\ 1 \\ 4 \end{pmatrix} \circ \left[\begin{pmatrix} x_1 \\ x_2 \\ x_3 \end{pmatrix} - \begin{pmatrix} 2 \\ 5 \\ -1 \end{pmatrix} \right] = 0;$$

$E: 2x_1 + x_2 + 4x_3 - [2 \cdot 2 + 1 \cdot 5 + 4 \cdot (-1)] = 0; \quad E: 2x_1 + x_2 + 4x_3 - 5 = 0$

○ Geben Sie zwei mögliche Parametergleichungen der Ebene $E: 2x_1 - 2x_2 + x_3 = 6$ an.

Lösung:

1. Art: Man setzt z. B. $x_1 = \rho$ und $x_2 = \sigma$ und erhält $x_3 = 6 - 2\rho + 2\sigma$, d.h. als Parametergleichung

$$E: \vec{X} = \begin{pmatrix} x_1 \\ x_2 \\ x_3 \end{pmatrix} = \begin{pmatrix} \rho \\ \sigma \\ 6 - 2\rho + 2\sigma \end{pmatrix} = \begin{pmatrix} 0 \\ 0 \\ 6 \end{pmatrix} + \rho \begin{pmatrix} 1 \\ 0 \\ -2 \end{pmatrix} + \sigma \begin{pmatrix} 0 \\ 1 \\ 2 \end{pmatrix}; \rho, \sigma \in \mathbb{R}.$$

2. Art: Die Ebene E besitzt die Achsenpunkte A (3 | 0 | 0), B (0 | −3 | 0) und C (0 | 0 | 6).

Aus der Dreipunkteform

$$E: \vec{X} = \vec{A} + \lambda\,(\vec{B} - \vec{A}) + \mu\,(\vec{C} - \vec{A}) \text{ folgt}$$

$$E: \vec{X} = \begin{pmatrix} 3 \\ 0 \\ 0 \end{pmatrix} + \lambda \begin{pmatrix} 0-3 \\ -3-0 \\ 0-0 \end{pmatrix} + \mu \begin{pmatrix} 0-3 \\ 0-0 \\ 6-0 \end{pmatrix}, \text{ also}$$

$$E: \vec{X} = \begin{pmatrix} 3 \\ 0 \\ 0 \end{pmatrix} + \lambda \begin{pmatrix} -3 \\ -3 \\ 0 \end{pmatrix} + \mu \begin{pmatrix} -3 \\ 0 \\ 6 \end{pmatrix}; \; \lambda, \mu \in \mathbb{R}.$$

○ Zeigen Sie, dass die Vektoren $\vec{a} = \begin{pmatrix} 4 \\ 0 \\ 1 \end{pmatrix}$, $\vec{b} = \begin{pmatrix} 1 \\ 2 \\ -3 \end{pmatrix}$ und $\vec{c} = \begin{pmatrix} 2 \\ -4 \\ 7 \end{pmatrix}$ linear abhängig sind.

Lösung:

1. Art (Kriterium II): Ansatz: $\vec{a} = r\vec{b} + s\vec{c}$;

(1) $4 = r + 2s$;
(2) $0 = 2r - 4s$;   (2') $0 = r - 2s$;
(3) $1 = -3r + 7s$;

(1) + (2') $4 = 2r$; $r = 2$ eingesetzt in (1): $4 = 2 + 2s$; $2 = 2s$; $s = 1$;
$r = 2$ und $s = 1$ eingesetzt in (3): R. S. $= -6 + 7 = 1 = $ L. S.

Also gilt $\vec{a} = 2 \cdot \vec{b} + 1 \cdot \vec{c}$, d. h. $\begin{pmatrix} 4 \\ 0 \\ 1 \end{pmatrix} = 2 \cdot \begin{pmatrix} 1 \\ 2 \\ -3 \end{pmatrix} + 1 \cdot \begin{pmatrix} 2 \\ -4 \\ 7 \end{pmatrix}$; somit sind die drei

Vektoren $\vec{a}$, $\vec{b}$ und $\vec{c}$ linear abhängig, also komplanar.

2. Art (Kriterium III):

Spatprodukt: $\left[\begin{pmatrix} 4 \\ 0 \\ 1 \end{pmatrix} \times \begin{pmatrix} 1 \\ 2 \\ -3 \end{pmatrix} \right] \circ \begin{pmatrix} 2 \\ -4 \\ 7 \end{pmatrix} = \begin{pmatrix} -2 \\ 13 \\ 8 \end{pmatrix} \circ \begin{pmatrix} 2 \\ -4 \\ 7 \end{pmatrix} = -4 - 52 + 56 = 0$;

somit sind die drei Vektoren $\vec{a}$, $\vec{b}$ und $\vec{c}$ linear abhängig, also komplanar.

○ Kann der Nullvektor $\vec{o}$ Stützvektor, kann er Richtungsvektor sein?
○ Kann man die Gleichung einer Geraden im Raum in Normalenform angeben?
○ Ist ein Viereck mit vier gleich langen Seiten und zwei gleich langen Diagonalen
   a) in der Ebene   **b)** im Raum
   stets ein Quadrat?
○ Höchstens wie viele Vektoren sind
   a) im Raum   **b)** in der Ebene   **c)** auf der Geraden
   linear unabhängig?
○ Was bedeutet die Aussage *Der Mantel eines Kegels ist in die Ebene abwickelbar*?

---

1. Die Ebene E enthält den Punkt P und besitzt die Richtungsvektoren $\vec{u}$ und $\vec{v}$. Ermitteln Sie jeweils eine Gleichung der Ebene E in Parameterform und untersuchen Sie, ob der Punkt Q in der Ebene E liegt.

Aufgaben

	a)	b)	c)	d)	e)	f)
P	(0 | 0 | 0)	(2 | 0 | 5)	(−1 | 2 | −1)	(3 | −4 | 3)	(1 | 0 | −3)	(1 | −2 | −1)
$\vec{u}$	$\begin{pmatrix} 2 \\ 1 \\ 4 \end{pmatrix}$	$\begin{pmatrix} 0 \\ 1 \\ -1 \end{pmatrix}$	$\begin{pmatrix} 3 \\ 2 \\ -2 \end{pmatrix}$	$\begin{pmatrix} -1 \\ 2 \\ -1 \end{pmatrix}$	$\begin{pmatrix} 3 \\ -2 \\ 6 \end{pmatrix}$	$\begin{pmatrix} 1 \\ 3 \\ 2 \end{pmatrix}$
$\vec{v}$	$\begin{pmatrix} 0 \\ -2 \\ -3 \end{pmatrix}$	$\begin{pmatrix} 1 \\ 2 \\ -1 \end{pmatrix}$	$\begin{pmatrix} 4 \\ 0 \\ 5 \end{pmatrix}$	$\begin{pmatrix} 0 \\ 2 \\ -1 \end{pmatrix}$	$\begin{pmatrix} 1 \\ -2 \\ 4 \end{pmatrix}$	$\begin{pmatrix} -2 \\ -3 \\ 1 \end{pmatrix}$
Q	(2 | 3 | 7)	(4 | 5 | 2)	(2 | 4 | 6)	(3 | 0 | 1)	(5 | −4 | −3)	(0 | −2 | 2)

G 2. Überprüfen Sie jeweils, ob die vier Punkte Eckpunkte eines ebenen Vierecks sind.

a) P (3 | 4 | −1), R (2,4 | −1 | 3), A (3 | 0 | 1), G (1 | 1 | −5)

b) W (2 | −1 | 4), I (3 | 5 | −1), E (1 | 2 | 3), N (−1 | −1 | 7)

c) L (0 | −6 | −8), I (−3 | 2 | 4), N (1 | −1 | 3), Z (2 | 4 | −2)

Wenn die Punkte ein ebenes Viereck bilden, berechnen Sie dessen Flächeninhalt; sind sie die Eckpunkte eines Tetraeders, so berechnen Sie dessen Volumen.

3. Gesucht ist jeweils eine Parametergleichung der Ebene E, in der das abgebildete Dreieck bzw. Viereck liegt; seine Eckpunktkoordinaten sind ganzzahlig.

a)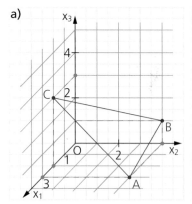

b)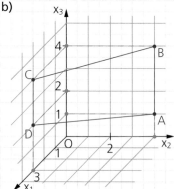

c)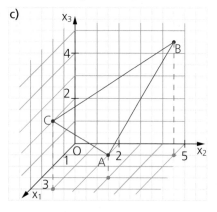

Spiegeln Sie jeden der drei bzw. vier Eckpunkte an der x_1-x_2-Ebene und geben Sie dann eine Parametergleichung des Spiegelbilds E* der Ebene E an.

G 4. Untersuchen Sie jeweils, ob die Vektoren linear unabhängig sind.

a)	b)	c)	d)
$\begin{pmatrix} 2 \\ 1 \\ 4 \end{pmatrix}; \begin{pmatrix} -4 \\ -2 \\ -8 \end{pmatrix}$	$\begin{pmatrix} 0 \\ 1 \\ -1 \end{pmatrix}; \begin{pmatrix} 2 \\ 1 \\ -1 \end{pmatrix}$	$\begin{pmatrix} 3 \\ 2 \\ -2 \end{pmatrix}; \begin{pmatrix} -1 \\ 1 \\ -1 \end{pmatrix}; \begin{pmatrix} 2 \\ 3 \\ -3 \end{pmatrix}$	$\begin{pmatrix} -1 \\ -2 \\ 2 \end{pmatrix}; \begin{pmatrix} 0 \\ 0 \\ -3 \end{pmatrix}; \begin{pmatrix} 2 \\ -4 \\ 7 \end{pmatrix}$

e)	f)	g)	h)
$\begin{pmatrix} 1 \\ -1 \\ -2 \end{pmatrix}; \begin{pmatrix} -0,5 \\ 0,5 \\ 1 \end{pmatrix}$	$\begin{pmatrix} 1 \\ 0 \\ 0 \end{pmatrix}; \begin{pmatrix} 1 \\ 1 \\ 0 \end{pmatrix}; \begin{pmatrix} 1 \\ 1 \\ 1 \end{pmatrix}$	$\begin{pmatrix} 3 \\ -1 \\ 2 \end{pmatrix}; \begin{pmatrix} 2 \\ 2 \\ 3 \end{pmatrix}; \begin{pmatrix} 5 \\ 9 \\ 10 \end{pmatrix}$	$\begin{pmatrix} 3 \\ 1 \\ 4 \end{pmatrix}; \begin{pmatrix} -2 \\ 1 \\ 4 \end{pmatrix}; \begin{pmatrix} 4 \\ -2 \\ -8 \end{pmatrix}$

Bei wie viel Prozent der Teilaufgaben sind die Vektoren kollinear? Zeigen Sie, dass die Vektoren von Teilaufgabe h) zwar komplanar, aber nicht kollinear sind.

5. Geben Sie für jede der sechs Ebenen von Aufgabe 1. eine Gleichung in Normalenform an und ordnen Sie dann die Gleichungen ① bis ⑥ passend zu.

① $x_1 - x_2 - x_3 + 3 = 0$ ② $-2x_1 + 3x_2 + 2x_3 + 8 = 0$ ③ $5x_1 + 6x_2 - 4x_3 = 0$

④ $9x_1 - 5x_2 + 3x_3 = 16$ ⑤ $-x_2 - 2x_3 = -2$ ⑥ $10x_1 - 23x_2 - 8x_3 + 48 = 0$

6. Zeigen Sie jeweils, dass die beiden Geraden g und h einander im Punkt S schneiden. Sie legen eine Ebene E fest. Geben Sie für E eine Parameter- und eine Normalengleichung an. Finden Sie heraus, welche besondere Lage die Ebene E besitzt.

a) g: $\vec{X} = \begin{pmatrix} 1 \\ 4 \\ -1 \end{pmatrix} + r \begin{pmatrix} 1 \\ -2 \\ 3 \end{pmatrix}$; h: $\vec{X} = \begin{pmatrix} 1 \\ 4 \\ 5 \end{pmatrix} + s \begin{pmatrix} -1 \\ 2 \\ 3 \end{pmatrix}$; r, s ∈ ℝ; S (2 | 2 | 2)

b) g: $\vec{X} = \begin{pmatrix} 2 \\ 1 \\ 2 \end{pmatrix} + r \begin{pmatrix} -2 \\ -2 \\ 3 \end{pmatrix}$; h: $\vec{X} = \begin{pmatrix} 2 \\ 1 \\ 1 \end{pmatrix} + s \begin{pmatrix} -2 \\ -2 \\ 1 \end{pmatrix}$; r, s ∈ ℝ; S (3 | 2 | 0,5)

$x_1 - x_2 - 1 = 0$;
$2x_1 + x_2 - 6 = 0$

Teillösungen zu 6.   **L**

7. Gegeben sind sechs Ebenen durch Gleichungen in Normalenform. Ermitteln Sie jeweils auf zwei verschiedene Arten zugehörige Ebenengleichungen in Parameterform.

a) $x_1 + 2x_2 - 2x_3 = 18$

b) $6x_1 - x_2 + x_3 - 3 = 0$

c) $x_2 - x_3 = 4$

d) $4x_1 - 2x_2 - x_3 = 9$

e) $\begin{pmatrix} 2 \\ -2 \\ 1 \end{pmatrix} \circ \left[\vec{X} - \begin{pmatrix} 1 \\ 0 \\ 1 \end{pmatrix} \right] = 0$

f) $\begin{pmatrix} 0 \\ 1 \\ 0 \end{pmatrix} \circ \left[\vec{X} - \begin{pmatrix} 0 \\ 4 \\ 0 \end{pmatrix} \right] = 0$

8. Gegeben ist jeweils eine Gerade g und ein Punkt P, der nicht auf g liegt (Abbildung nicht maßstäblich). Ermitteln Sie eine Gleichung der Ebene E, die P und g enthält, sowohl in Parameterform als auch in Normalenform.

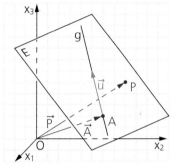

a) $g: \vec{X} = \begin{pmatrix} 1 \\ 1 \\ -2 \end{pmatrix} + r \begin{pmatrix} 2 \\ -1 \\ -3 \end{pmatrix}$; $r \in \mathbb{R}$; $P\,(-4 \mid 3 \mid -2)$

b) $g: \vec{X} = \begin{pmatrix} 4 \\ 4 \\ 4 \end{pmatrix} + r \begin{pmatrix} 1 \\ -2 \\ 1 \end{pmatrix}$; $r \in \mathbb{R}$; $P\,(10 \mid 1 \mid 1)$

Die Ebene E schneidet die Koordinatenachsen in den Punkten X, Y und Z. Berechnen Sie jeweils das Volumen der Pyramide OXYZ im Kopf.

9. Begründen Sie jeweils, dass die beiden Geraden g und h eine Ebene E eindeutig festlegen, und geben Sie für E sowohl eine Parameter- als auch eine Normalengleichung an.

a) $g: \vec{X} = \begin{pmatrix} -1 \\ 1 \\ 1 \end{pmatrix} + r \begin{pmatrix} 2 \\ -1 \\ 2 \end{pmatrix}$; $h: \vec{X} = \begin{pmatrix} 0 \\ 3 \\ 3 \end{pmatrix} + s \begin{pmatrix} 2 \\ -1 \\ 2 \end{pmatrix}$; $r, s \in \mathbb{R}$

b) $g: \vec{X} = \begin{pmatrix} -2 \\ 0 \\ 0 \end{pmatrix} + r \begin{pmatrix} 1 \\ 4 \\ -3 \end{pmatrix}$; $h: \vec{X} = s \begin{pmatrix} 1 \\ 4 \\ -3 \end{pmatrix}$; $r, s \in \mathbb{R}$

$x_1 + x_2 + x_3 - 12 = 0;$
$6x_1 + 2x_2 - 5x_3 + 9 = 0;$
$6x_1 + 15x_2 - x_3 = 23;$
$3x_2 + 4x_3 = 0$

Normalengleichungen zu 8. und 9. **L**

G 10. Finden Sie heraus, ob alle Punkte P bzw. Q bzw. R bzw. S in einer Ebene liegen. Geben Sie ggf. eine Gleichung dieser Ebene in Normalenform an.

a) $P\,(2 + r \mid r + s \mid 1 - r - s)$; $r, s \in \mathbb{R}$

b) $Q\,(2 + 3s \mid -2 + r \mid -2 - 3s)$; $r, s \in \mathbb{R}$

c) $R\,(1 \mid 1 + r \mid 1 + s)$; $r, s \in \mathbb{R}$

d) $S\,(1 \mid t + t^2 \mid t + t^3)$; $t \in \mathbb{R}$

G 11. Ermitteln Sie jeweils diejenigen Werte der Parameter, für die die beiden Ebenen E_1 und E_2 zueinander echt parallel sind.

a) $E_1: ax_1 + 2x_2 + 4x_3 = 8$; $\quad E_2: 3x_1 - bx_2 + 6x_3 = 5$

b) $E_1: 2x_1 + ax_2 - 7x_3 = 10$; $\quad E_2: bx_1 + 4x_2 + x_3 = 10$

G 12. Berechnen Sie die Eckpunktkoordinaten und den Flächeninhalt des Parallelogramms $\vec{X} = \begin{pmatrix} -2 \\ 3 \\ -4 \end{pmatrix} + \lambda \begin{pmatrix} 2 \\ -3 \\ 4 \end{pmatrix} + \mu \begin{pmatrix} 1 \\ 2 \\ -1 \end{pmatrix}$; $\lambda \in [0; 5]$; $\mu \in [0; 6]$.

13. Gegeben sind die Punkte O (0 I 0 I 0), L (3 I 0 I 0) und A (0 I 4 I 0). Durch Verschieben dieser Punkte um den Vektor $\begin{pmatrix} 1 \\ 4 \\ 8 \end{pmatrix}$ entstehen die Punkte O*, L* und A*, und durch passendes Verbinden der Punkte entstehen die Kanten des dreiseitigen Prismas OLAO*L*A*.

a) Geben Sie die Koordinaten der Punkte O*, L* und A* an. Zeichnen Sie ein Schrägbild des Prismas und berechnen Sie seine Kantenlängen.

b) Eine der Seitenflächenebenen des Prismas wird durch E: $4x_1 + 3x_2 - 2x_3 = 12$ beschrieben. Finden Sie durch Überlegen heraus, welche dies ist, und überprüfen Sie Ihr Ergebnis durch Rechnung.

c) Finden Sie jeweils heraus, welche der Prismenkanten

(1) durch $\vec{X} = \begin{pmatrix} 4 \\ 4 \\ 8 \end{pmatrix} + \lambda \begin{pmatrix} 1 \\ 4 \\ 8 \end{pmatrix}$; $-1 \leq \lambda \leq 0$,

(2) durch $\vec{X} = \begin{pmatrix} 1 \\ 8 \\ 8 \end{pmatrix} + \mu \begin{pmatrix} -1 \\ -4 \\ -8 \end{pmatrix}$; $0 \leq \mu \leq 1$,

(3) durch $\vec{X} = \begin{pmatrix} 3,5 \\ 2 \\ 4 \end{pmatrix} + \nu \begin{pmatrix} 1 \\ 4 \\ 8 \end{pmatrix}$; $-0,5 \leq \nu \leq 0,5$,

beschrieben wird.

d) Geben Sie eine Gleichung der Deckflächenebene des Prismas an.

e) Berechnen Sie den Oberflächeninhalt des Prismas.

Abituraufgabe

14. Durch g_a: $\vec{X} = \begin{pmatrix} 2a \\ a \\ 6 \end{pmatrix} + \lambda \begin{pmatrix} 2 \\ 2 \\ -1 \end{pmatrix}$; $a, \lambda \in \mathbb{R}$, ist eine Geradenschar gegeben.

a) Zeigen Sie, dass alle Geraden der Schar zueinander parallel sind und dass keine Gerade der Schar durch den Ursprung O (0 I 0 I 0) verläuft.

b) Ermitteln Sie eine Normalengleichung derjenigen Ebene E, die alle Schargeraden enthält.

c) Der Abstand der beiden Geraden g_0: $\vec{X} = \begin{pmatrix} 0 \\ 0 \\ 6 \end{pmatrix} + \lambda \begin{pmatrix} 2 \\ 2 \\ -1 \end{pmatrix}$ und

g_3: $\vec{X} = \begin{pmatrix} 6 \\ 3 \\ 6 \end{pmatrix} + \mu \begin{pmatrix} 2 \\ 2 \\ -1 \end{pmatrix}$; $\lambda, \mu \in \mathbb{R}$, voneinander ist 3 LE (Nachweis nicht verlangt).

Zeigen Sie, dass der Punkt A (2 I 2 I 5) auf der Geraden g_0 und der Punkt C (6 I 3 I 6) auf der Geraden g_3 liegt.

Es gibt ein Quadrat ABCD mit der Seitenlänge 3 LE und der Diagonalen [AC], dessen beide übrigen Eckpunkte B und D ebenfalls auf g_0 bzw. g_3 liegen. Ermitteln Sie die Koordinaten der Punkte B und D.

Abituraufgabe

15. In einem kartesischen Koordinatensystem sind die Punkte A (3 I −2 I 1), B (3 I 3 I 1) und C (6 I 3 I 5) gegeben.

a) Ermitteln Sie eine Normalengleichung der Ebene E, die die Punkte A, B und C enthält. [*Zur Kontrolle*: $4x_1 - 3x_3 = 9$].
Welche besondere Lage im Koordinatensystem hat die Ebene E?

b) Zeigen Sie, dass das Dreieck ABC gleichschenklig-rechtwinklig ist. Wählen Sie einen Punkt D so, dass das Viereck ABCD ein Quadrat ist, und geben Sie die Koordinaten des Diagonalenschnittpunkts F dieses Quadrats an.

c) Zeigen Sie, dass alle Punkte S_k (3k I 3 + 5k I 5 + 4k) mit $k \in \mathbb{R}$ auf einer Geraden g liegen.
Für welchen Wert des Parameters k gilt $\overrightarrow{FS_k} \circ \begin{pmatrix} 4 \\ 0 \\ -3 \end{pmatrix} = 0$? [vgl. Teilaufgabe b)]

Deuten Sie das Ergebnis.

G 16. Die Ebene E: $x_1 - x_2 + x_3 = 6$ enthält die Eckpunkte A, F und H des in der Abbildung dargestellten Würfels (und damit auch das Dreieck AFH).

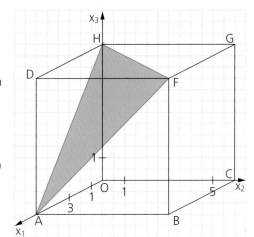

a) Geben Sie eine Gleichung von E in Parameterform an.

b) Beschreiben Sie die Punkte der Strecke [AH] durch eine Gleichung.

c) Geben Sie mindestens drei Punkte mit lauter ganzzahligen Koordinaten im Inneren des Dreiecks AFH an.

d) Ermitteln Sie die Größen der Innenwinkel des Dreiecks AFH.

e) Berechnen Sie das Volumen der dreiseitigen Pyramide, die E vom Würfel abschneidet.
Geben Sie eine weitere Möglichkeit an, das Volumen dieser Pyramide zu berechnen, ohne diese Rechnung durchzuführen.

17. In einem kartesischen Koordinatensystem sind die Punkte A (8 | 2 | 0), B (8 | 3 | 2), C (8 | −3 | 2) und D (8 | −2 | 0) sowie der Punkt B' (0 | 3 | 2) gegeben.

Abituraufgabe

(1) a) Die Punkte A, B und B' spannen eine Ebene E auf. Bestimmen Sie eine Gleichung von E in Normalenform.
[*Mögliches Ergebnis*: E: $2x_2 - x_3 - 4 = 0$]

b) Begründen Sie, dass das Viereck ABCD ein Trapez ist, und tragen Sie es in ein Koordinatensystem (vergleiche Skizze) ein.
Welche Symmetrieeigenschaft und welche besondere Lage im Koordinatensystem hat das Trapez?

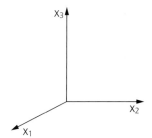

c) Der Punkt A' ist der Schnittpunkt der Ebene E mit der x_2-Achse. Ermitteln Sie die Koordinaten von A'. Weisen Sie nach, dass das Dreieck DAA' rechtwinklig ist, und bestimmen Sie die Koordinaten des Punkts D' so, dass das Viereck DAA'D' ein Rechteck ist.
[*Teilergebnis*: A' (0 | 2 | 0)]

d) Der Punkt C' entsteht durch Spiegelung des Punkts B' an der x_1-x_3-Ebene. Geben Sie die Koordinaten von C' an und zeichnen Sie das Prisma ABCDA'B'C'D' in die Zeichnung von Teilaufgabe (1) b) ein.

(2) Beim Prisma ABCDA'B'C'D' aus Teilaufgabe (1) d) handelt es sich um ein gerades Prisma (Nachweis nicht erforderlich). Dieses Prisma gibt die Form eines 16 m langen Stücks eines Kanals wieder (1 LE in der Zeichnung entspricht 2 m).

a) Berechnen Sie den Neigungswinkel α der Kanalböschung AA'B'B gegenüber der horizontalen x_1-x_2-Ebene.

b) Berechnen Sie, wie viel Kubikmeter Wasser das 16 m lange Kanalstück enthält, wenn der Kanal bis oben gefüllt ist.
[*Ergebnis*: 640 m³]

c) Während der Hitzeperiode führt das 16 m lange Kanalstück nur noch 45% der in Teilaufgabe (2) b) bestimmten Wassermenge.
Weisen Sie zunächst allgemein nach, dass zwischen der Wassertiefe t des Kanals und der zugehörigen Breite b der Wasseroberfläche (jeweils gemessen in m) folgender Zusammenhang besteht: b = t + 8 m.
Berechnen Sie anschließend die Wassertiefe des Kanals in der Hitzeperiode.

Abituraufgabe

18. Ein Einfamilienhaus hat eine rechteckige Grundfläche. Sie ist 9,00 m lang und 8,00 m breit. Bis zum Dachansatz beträgt die Höhe 5,00 m; die Gesamthöhe ist 8,50 m. Die Dachfläche besteht aus zwei kongruenten Rechtecken. Die angrenzende quaderförmige Garage ist 4,00 m lang, 4,00 m breit und 2,50 m hoch. Auf ihrem Dach befindet sich eine Terrasse. Der Eckpunkt O der Grundfläche des Hauses liegt im Ursprung eines kartesischen Koordinatensystems (1 Einheit entspricht 1 Meter). Die Grundflächen von Haus und Garage befinden sich in der x_1-x_2-Koordinatenebene (siehe die nicht maßstäbliche Skizze).

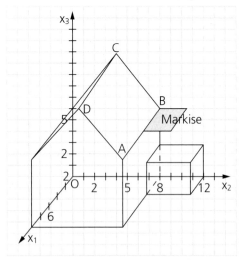

a) Geben Sie die Koordinaten des Punkts B auf der Dachansatzgeraden AB und des Punkts D auf der Dachfirstgeraden CD an. Ermitteln Sie den Inhalt der Dachfläche des Wohnhauses.

b) Um 13:30 Uhr eines bestimmten Tags haben die parallel einfallenden Lichtstrahlen in der Umgebung des Hauses die

Richtung $\vec{r} = \begin{pmatrix} 0,00 \\ 4,00 \\ -4,50 \end{pmatrix}$.

Begründen Sie, dass bei dieser Richtung des Lichteinfalls die Schattengrenze auf der Terrassenfläche durch den Dachansatz AB und nicht durch den Dachfirst CD entsteht. (Zu diesem Zeitpunkt ist die Markise noch nicht ausgefahren.) Berechnen Sie, welcher prozentuale Anteil der Terrassenfläche sich zu diesem Zeitpunkt im Schatten befindet.

c) Am Dachansatz AB ist eine Markise in der Breite der Terrasse so angebracht, dass sie parallel zur Terrassenfläche ausgefahren werden kann.
Ermitteln Sie, wie weit diese Markise mindestens ausgefahren werden muss, damit sich die gesamte Terrasse um 13:30 Uhr dieses Tags im Schatten befindet.

Abituraufgabe

G 19. In einem kartesischen Koordinatensystem sind die Eckpunkte H_1 (6 | 0 | 0), H_2 (0 | 6 | 0), H_3 (0 | 0 | 6) und H_4 (6 | 6 | 6) eines regulären Tetraeders sowie der Punkt C (3 | 3 | 3) gegeben.

a) Die Punkte C, H_1 und H_2 bestimmen eine Ebene E. Geben Sie eine Koordinatengleichung von E an. Zeigen Sie, dass die Strecke $[H_3H_4]$ auf der Ebene E senkrecht steht und dass der Mittelpunkt D dieser Strecke in der Ebene E liegt. Schlussfolgern Sie die Lage der Punkte H_3 und H_4 zur Ebene E.

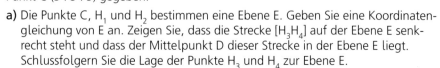

b) Im Modell eines Methanmoleküls befinden sich die Wasserstoffatome in den Eckpunkten H_i (i = 1; 2; 3; 4) und das Kohlenstoffatom im „Mittelpunkt" C eines regulären Tetraeders. Der Winkel α heißt Bindungswinkel zwischen dem Kohlenstoffatom und je zwei Wasserstoffatomen (siehe Abbildung). Berechnen Sie die Größe des Bindungswinkels α.

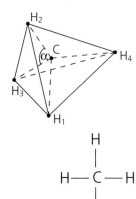

c) Projiziert man die Punkte H_i (i = 1; 2; 3; 4) und den Punkt C durch senkrechte Parallelprojektion in die x_1-x_2-Ebene, so erhält man die Bildpunkte H_1' (6 | 0 | 0), H_2' (0 | 6 | 0), H_3' (0 | 0 | 0), H_4' und C'.
Zeigen Sie, dass durch diese Projektion die nebenstehende Strukturformel des Methanmoleküls aus geometrischer Sicht gerechtfertigt ist.

W1 Weisen Sie nach, dass $(xe^{-x} + 2e^2)' = \dfrac{1-x}{e^x}$ ist.

W2 Wie lautet der Funktionsterm f*(x) der Funktion f*, deren Graph dadurch entsteht, dass der Graph G_f der Funktion f: f(x) = e^x; D_f = ℝ, um den Vektor $\begin{pmatrix} 1 \\ 1 \end{pmatrix}$ verschoben wird?

W3 Welche Urnenexperimente liefern unabhängige Ereignisse?

Ebenen können im Koordinatensystem spezielle Lagen einnehmen; sie können z. B. den Ursprung O enthalten, echt parallel zur x_1-x_2-Ebene sein, die x_3-Achse enthalten usw. Liegt die Gleichung einer Ebene E in **Normalenform** (E: $ax_1 + bx_2 + cx_3 + d = 0$; $a, b, c, d \in \mathbb{R}$; $a^2 + b^2 + c^2 > 0$) vor, so lassen sich besondere Lagen der Ebene E leicht erkennen.

a	b	c	$d \neq 0$		$d = 0$	
$\neq 0$	$\neq 0$	$\neq 0$		$ax_1 + bx_2 + cx_3 + d = 0$ E enthält den Ursprung nicht und ist zu keiner Achse und keiner Basisebene parallel.		$ax_1 + bx_2 + cx_3 = 0$ E enthält den Koordinatenursprung, aber keine der Achsen.
$= 0$	$\neq 0$	$\neq 0$		$bx_2 + cx_3 + d = 0$ E ist echt parallel zur x_1-Achse.		$bx_2 + cx_3 = 0$ E enthält die x_1-Achse.
$\neq 0$	$= 0$	$\neq 0$		$ax_1 + cx_3 + d = 0$ E ist echt parallel zur x_2-Achse.		$ax_1 + cx_3 = 0$ E enthält die x_2-Achse.
$\neq 0$	$\neq 0$	$= 0$		$ax_1 + bx_2 + d = 0$ E ist echt parallel zur x_3-Achse.		$ax_1 + bx_2 = 0$ E enthält die x_3-Achse.
$\neq 0$	$= 0$	$= 0$		$ax_1 + d = 0$ E ist echt parallel zur x_2-x_3-Ebene.		$ax_1 = 0$ ($x_1 = 0$) E ist die x_2-x_3-Ebene.
$= 0$	$\neq 0$	$= 0$		$bx_2 + d = 0$ E ist echt parallel zur x_1-x_3-Ebene.		$bx_2 = 0$ ($x_2 = 0$) E ist die x_1-x_3-Ebene.
$= 0$	$= 0$	$\neq 0$		$cx_3 + d = 0$ E ist echt parallel zur x_1-x_2-Ebene.		$cx_3 = 0$ ($x_3 = 0$) E ist die x_1-x_2-Ebene.

Finden Sie bei jeder der zehn Ebenen ihre besondere Lage im Koordinatensystem heraus.

a) $2x_1 + 4x_3 - 1 = 0$ b) $4x_1 - x_2 + 4x_3 = 0$ c) $2x_1 - 3x_2 = 5$ d) $x_1 = 4$ e) $x_3 = 0$

f) $4x_2 - 9 = 0$ g) $-x_2 + 4x_3 = 2$ h) $4x_1 - x_2 = 0$ i) $x_2 + x_3 = 0$ j) $2x_3 = 3$

Themenseite

Arbeitsaufträge

1. a)

b)

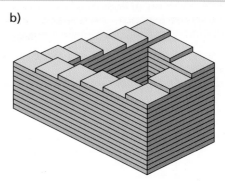

Begründen Sie, dass die Dreistab-Konstruktion von Penrose unmöglich ist.

Beschreiben Sie die Penrose-Treppe.

2. Der Würfel ABCDEFGH hat die Eckpunkte A (8 | 0 | 0), C (0 | 8 | 0), D = O (0 | 0 | 0) und E (8 | 0 | 8). Geben Sie die Koordinaten der übrigen Würfeleckpunkte an. Zeigen Sie, dass die Eckpunkte G, D bzw. B punktsymmetrisch zu den Eckpunkten A, F bzw. H bezüglich des Punkts M (4 | 4 | 4) sind. Die Ebenen E_1 und E_2 durch die Punkte A, F und H bzw. durch die Punkte G, D und B sind somit zueinander parallel. Ermitteln Sie Gleichungen der Ebenen E_1 und E_2 in Normalenform. Was fällt Ihnen auf?

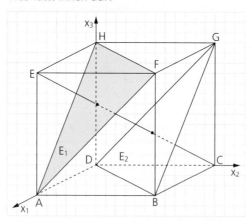

3. Die Abbildung zeigt zwei Ebenen, die einander schneiden. Veranschaulichen Sie dies in einem Koordinatensystem durch ein passendes Modell aus dünner Pappe. Die Abbildung legt die Vermutung nahe, dass die Schnittgerade s der beiden Ebenen die Punkte A (3 | 0 | 0) und B (0 | 3 | 2) enthält. Untersuchen Sie, ob diese Vermutung zutrifft, und finden Sie eine Gleichung der Geraden s.

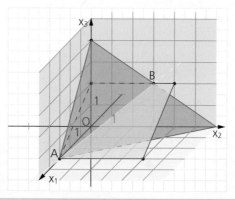

Lagebeziehung von Geraden und Ebenen

Aus der Anschauung ergibt sich, dass zwischen einer Geraden g und einer Ebene E drei unterschiedliche Lagebeziehungen bestehen können:

 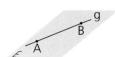 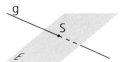

g ist echt parallel zu E: g und E haben miteinander keinen Punkt gemeinsam.

g liegt in E: g und E haben miteinander unendlich viele Punkte gemeinsam.

g schneidet E: g und E haben miteinander genau einen Punkt gemeinsam.

Die Lagebeziehung lässt sich besonders einfach untersuchen, wenn die Gleichung von g in Parameterform und die Gleichung von E in Normalenform vorliegt. Setzt man in die Normalengleichung $n_1 x_1 + n_2 x_2 + n_3 x_3 + d = 0$ von E aus g: $\vec{X} = \vec{A} + \lambda \cdot \vec{u}$ die Terme $x_1 = a_1 + \lambda u_1$, $x_2 = a_2 + \lambda u_2$ und $x_3 = a_3 + \lambda u_3$ ein, so erhält man eine lineare Gleichung für (die Unbekannte) λ. Besitzt diese Gleichung

a) keine Lösung, so ist g echt parallel zu E.

b) unendlich viele Lösungen, so liegt g in E.

c) genau eine Lösung λ^*, so schneidet g die Ebene E in dem Punkt, dessen Ortsvektor sich durch Einsetzen von λ^* in die Gleichung von g ergibt.

Lagebeziehung von zwei Ebenen

Aus der Anschauung ergibt sich, dass zwischen zwei Ebenen E_1 und E_2 drei unterschiedliche Lagebeziehungen bestehen können:

a) 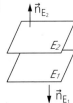 **b)** **c)**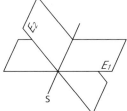

Die beiden Normalenvektoren sind zueinander parallel, aber E_1 und E_2 haben miteinander keinen Punkt gemeinsam: $E_1 \cap E_2 = \{\}$.

Die beiden Normalenvektoren sind zueinander parallel, und E_1 und E_2 haben miteinander unendlich viele Punkte gemeinsam: $E_1 = E_2$.

E_1 und E_2 schneiden einander; sie haben miteinander eine Gerade s gemeinsam: $E_1 \cap E_2 = s$.

Liegt von einer der beiden Ebenen (z. B. von E_1) eine Normalengleichung und von der anderen (also von E_2) eine Parametergleichung vor, so setzt man die Koordinaten der Ortsvektoren der Punkte von E_2, also $x_1 = a_1 + \lambda u_1 + \mu v_1$, $x_2 = a_2 + \lambda u_2 + \mu v_2$ und $x_3 = a_3 + \lambda u_3 + \mu v_3$, in die Gleichung von E_1 ein und erhält dadurch eine (lineare) Gleichung mit den Parametern λ und μ. Ergibt sich aus ihr (nach Ausmultiplizieren und Zusammenfassen)

a) eine falsche Aussage, so sind die Ebenen E_1 und E_2 zueinander echt parallel.

b) eine für jeden Wert von λ und von μ wahre Aussage, so sind die beiden Ebenen E_1 und E_2 miteinander identisch.

c) ein (linearer) Zusammenhang zwischen λ und μ, so haben die Ebenen E_1 und E_2 eine Gerade s gemeinsam.

Hinweis zu c):
Auflösen z. B. nach λ und Einsetzen des Lösungsterms in die Gleichung von E_2 ergibt eine Gleichung dieser Schnittgeraden s.

● In einem kartesischen Koordinatensystem sind die Ebene $E: x_1 - 2x_2 + 3x_3 = 5$ sowie die Geraden

a) $g: \vec{X} = \begin{pmatrix} 6 \\ 2 \\ 2 \end{pmatrix} + \lambda \begin{pmatrix} 1 \\ 3 \\ 2 \end{pmatrix}; \lambda \in \mathbb{R}$,   **b)** $h: \vec{X} = \begin{pmatrix} -2 \\ -2 \\ 1 \end{pmatrix} + \mu \begin{pmatrix} 2 \\ 1 \\ 0 \end{pmatrix}; \mu \in \mathbb{R}$, und

c) $k: \vec{X} = \begin{pmatrix} -2 \\ 2 \\ 1 \end{pmatrix} + \nu \begin{pmatrix} 2 \\ 1 \\ 0 \end{pmatrix}; \nu \in \mathbb{R}$, gegeben.

Untersuchen Sie die Lage jeder der drei Geraden zur Ebene E.

Lösung:

a) $x_1 = 6 + \lambda; x_2 = 2 + 3\lambda; x_3 = 2 + 2\lambda$ eingesetzt in die Gleichung von E ergibt die Gleichung (1) $6 + \lambda - 2(2 + 3\lambda) + 3(2 + 2\lambda) = 5; \; 6 + \lambda - 4 - 6\lambda + 6 + 6\lambda = 5;$ $\lambda = -3$ eingesetzt in die Gleichung von g:

$\vec{X} = \begin{pmatrix} 6 \\ 2 \\ 2 \end{pmatrix} + (-3) \cdot \begin{pmatrix} 1 \\ 3 \\ 2 \end{pmatrix} = \begin{pmatrix} 3 \\ -7 \\ -4 \end{pmatrix}$.

Die Gleichung (1) ist für genau einen Wert von λ, nämlich für $\lambda = -3$, erfüllt: Die Gerade g schneidet die Ebene E, und zwar im Punkt P (3 | −7 | −4).

b) $x_1 = -2 + 2\mu; x_2 = -2 + \mu; x_3 = 1$ eingesetzt in die Gleichung von E ergibt die Gleichung (2) $-2 + 2\mu - 2(-2 + \mu) + 3 \cdot 1 = 5; \; -2 + 2\mu + 4 - 2\mu + 3 = 5;$ $5 = 5$ (wahr).

Die Gleichung (2) ist für jeden Wert von $\mu \in \mathbb{R}$ erfüllt, besitzt also unendlich viele Lösungen: Die Gerade g liegt in der Ebene E.

c) $x_1 = -2 + 2\nu; x_2 = 2 + \nu; x_3 = 1$ eingesetzt in die Gleichung von E ergibt die Gleichung (3) $-2 + 2\nu - 2(2 + \nu) + 3 \cdot 1 = 5;$ $-2 + 2\nu - 4 - 2\nu + 3 = 5; \; -3 = 5$ (falsch).

Die Gleichung (3) ist für keinen Wert von ν erfüllt: Die Gerade g ist echt parallel zur Ebene E.

● In einem kartesischen Koordinatensystem sind die Ebenen

$E_1: 2x_1 - x_2 - 2x_3 - 3 = 0$ und $E_2: \vec{X} = \begin{pmatrix} 0 \\ -5 \\ -8 \end{pmatrix} + \lambda \begin{pmatrix} 2 \\ 4 \\ 9 \end{pmatrix} + \mu \begin{pmatrix} 1 \\ 2 \\ 9 \end{pmatrix}; \lambda, \mu \in \mathbb{R}$, gegeben.

Ermitteln Sie eine Gleichung der Schnittgeraden s der beiden Ebenen E_1 und E_2.

Lösung:

Man setzt die Koordinaten der Ortsvektoren $\vec{X}$ der Punkte von E_2, also $x_1 = 0 + 2\lambda + \mu; x_2 = -5 + 4\lambda + 2\mu; x_3 = -8 + 9\lambda + 9\mu$, in die Gleichung von E_1 ein:

$2(0 + 2\lambda + \mu) - (-5 + 4\lambda + 2\mu) - 2(-8 + 9\lambda + 9\mu) - 3 = 0;$
$4\lambda + 2\mu + 5 - 4\lambda - 2\mu + 16 - 18\lambda - 18\mu - 3 = 0;$
$-18\lambda - 18\mu + 18 = 0; \; | : (-18) \quad \lambda + \mu - 1 = 0; | + 1 - \lambda$
$\mu = 1 - \lambda$ eingesetzt in die Gleichung von E_2 ergibt

$\vec{X} = \begin{pmatrix} 0 \\ -5 \\ -8 \end{pmatrix} + \lambda \begin{pmatrix} 2 \\ 4 \\ 9 \end{pmatrix} + (1 - \lambda) \begin{pmatrix} 1 \\ 2 \\ 9 \end{pmatrix} = \begin{pmatrix} 0 \\ -5 \\ -8 \end{pmatrix} + \lambda \begin{pmatrix} 2 \\ 4 \\ 9 \end{pmatrix} + \begin{pmatrix} 1 \\ 2 \\ 9 \end{pmatrix} - \lambda \begin{pmatrix} 1 \\ 2 \\ 9 \end{pmatrix} =$

$= \begin{pmatrix} 1 \\ -3 \\ 1 \end{pmatrix} + \lambda \begin{pmatrix} 1 \\ 2 \\ 0 \end{pmatrix}; \vec{X} = \begin{pmatrix} 1 \\ -3 \\ 1 \end{pmatrix} + \lambda \begin{pmatrix} 1 \\ 2 \\ 0 \end{pmatrix}; \lambda \in \mathbb{R}$, als Gleichung der Schnittgeraden s.

● Ermitteln Sie jeweils eine Gleichung der Schnittgeraden s der beiden Ebenen E_1 und E_2.

a) $E_1: x_1 + 2x_2 - x_3 = 4;$
$E_2: x_1 + 2x_2 + x_3 = 2$

b) $E_1: \vec{X} = \begin{pmatrix} 1 \\ 2 \\ 2 \end{pmatrix} + \lambda \begin{pmatrix} 1 \\ 0 \\ 0 \end{pmatrix} + \mu \begin{pmatrix} 2 \\ 1 \\ 0 \end{pmatrix}; \lambda, \mu \in \mathbb{R};$

$E_2: \vec{X} = \begin{pmatrix} -1 \\ 0 \\ 4 \end{pmatrix} + \rho \begin{pmatrix} 3 \\ 0 \\ -2 \end{pmatrix} + \sigma \begin{pmatrix} 0 \\ 1 \\ -1 \end{pmatrix}; \rho, \sigma \in \mathbb{R}$

Lösung:

a) Möglicher günstiger Weg: Zunächst die Koordinatengleichung von E_1 in vektorielle Parameterform überführen, indem man z.B. $x_1 = \lambda$ und $x_2 = \mu$ setzt:

$\lambda + 2\mu - x_3 = 4$; $x_3 = \lambda + 2\mu - 4$;

$$E_1: \vec{X} = \begin{pmatrix} x_1 \\ x_2 \\ x_3 \end{pmatrix} = \begin{pmatrix} \lambda \\ \mu \\ \lambda + 2\mu - 4 \end{pmatrix};$$

$$E_1: \vec{X} = \begin{pmatrix} 0 \\ 0 \\ -4 \end{pmatrix} + \lambda \begin{pmatrix} 1 \\ 0 \\ 1 \end{pmatrix} + \mu \begin{pmatrix} 0 \\ 1 \\ 2 \end{pmatrix}$$

Setzt man die Koordinaten der Ortsvektoren $\vec{X}$ der Punkte von E_1 in die Gleichung von E_2 ein, so erhält man

$\lambda + 2\mu - 4 + \lambda + 2\mu = 2$; $2\lambda + 4\mu = 6$; $\lambda = 3 - 2\mu$

Dies setzt man in die Parametergleichung von E_1 ein:

$$\vec{X} = \begin{pmatrix} 0 \\ 0 \\ -4 \end{pmatrix} + (3 - 2\mu) \begin{pmatrix} 1 \\ 0 \\ 1 \end{pmatrix} + \mu \begin{pmatrix} 0 \\ 1 \\ 2 \end{pmatrix}; \quad s: \vec{X} = \begin{pmatrix} 3 \\ 0 \\ -1 \end{pmatrix} + \mu \begin{pmatrix} -2 \\ 1 \\ 0 \end{pmatrix}; \quad \mu \in \mathbb{R}$$

b) Möglicher günstiger Weg: Zunächst einen Normalenvektor von E_1 ermitteln:

$$\vec{n} = \begin{pmatrix} 1 \\ 0 \\ 0 \end{pmatrix} \times \begin{pmatrix} 2 \\ 1 \\ 0 \end{pmatrix} = \begin{pmatrix} 0 \\ 0 \\ 1 \end{pmatrix}; \quad E_1: \begin{pmatrix} 0 \\ 0 \\ 1 \end{pmatrix} \circ \left[\vec{X} - \begin{pmatrix} 1 \\ 2 \\ 2 \end{pmatrix} \right] = 0;$$

$E_1: x_3 - 2 = 0$

Setzt man die Koordinaten der Ortsvektoren $\vec{X}$ der Punkte von E_2 in die Koordinatengleichung von E_1 ein, so erhält man

$4 - 2\rho - \sigma - 2 = 0$; $\sigma = 2 - 2\rho$.

Dies setzt man in die Parametergleichung von E_2 ein und erhält

$$\vec{X} = \begin{pmatrix} -1 \\ 0 \\ 4 \end{pmatrix} + \rho \begin{pmatrix} 3 \\ 0 \\ -2 \end{pmatrix} + (2 - 2\rho) \begin{pmatrix} 0 \\ 1 \\ -1 \end{pmatrix}; \quad s: \vec{X} = \begin{pmatrix} -1 \\ 2 \\ 2 \end{pmatrix} + \rho \begin{pmatrix} 3 \\ -2 \\ 0 \end{pmatrix}; \quad \rho \in \mathbb{R}.$$

○ In einem kartesischen Koordinatensystem sind die Ebenen $E_1: 2x_1 - x_2 - 2x_3 - 3 = 0$ und $E_2: \vec{X} = \begin{pmatrix} 1 \\ 1 \\ 0 \end{pmatrix} + \lambda \begin{pmatrix} 5 \\ 4 \\ 3 \end{pmatrix} + \mu \begin{pmatrix} 2 \\ 2 \\ 1 \end{pmatrix}$; $\lambda, \mu \in \mathbb{R}$, gegeben. Zeigen Sie, dass die beiden Ebenen zueinander echt parallel sind.

Lösung:

1. Möglichkeit:

Man setzt die Koordinaten der Ortsvektoren $\vec{X}$ der Punkte von E_2, also $x_1 = 1 + 5\lambda + 2\mu$; $x_2 = 1 + 4\lambda + 2\mu$; $x_3 = 0 + 3\lambda + \mu$, in die Gleichung von E_1 ein und erhält

(1) $2(1 + 5\lambda + 2\mu) - (1 + 4\lambda + 2\mu) - 2(3\lambda + \mu) - 3 = 0$;

$2 + 10\lambda + 4\mu - 1 - 4\lambda - 2\mu - 6\lambda - 2\mu - 3 = 0$; $-2 = 0$ (falsch).

Die Gleichung (1) hat keine Lösung, d. h. E_1 und E_2 besitzen keinen gemeinsamen Punkt, sind also zueinander echt parallel.

2. Möglichkeit:

Man ermittelt zunächst einen Normalenvektor $\vec{n_2}$ von E_2 und vergleicht ihn mit einem Normalenvektor $\vec{n_1}$ von E_1:

$$\vec{n_2} = \begin{pmatrix} 5 \\ 4 \\ 3 \end{pmatrix} \times \begin{pmatrix} 2 \\ 2 \\ 1 \end{pmatrix} = \begin{pmatrix} -2 \\ 1 \\ 2 \end{pmatrix} = -\begin{pmatrix} 2 \\ -1 \\ -2 \end{pmatrix} = -\vec{n_1}.$$

Man prüft dann noch, ob die beiden Ebenen miteinander identisch sind, also z. B., ob der Punkt $A (1 \mid 1 \mid 0) \in E_2$ in der Ebene E_1 liegt:

$2 \cdot 1 - 1 - 2 \cdot 0 - 3 = -2 \neq 0$; A liegt somit nicht in E_1, und die beiden Ebenen sind zueinander echt parallel.

○ Untersuchen Sie möglichst geschickt, welche Lage die Ebene E_2, E_3, ... bzw. E_6 jeweils in Bezug auf die Ebene E_1 hat.

E_1: $x_1 + 2x_2 - x_3 = 4$

E_2: $-x_1 - 2x_2 + x_3 + 4 = 0$

E_3: $x_1 + 2x_2 - x_3 = 8$

E_4: $x_1 + 2x_2 + x_3 = 2$

E_5: $\vec{X} = \lambda \begin{pmatrix} 1 \\ -1 \\ -1 \end{pmatrix} + \mu \begin{pmatrix} -2 \\ 1 \\ 0 \end{pmatrix}$; $\lambda, \mu \in \mathbb{R}$

E_6: $\vec{X} = \begin{pmatrix} 1 \\ 1 \\ -1 \end{pmatrix} + \rho \begin{pmatrix} 0 \\ 1 \\ 0 \end{pmatrix} + \sigma \begin{pmatrix} 1 \\ 1 \\ 1 \end{pmatrix}$; $\rho, \sigma \in \mathbb{R}$

Lösung:

E_2: $-x_1 - 2x_2 + x_3 = -4$; $| \cdot (-1)$

$\qquad x_1 + 2x_2 - x_3 = 4$;

somit ist $E_2 = E_1$.

E_3: $x_1 + 2x_2 - x_3 = 8$ hat den gleichen Normalenvektor wie E_1, enthält aber den Punkt A (4 | 0 | 0) $\in E_1$ nicht, ist also zu E_1 echt parallel.

Der Normalenvektor $\begin{pmatrix} 1 \\ 2 \\ 1 \end{pmatrix}$ von E_4: $x_1 + 2x_2 + x_3 = 2$ ist nicht kollinear mit dem Normalenvektor $\begin{pmatrix} 1 \\ 2 \\ -1 \end{pmatrix}$ von E_1; also wird E_1 von E_4 geschnitten.

E_1 hat den Normalenvektor $\begin{pmatrix} 1 \\ 2 \\ -1 \end{pmatrix}$. Wegen $\begin{pmatrix} 1 \\ -1 \\ -1 \end{pmatrix} \circ \begin{pmatrix} 1 \\ 2 \\ -1 \end{pmatrix} = 0$ und $\begin{pmatrix} -2 \\ 1 \\ 0 \end{pmatrix} \circ \begin{pmatrix} 1 \\ 2 \\ -1 \end{pmatrix} = 0$ und O (0 | 0 | 0) $\in E_5$, aber O (0 | 0 | 0) $\notin E_1$ ist E_5 echt parallel zu E_1.

Wegen $\begin{pmatrix} 0 \\ 1 \\ 0 \end{pmatrix} \circ \begin{pmatrix} 1 \\ 2 \\ -1 \end{pmatrix} \neq 0$ schneidet die Ebene E_6 die Ebene E_1.

○ Welche verschiedenen Lagen können drei Ebenen zueinander besitzen?
○ Welche relative Lage haben die drei Vektoren $\vec{a} \neq \vec{o}$, $\vec{b} \neq \vec{o}$ und $\vec{c} \neq \vec{o}$ mit $\vec{a} + \vec{b} + \vec{c} = \vec{o}$?
○ Welche Lage haben die drei Vektoren $\vec{a} \neq \vec{o}$, $\vec{b} \neq \vec{o}$ und $\vec{c} \neq \vec{o}$ zueinander, wenn $k\vec{a} + m\vec{b} + n\vec{c} = \vec{o}$ nur für $k = m = n = 0$ gilt?
○ Können drei Ebenen genau einen (genau zwei, genau drei) Punkt(e) miteinander gemeinsam haben?

Aufgaben

1. Ermitteln Sie jeweils die Lage der Geraden g in Bezug auf die Ebene E.

a) g: $\vec{X} = \begin{pmatrix} -2 \\ 2 \\ 1 \end{pmatrix} + \lambda \begin{pmatrix} 1 \\ -1 \\ 4 \end{pmatrix}$; $\lambda \in \mathbb{R}$;   E: $2x_1 + x_2 + 2x_3 - 5 = 0$

b) g: $\vec{X} = \begin{pmatrix} 0 \\ -4 \\ 0 \end{pmatrix} + \lambda \begin{pmatrix} 6 \\ 12 \\ 4 \end{pmatrix}$; $\lambda \in \mathbb{R}$;   E: $6x_1 - 2x_2 - 3x_3 - 8 = 0$

c) g: $\vec{X} = \begin{pmatrix} 2 \\ 4 \\ -2 \end{pmatrix} + \lambda \begin{pmatrix} -1 \\ -2 \\ 2 \end{pmatrix}$; $\lambda \in \mathbb{R}$;   E: $x_2 + 2 = 0$

d) g: $\vec{X} = \begin{pmatrix} 1 \\ 0 \\ 1 \end{pmatrix} + \lambda \begin{pmatrix} 1 \\ -2 \\ -1 \end{pmatrix}$; $\lambda \in \mathbb{R}$;   E: $\begin{pmatrix} -2 \\ 1 \\ 1 \end{pmatrix} \circ \left[\vec{X} - \begin{pmatrix} 3 \\ 2 \\ -2 \end{pmatrix} \right] = 0$

e) g: $\vec{X} = \begin{pmatrix} 2 \\ -4 \\ 3 \end{pmatrix} + \lambda \begin{pmatrix} -2 \\ 0 \\ 1 \end{pmatrix}$; $\lambda \in \mathbb{R}$;   E: $\begin{pmatrix} 1 \\ 0 \\ 2 \end{pmatrix} \circ \left[\vec{X} - \begin{pmatrix} 2 \\ 3 \\ -1 \end{pmatrix} \right] = 0$

f) g: $\vec{X} = \begin{pmatrix} 0 \\ 3 \\ 5 \end{pmatrix} + \lambda \begin{pmatrix} 1 \\ 1 \\ 4 \end{pmatrix}$; $\lambda \in \mathbb{R}$;   E: $\begin{pmatrix} 0 \\ 1 \\ 3 \end{pmatrix} \circ \left[\vec{X} - \begin{pmatrix} -1 \\ 2 \\ 1 \end{pmatrix} \right] = 0$

G 2. Vorgelegt ist die Ebene E: $\begin{pmatrix} 4 \\ -5 \\ -6 \end{pmatrix} \circ \left[\vec{X} - \begin{pmatrix} 1 \\ 0 \\ t \end{pmatrix} \right] = 0$; $t \in \mathbb{R}$, und die Gerade

g: $\vec{X} = \begin{pmatrix} 1 \\ 0 \\ 3 \end{pmatrix} + \lambda \begin{pmatrix} r \\ s \\ -6 \end{pmatrix}$; λ, r, s $\in \mathbb{R}$.

Wie sind die Parameter r, s und t zu wählen, damit die Gerade g

a) senkrecht zur Ebene E verläuft?

b) echt parallel zur Ebene E verläuft?

c) in der Ebene E liegt?

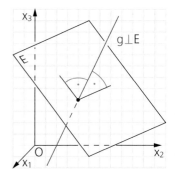

G 3. Gegeben ist eine Gerade g: $\vec{X} = \vec{A} + \lambda\vec{u}$; $\lambda \in \mathbb{R}$, und eine Ebene E: $\vec{n} \circ (\vec{X} - \vec{B}) = 0$. Finden Sie jeweils heraus, welche Bedingung(en) die „Bestimmungsstücke" $\vec{A}$, $\vec{B}$, $\vec{n}$ und $\vec{u}$ erfüllen müssen, damit

a) die Gerade g auf der Ebene E senkrecht steht.

b) die Gerade g echt parallel zur Ebene E verläuft.

c) die Gerade g in der Ebene E liegt.

d) die Gerade g die Ebene E schneidet.

4. Durch E_k: $x_1 + (k - 2)x_2 + (2k + 1)x_3 = 5 - 2k$; $k \in \mathbb{R}$, ist in einem kartesischen Koordinatensystem eine Schar von Ebenen gegeben.

a) Finden Sie jeweils heraus, welche der Scharebenen E_k

(1) den Ursprung enthält.

(2) parallel zur x_3-Achse ist.

(3) die x_2-x_3-Ebene ist.

b) Begründen Sie, dass keine der Ebenen E_k Lotebene zur x_3-Achse ist.

c) Zeigen Sie, dass die Gerade g: $\vec{X} = \begin{pmatrix} 1 \\ -2 \\ 0 \end{pmatrix} + \mu \begin{pmatrix} 5 \\ 2 \\ -1 \end{pmatrix}$; $\mu \in \mathbb{R}$, in allen Ebenen der Schar liegt.

d) Die Gerade h verläuft durch die Punkte A (0 | −4 | 1) und B (3 | 2 | −2) und schneidet die Scharebene E_1 im Punkt S; ermitteln Sie die Koordinaten von S.

5. Gegeben sind die Punkte T (−6 | 0 | 9), A (10 | 12 | 9) und L (8 | 14 | 9).

a) Zeigen Sie, dass das Dreieck TAL rechtwinklig ist.

b) Die Punkte T, A und P (p_1 | p_2 | p_3) sollen die Eckpunkte eines rechtwinkligen Dreiecks mit der Hypotenuse [TA] sein. Zeigen Sie, dass die Punkte P auf einer Kugel liegen, und ermitteln Sie die Koordinaten des Mittelpunkts M sowie die Radiuslänge r dieser Kugel K. [*Zur Kontrolle:* M (2 | 6 | 9); r = 10 LE]

c) Geben Sie die Gleichungen derjenigen Ebenen E_1 und E_2 an, die parallel zur x_1-x_2-Ebene sind und die Kugel K aus Teilaufgabe b) berühren. Für welche Werte des Parameters a berührt die Ebene E*: $x_1 = a$ diese Kugel K?

6. Die Punkte A (3 | 5 | −4), B (4 | 1 | 4) und D (−4 | 9 | 0) legen eine Ebene E fest.

a) Geben Sie eine Parametergleichung und eine Koordinatengleichung der Ebene E an. [*Zur Kontrolle:* E: $4x_1 + 5x_2 + 2x_3 = 29$]

b) Zeigen Sie, dass das Dreieck ABD gleichschenklig, aber nicht gleichseitig ist.

c) Das Viereck ABCD soll eine Raute sein. Bestimmen Sie die Koordinaten ihres Diagonalenschnittpunkts M und ihres Eckpunkts C. [*Zur Kontrolle:* M (0 | 5 | 2)]

d) Die Raute aus Teilaufgabe c) bildet zusammen mit dem Punkt S (8 | 15 | 6) eine

vierseitige Pyramide P. Beschreiben Sie die Lage der Geraden g: $\vec{X} = \begin{pmatrix} 0 \\ 5 \\ 2 \end{pmatrix} + \lambda \begin{pmatrix} 4 \\ 5 \\ 2 \end{pmatrix}$;

$\lambda \in \mathbb{R}$, in Bezug auf diese Raute, zeigen Sie, dass der Punkt S auf der Geraden g liegt, und berechnen Sie das Volumen der Pyramide P.

7. Untersuchen Sie jeweils die Ebenen $E_1: \vec{X} = \begin{pmatrix} 1 \\ 2 \\ -1 \end{pmatrix} + \lambda \begin{pmatrix} 0 \\ 1 \\ 3 \end{pmatrix} + \mu \begin{pmatrix} 1 \\ -2 \\ 2 \end{pmatrix}$; $\lambda, \mu \in \mathbb{R}$, und E_2

auf ihre gegenseitige Lage. Ermitteln Sie ggf. eine Gleichung der Schnittgeraden.

a) $E_2: -4x_1 + 3x_2 - x_3 = 3$ **b)** $E_2: x_1 + 2x_3 = 5$

c) $E_2: 3x_1 + 2x_2 + x_3 = 6$ **d)** $E_2: \begin{pmatrix} -4 \\ 3 \\ 1 \end{pmatrix} \circ \left[\vec{X} - \begin{pmatrix} 0 \\ 1 \\ 3 \end{pmatrix} \right] = 0$

e) $E_2: \begin{pmatrix} 8 \\ 3 \\ -1 \end{pmatrix} \circ \left[\vec{X} - \begin{pmatrix} 0 \\ 3 \\ -2 \end{pmatrix} \right] = 0$ **f)** $E_2: \begin{pmatrix} -2 \\ 3 \\ 4 \end{pmatrix} \circ \left[\vec{X} - \begin{pmatrix} 0 \\ 1 \\ 3 \end{pmatrix} \right] = 0$

g) $E_2: 8x_1 + 3x_2 - x_3 - 15 = 0$ **h)** $E_2: x_2 + x_3 = 5$

G 8. Geben Sie durch Überlegen an, welches Gebilde der Schnitt der sechs Ebenen E_1 bis E_6 liefert. Fertigen Sie eine Skizze an und beschreiben Sie jede der Kanten dieses Gebildes durch eine Gleichung.

$E_1: \vec{X} = \begin{pmatrix} 0 \\ 0 \\ 0 \end{pmatrix} + \lambda_1 \begin{pmatrix} 1 \\ 0 \\ 0 \end{pmatrix} + \mu_1 \begin{pmatrix} 0 \\ 1 \\ 0 \end{pmatrix}$; $\lambda_1, \mu_1 \in \mathbb{R}$; $E_2: \vec{X} = \begin{pmatrix} 0 \\ 0 \\ 0 \end{pmatrix} + \lambda_2 \begin{pmatrix} 0 \\ 1 \\ 0 \end{pmatrix} + \mu_2 \begin{pmatrix} 0 \\ 0 \\ 1 \end{pmatrix}$; $\lambda_2, \mu_2 \in \mathbb{R}$;

$E_3: \vec{X} = \begin{pmatrix} 0 \\ 0 \\ 0 \end{pmatrix} + \lambda_3 \begin{pmatrix} 1 \\ 0 \\ 0 \end{pmatrix} + \mu_3 \begin{pmatrix} 0 \\ 0 \\ 1 \end{pmatrix}$; $\lambda_3, \mu_3 \in \mathbb{R}$; $E_4: \vec{X} = \begin{pmatrix} 0 \\ 1 \\ 0 \end{pmatrix} + \lambda_4 \begin{pmatrix} 1 \\ 0 \\ 0 \end{pmatrix} + \mu_4 \begin{pmatrix} 0 \\ 0 \\ 1 \end{pmatrix}$; $\lambda_4, \mu_4 \in \mathbb{R}$;

$E_5: \vec{X} = \begin{pmatrix} 0 \\ 0 \\ 1 \end{pmatrix} + \lambda_5 \begin{pmatrix} 1 \\ 0 \\ 0 \end{pmatrix} + \mu_5 \begin{pmatrix} 0 \\ 1 \\ 0 \end{pmatrix}$; $\lambda_5, \mu_5 \in \mathbb{R}$; $E_6: \vec{X} = \begin{pmatrix} 1 \\ 0 \\ 0 \end{pmatrix} + \lambda_6 \begin{pmatrix} 0 \\ 1 \\ 0 \end{pmatrix} + \mu_6 \begin{pmatrix} 0 \\ 0 \\ 1 \end{pmatrix}$; $\lambda_6, \mu_6 \in \mathbb{R}$

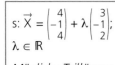

$s: \vec{X} = \begin{pmatrix} 4 \\ -1 \\ 4 \end{pmatrix} + \lambda \begin{pmatrix} 3 \\ -1 \\ 2 \end{pmatrix}$;
$\lambda \in \mathbb{R}$

Mögliche Teillösung zu 9. **L**

9. Ermitteln Sie zunächst eine Gleichung der Schnittgeraden s der beiden Ebenen $E_1: \vec{X} = \begin{pmatrix} 4 \\ -1 \\ 4 \end{pmatrix} + \lambda \begin{pmatrix} 5 \\ 0 \\ 1 \end{pmatrix} + \mu \begin{pmatrix} 2 \\ 1 \\ -1 \end{pmatrix}$; $\lambda, \mu \in \mathbb{R}$, und $E_2: x_1 + x_2 - x_3 + 1 = 0$.

Geben Sie dann eine Gleichung derjenigen Geraden g an, die parallel zu beiden Ebenen ist und durch den Punkt $P\,(1\,|-2\,|\,1)$ verläuft.

10. Geben Sie eine Gleichung derjenigen Ebene E* an, die parallel zur Ebene E mit der Gleichung $x_1 - x_2 + x_3 - 2 = 0$ ist und den Punkt $D\,(10\,|-1\,|\,3)$ enthält.

G 11. Die Gerade g mit der Gleichung $\vec{X} = \begin{pmatrix} 3 \\ -1 \\ 0 \end{pmatrix} + r \begin{pmatrix} 1 \\ 2 \\ 2 \end{pmatrix}$; $r \in \mathbb{R}$, schneidet die Ebene E

mit der Gleichung $\vec{X} = \begin{pmatrix} -1 \\ 3 \\ -2 \end{pmatrix} + \lambda \begin{pmatrix} 0 \\ -1 \\ 1 \end{pmatrix} + \mu \begin{pmatrix} 2 \\ -2 \\ 1 \end{pmatrix}$; $\lambda, \mu \in \mathbb{R}$, in einem Punkt S.

Ermitteln Sie die Koordinaten von S

a) mithilfe einer Normalengleichung der Ebene E.

b) mithilfe obiger Parametergleichung der Ebene E.

G 12. Geben Sie zwei Ebenen E_1 und E_2 an, die die x_3-Achse als Schnittgerade besitzen. Dabei sollen beide Ebenengleichungen jeweils

a) in Normalenform sein.   **b)** in Parameterform sein.

G 13. Gegeben ist die Ebene $E: x_1 - 10x_2 + 5x_3 - 1 = 0$. Finden Sie heraus, welche der

Vektorpaare   **a)** $\begin{pmatrix} 5 \\ 2 \\ 3 \end{pmatrix}$ und $\begin{pmatrix} 0 \\ 2 \\ 4 \end{pmatrix}$,   **b)** $\begin{pmatrix} 10 \\ 2 \\ 2 \end{pmatrix}$ und $\begin{pmatrix} 0 \\ 2 \\ 4 \end{pmatrix}$,   **c)** $\begin{pmatrix} 5 \\ 2 \\ 0 \end{pmatrix}$ und $\begin{pmatrix} 0 \\ 1 \\ 2 \end{pmatrix}$,   **d)** $\begin{pmatrix} 10 \\ 2 \\ 2 \end{pmatrix}$ und $\begin{pmatrix} -5 \\ -1 \\ -1 \end{pmatrix}$

Richtungsvektorpaare von E sein können.

G 14. Gegeben sind die Ebenen $E_1: 3x_1 + x_2 - 2x_3 = 6$ und $E_2: x_1 - x_2 - 3x_3 = 12$.

Finden Sie jeweils mindestens zwei mögliche Ebenengleichungen in Punkt-Richtungs-Form.

G 15. Die Gleichungen der Ebenen E und E* sind in Punkt-Richtungs-Form gegeben:
$E: \vec{X} = \vec{A} + \lambda\vec{u} + \mu\vec{v}; \quad E^*: \vec{X} = \vec{A^*} + \rho\vec{u}^* + \sigma\vec{v}^*; \lambda, \mu, \rho, \sigma \in \mathbb{R}.$
Finden Sie heraus, welche der folgenden Aussagen wahr sind, und halten Sie die
Ergebnisse in Ihrem Heft fest.

Wenn E und E* zueinander echt parallel sind, gilt:	Wenn E und E* einander schneiden und A ∉ E* sowie A* ∉ E ist, gilt:	Wenn E mit E* identisch, aber A ≠ A* ist, gilt:
$\vec{u}, \vec{v}, \vec{u}^*$ *und* $\vec{u}, \vec{v}, \vec{v}^*$ sind • linear unabhängig. • linear abhängig.	$\vec{u}, \vec{v}, \vec{u}^*$ *und/oder* $\vec{u}, \vec{v}, \vec{v}^*$ sind • linear unabhängig. • linear abhängig.	$\vec{u}, \vec{v}, \vec{u}^*$ *und* $\vec{u}, \vec{v}, \vec{v}^*$ sind • linear unabhängig. • linear abhängig.
$\vec{A} - \vec{A^*}, \vec{u}, \vec{v}$ sind • linear unabhängig. • linear abhängig.	$\vec{A} - \vec{A^*}, \vec{u}, \vec{v}$ sind • linear unabhängig. • linear abhängig.	$\vec{A} - \vec{A^*}, \vec{u}, \vec{v}$ sind • linear unabhängig. • linear abhängig.

G 16. Das Dach eines Ausstellungspavillons hat die Form einer dreiseitigen Pyramide mit
den Eckpunkten A (16 | –13 | 4), B (8 | 11 | 4), C (0 | –5 | 2) und D (6 | –3 | 12).
Eine Einheit im kartesischen Koordinatensystem entspricht einem Meter.
Die x_1-x_2-Ebene beschreibt die Horizontalebene, in der die Grundfläche des
Pavillons liegt.

a) An den Dachkanten [AB], [BC] und [CA] sollen Dachrinnen befestigt werden.
Berechnen Sie die Gesamtlänge der Dachrinnen.
Zeigen Sie, dass die Grundebene der Dachpyramide nicht parallel zur
Horizontalebene (mit der Gleichung $x_3 = 0$) ist.

An einem im Punkt D befestigten freihängenden Seil soll an dessen unterem Ende
L ein Beleuchtungskörper aufgehängt werden. Die Lage des Seils werde durch die
Strecke [DL] charakterisiert.

b) Begründen Sie, dass die Strecke [DL] auf der Geraden g mit der Gleichung
$\vec{X} = \begin{pmatrix} 6 \\ -3 \\ 0 \end{pmatrix} + t \begin{pmatrix} 0 \\ 0 \\ 1 \end{pmatrix}; t \in \mathbb{R}$, liegt.

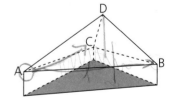

c) Die Punkte A, B und C bestimmen die Grundebene E der Dachpyramide.
Ermitteln Sie eine Normalengleichung dieser Ebene E.
[*Mögliches Ergebnis zur Kontrolle*: E: $3x_1 + x_2 - 20x_3 + 45 = 0$]
Der Punkt L sei der Durchstoßpunkt der Geraden g [siehe Teilaufgabe b)] durch
die Ebene E. Berechnen Sie die Koordinaten des Punkts L und ermitteln Sie die
Länge des Seils.

Abituraufgabe

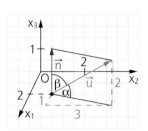

17. Um Bewegungen im Umfeld eines Flughafens zu beschreiben, wird ein kartesisches Koordinatensystem benutzt. Hierbei befindet sich der Fuß des Towers des Flughafens im Koordinatenursprung; die Start- und Landebahnen liegen in der x_1-x_2-Koordinatenebene. Eine Längeneinheit entspricht einem Kilometer.

a) Ein Flugzeug F_1 bewegt sich nach dem Abheben von der Startbahn bis zum Erreichen der vorgeschriebenen Flughöhe in Richtung des Vektors $\vec{u} = \begin{pmatrix} 1 \\ 3 \\ 2 \end{pmatrix}$ und fliegt dabei durch den Punkt M (3 | 4 | 2). Ermitteln Sie die Koordinaten des Punkts, in dem das Flugzeug von der Startbahn abgehoben hat, und die Größe α des Startwinkels.

b) Die Bahn eines Flugzeugs F_2 nach dem Abheben kann in diesem Koordinatensystem durch die Gleichung $\vec{X} = \begin{pmatrix} 1 \\ -1 \\ 0 \end{pmatrix} + t \cdot \begin{pmatrix} 1 \\ 3 \\ 1 \end{pmatrix}$ mit $t \in \mathbb{R}^+$ beschrieben werden. Der Tower ortet im Punkt R (1 | 9 | 5) ein Flugzeug F_3, das geradlinig mit konstanter Geschwindigkeit in Richtung des Vektors $\vec{b} = \begin{pmatrix} 1 \\ 3 \\ 0 \end{pmatrix}$ fliegt.

Zeigen Sie, dass A (6 | 14 | 5) auf der Flugbahn von F_2 und dass B (3 | 15 | 5) auf der Flugbahn von F_3 liegt sowie dass der Vektor $\overrightarrow{AB}$ auf beiden Flugbahnen senkrecht steht. Ermitteln Sie seine Länge $\overline{AB}$ und begründen Sie, dass jederzeit ein Sicherheitsabstand von mindestens 1 km zwischen den Flugzeugen F_2 und F_3 eingehalten wird.

c) Die Front eines Gewitters befindet sich zu jedem Zeitpunkt t (t in Minuten gemessen) in einer Ebene E_t mit der Gleichung
$$\vec{X} = \begin{pmatrix} 2t-5 \\ 13-t \\ 3 \end{pmatrix} + p \cdot \begin{pmatrix} 5 \\ -1 \\ 1 \end{pmatrix} + q \cdot \begin{pmatrix} -10 \\ 2 \\ 0 \end{pmatrix} \text{ mit } p, q \in \mathbb{R} \text{ und } t \in \mathbb{R}_0^+.$$
Die Beobachtung im Tower beginnt mit t = 0 um 12:30 Uhr. Wann erreicht die Gewitterfront den Tower?

d) Wegen des Gewitters konnten eine Stunde lang keine Flugzeuge starten oder landen.

(1) Auf den Start warten fünf Flugzeuge. Berechnen Sie die Anzahl der möglichen Startreihenfolgen, wenn diese Flugzeuge nacheinander abfliegen.
Nur zwei der fünf Flugzeuge gehören zu derselben Fluggesellschaft. Berechnen Sie die Wahrscheinlichkeit dafür, dass diese beiden Maschinen direkt nacheinander starten, wenn alle möglichen Startreihenfolgen gleich wahrscheinlich sind.

(2) Es werden jetzt 100 Flüge betrachtet. Die Wahrscheinlichkeit für die Verspätung eines Flugs wegen des Wetters beträgt 2 %. Berechnen Sie die Wahrscheinlichkeit dafür, dass sich die Anzahl der wegen Wetterunbilden verspäteten Flugzeuge höchstens um die Standardabweichung vom Erwartungswert unterscheidet.

W1   Was versteht man unter einem Prozentpunkt?

W2   Welche ist die kleinste natürliche Zahl n, für die $1 - 0{,}95^n > 0{,}98$ ist?

W3   Welchen Wert haben die bedingten Wahrscheinlichkeiten $P_M(D)$ und $P_{\overline{D}}(\overline{M})$, wenn D und M Ereignisse über demselben Ergebnisraum sind und für sie die nebenstehende Vierfeldertafel gilt.

	D	$\overline{D}$	
M	0,3	0,4	0,7
$\overline{M}$	0,2	0,1	0,3
	0,5	0,5	1,0

Das Zusammenspiel von Mathematik und Architektur ist ein lebendiger Prozess, der sich in ständigem Wandel befindet. Bauten aus jüngerer Zeit legen Zeugnis ab von der Anwendung der Mathematik und ihrer Ästhetik sowie von der Beherrschung der Technik sowohl im Material als auch in der Form.

> *Architektur sollte Inhalte und Strukturen bedienen.*
> *Der interessanteste Aspekt der Architektur*
> *ist der Aufbruch in neue Welten, statt in alten zu verharren.*
> *(Rem Koolhaas)*

Im Zentrum von Seoul ist nach den Plänen des niederländischen Architekten Rem Koolhaas ausgehend von der Form eines Tetraeders ein neuartiges Bauwerk entstanden, der **Transformer**; der Transformer ist aus vier aus Stahl geschweißten geometrischen Formen, nämlich einem Kreuz, einem Rechteck, einem Sechseck und einem Kreis zusammengesetzt und kann gekippt werden, so dass jede der vier Flächen als Boden oder als eine der drei Wände fungieren kann.

Anzahl der Stahlteile: 250
Masse: 180 t
Höhe: 20 m

Der Transformer wird als Kino, für Filmfestivals, für Modeschauen und für Ausstellungen genutzt; dann werden die Seitenflächen mit einer weißen Membran umspannt.

- Mit etwa wie vielen Stühlen kann man den Boden des Transformers bestuhlen, wenn der Kreis den Boden bildet?
- Schätzen Sie die Größe der Membranfläche.

Flächeninhalte:
Kreuz: 225 m²
Rechteck: 276 m²
Sechseck: 385 m²
Kreis: 349 m²

Die Abbildung zeigt Bilder des **Rotating Tower**, den der italienische Architekt David Fisher entworfen hat und der nach seiner Fertigstellung ein Wahrzeichen von Dubai sein soll. Auch für Moskau und für New York ist ein Bauwerk dieser Art geplant. Das Gebäude ist 420 m hoch und besitzt 80 Stockwerke, die unabhängig voneinander rotieren können. Der Rotating Tower ist umweltfreundlich: Er erzeugt die zur Rotation erforderliche Energie wie auch die Energie für das Gebäude mit Windturbinen und mit Solartechnik selbst.

- Erklären Sie das Cavalieri'sche Prinzip anhand des Rotating Tower.

Rotating Tower:
Designed by life … shaped by time.
(David Fisher)

Themenseite

Arbeitsaufträge

1. Informieren Sie sich über die Funktionsweise von Einparkhilfen und stellen Sie Ihr Ergebnis der Klasse vor.

2. Gegeben ist die Ebene E: $2x_1 - x_2 + 2x_3 - 12 = 0$.
   Ermitteln Sie den Abstand d des Ursprungs O von der Ebene E. Gehen Sie dabei jeweils in den drei angegebenen Schritten vor und erläutern Sie dann die beiden Lösungswege Ihrem Nachbarn / Ihrer Nachbarin.

   a) 1. Lösungsweg:

      1. Schritt: Lotgerade l zu E durch O:
                       Geben Sie eine Gleichung von l an.
      2. Schritt: Schnittpunkt S der Lotgeraden l mit E:
                       Ermitteln Sie die Koordinaten von S.
      3. Schritt: Abstand d des Ursprungs O von E:
                       Berechnen Sie $d = \overline{OS} = |\overrightarrow{OS}|$.

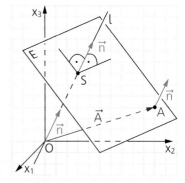

   b) 2. Lösungsweg:

      1. Schritt: $d = \overline{OS} = \overline{OA} \cdot |\cos \varphi|$ (1)

      2. Schritt: $\cos \varphi = \dfrac{\overrightarrow{OA} \circ \vec{n}}{|\overrightarrow{OA}| \cdot |\vec{n}|}$ eingesetzt in (1)

      3. Schritt: $d = \overline{OS} = \overline{OA} \cdot \left| \dfrac{\overrightarrow{OA} \circ \vec{n}}{|\overrightarrow{OA}| \cdot |\vec{n}|} \right| = \dfrac{|\overrightarrow{OA} \circ \vec{n}|}{|\vec{n}|}$

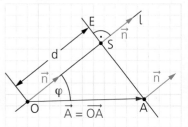

   Vergleichen Sie die beiden Lösungswege miteinander.

3. Experimentieren Sie mit Ihrem Mathematikbuch *delta 12* und zwei Bleistiften:

   a) Veranschaulichen Sie den Winkel, den zwei Ebenen miteinander bilden (Abbildung ①).

   b) Erläutern Sie die Abbildung ② und geben Sie an, wie man die Größe φ des Winkels, unter dem zwei Ebenen einander schneiden, mithilfe ihrer Normalenvektoren ermitteln kann.

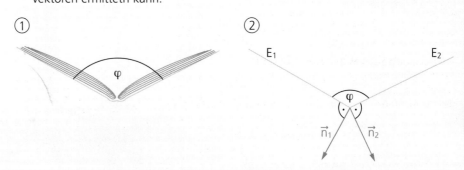

Für **Abstandsberechnungen** ist es günstig, Ebenen durch spezielle Normalen-gleichungen darzustellen, bei denen der Normalenvektor den Betrag 1 hat (also ein Einheitsvektor ist) und vom Ursprung zur betreffenden Ebene hin orientiert ist.

Diese Form E_{HNF}: $\vec{n}^0 \circ (\vec{X} - \vec{A}) = 0$ mit $\vec{n}^0 \circ \vec{A} \geqq 0$ der Gleichung der Ebene E heißt **Hesse'sche Normalenform**. Man erhält sie, indem man beide Seiten der Gleichung von E: $\vec{n} \circ (\vec{X} - \vec{A}) = 0$ durch $|\vec{n}|$ bzw. durch $-|\vec{n}|$ dividiert.

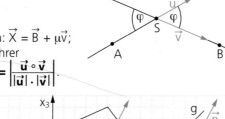

Hinweis: Wenn $\vec{n}^0$ *zur Ebene hin* orientiert ist (die O nicht enthält), gilt $\sphericalangle(\vec{n}^0; \vec{A}) < 90°$, also $\vec{n}^0 \circ \vec{A} > 0$.

Für den Abstand d_P des Punkts P von der Ebene E gilt
$$d_P = |\vec{n}^0 \circ (\vec{P} - \vec{A})|.$$

Sonderfall:
Für den Abstand d_O des Ursprungs O von der Ebene E gilt $d_O = |\vec{n}^0 \circ \vec{A}|$.

Winkelberechnungen
* **Schnittwinkel zweier Geraden**

Schneiden die Geraden g: $\vec{X} = \vec{A} + \lambda\vec{u}$ und h: $\vec{X} = \vec{B} + \mu\vec{v}$; $\lambda, \mu \in \mathbb{R}$, einander, so gilt für die Größe φ ihrer (spitzen oder rechten) Schnittwinkel $\cos \varphi = \left|\dfrac{\vec{u} \circ \vec{v}}{|\vec{u}| \cdot |\vec{v}|}\right|$.

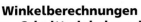

* **Schnittwinkel zwischen einer Geraden und einer Ebene**

Die Gerade g: $\vec{X} = \vec{A} + \lambda\vec{u}$; $\lambda \in \mathbb{R}$, schneidet die Ebene E im Punkt S (steht aber nicht senkrecht auf E). Diejenige Lotebene L zu E, die die Gerade g enthält, schneidet die Ebene E in der Geraden s: $\vec{X} = \vec{S} + \mu\vec{v}$; $\mu \in \mathbb{R}$. Unter dem Schnittwinkel der Geraden g und der Ebene E versteht man den Schnittwinkel der Geraden g und s. Da der Normalenvektor $\vec{n}$ der Ebene E senkrecht auf dem Richtungsvektor $\vec{v}$ der Geraden s steht, gilt für die Größe φ der (spitzen) Schnittwinkel

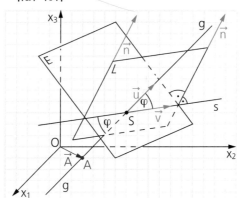

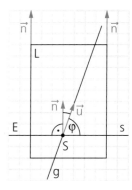

$$\cos (90° - \varphi) = \left|\frac{\vec{u} \circ \vec{n}}{|\vec{u}| \cdot |\vec{n}|}\right|, \text{ also } \sin \varphi = \left|\frac{\vec{u} \circ \vec{n}}{|\vec{u}| \cdot |\vec{n}|}\right|.$$

* **Schnittwinkel zweier Ebenen**

Schneiden die beiden Ebenen E_1: $\vec{n_1} \circ (\vec{X} - \vec{A}) = 0$ und E_2: $\vec{n_2} \circ (\vec{X} - \vec{B}) = 0$ einander, so gilt für die Größe φ ihrer (spitzen oder rechten) Schnittwinkel $\cos \varphi = \left|\dfrac{\vec{n_1} \circ \vec{n_2}}{|\vec{n_1}| \cdot |\vec{n_2}|}\right|$.

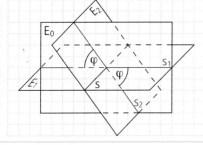

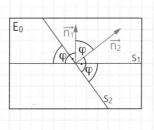

Beispiele

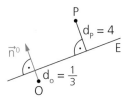

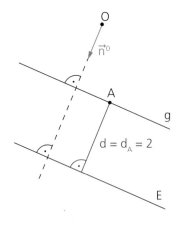

(Abb. nicht maßstäblich)

● Berechnen Sie den Abstand des Punkts P (5 | 3 | −4) von der Ebene
E: $x_1 − 4x_2 + 8x_3 + 3 = 0$.

Lösung:

$$\frac{x_1 − 4x_2 + 8x_3 + 3}{−\sqrt{1^2 + (−4)^2 + 8^2}} = 0; \quad E_{HNF}: \frac{x_1 − 4x_2 + 8x_3 + 3}{−9} = 0; \quad \vec{n}^0 = −\frac{1}{9}\begin{pmatrix} 1 \\ −4 \\ 8 \end{pmatrix};$$

$$d_P = \left| \frac{5 − 4 \cdot 3 + 8 \cdot (−4) + 3}{−9} \right| = \left| \frac{−36}{−9} \right| = |4| = 4; \quad d_o = \left| \frac{3}{−9} \right| = \left| −\frac{1}{3} \right| = \frac{1}{3}$$

● Gegeben ist die Ebene E: $2x_1 + 2x_2 − x_3 − 12 = 0$ sowie die zu E echt parallele

Gerade g: $\vec{X} = \begin{pmatrix} 2 \\ 1 \\ 0 \end{pmatrix} + \lambda \begin{pmatrix} −1 \\ 2 \\ 2 \end{pmatrix}$; $\lambda \in \mathbb{R}$. Ermitteln Sie den Abstand d der Geraden g von

der Ebene E.

Lösung:

Wegen $\vec{u_g} \circ \vec{n_E} = \begin{pmatrix} −1 \\ 2 \\ 2 \end{pmatrix} \circ \begin{pmatrix} 2 \\ 2 \\ −1 \end{pmatrix} = −2 + 4 − 2 = 0$ ist g ∥ E.

Da somit alle Punkte der Geraden g von der Ebene E den gleichen Abstand
besitzen, wählt man einen beliebigen Geradenpunkt [z. B. A (2 | 1 | 0) ∈ g] und
bestimmt dessen Abstand von E.

$$\frac{2x_1 + 2x_2 − x_3 − 12}{\sqrt{2^2 + 2^2 + (−1)^2}} = 0; \quad E_{HNF}: \frac{2x_1 + 2x_2 − x_3 − 12}{3} = 0; \quad \vec{n}^0 = \frac{1}{3}\begin{pmatrix} 2 \\ 2 \\ −1 \end{pmatrix};$$

$$d_A = \left| \frac{2 \cdot 2 + 2 \cdot 1 − 12}{3} \right| = \left| \frac{−6}{3} \right| = |−2| = 2; \quad d_o = \left| \frac{−12}{3} \right| = |−4| = 4$$

● Vorgelegt sind die beiden zueinander parallelen Ebenen E_1: $2x_1 + 2x_2 − x_3 − 12 = 0$
und E_2: $−2x_1 − 2x_2 + x_3 − 18 = 0$; berechnen Sie ihren Abstand d voneinander.

Lösung:

1. Möglichkeit:
Es ist $\vec{n_{E_1}} = −\vec{n_{E_2}}$, also $E_1 ∥ E_2$. Da somit alle Punkte der Ebene E_1 von der Ebene E_2
den gleichen Abstand besitzen, wählt man einen beliebigen Punkt der Ebene E_1
[z. B. A (2 | 2 | −4)] und bestimmt dessen Abstand von E_2.

$$\frac{−2x_1 − 2x_2 + x_3 − 18}{\sqrt{(−2)^2 + (−2)^2 + 1^2}} = 0; \quad E_{2\,HNF}: \frac{−2x_1 − 2x_2 + x_3 − 18}{3} = 0; \quad \vec{n_2}^0 = \frac{1}{3}\begin{pmatrix} −2 \\ −2 \\ 1 \end{pmatrix};$$

$$d = d_A = \left| \frac{−2 \cdot 2 − 2 \cdot 2 − 4 − 18}{3} \right| = \left| \frac{−30}{3} \right| = |−10| = 10$$

2. Möglichkeit:
Der Ursprung hat von der Ebene E_1 den
Abstand $d_1 = \left| \frac{−12}{3} \right| = 4$ und von der Ebene
E_2 den Abstand $d_2 = \left| \frac{−18}{3} \right| = 6$. Geometrische Überlegungen (vgl. Abbildung)
zeigen, dass der Ursprung zwischen den
Parallelebenen E_1 und E_2 liegt. Also ist
$d = d_1 + d_2 = 10$.

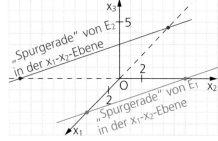

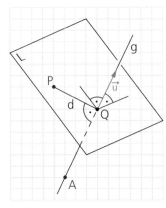

● Gegeben sind die Gerade g: $\vec{X} = \begin{pmatrix} −5 \\ −1 \\ 2 \end{pmatrix} + \lambda \begin{pmatrix} 4 \\ 1 \\ −1 \end{pmatrix}$; $\lambda \in \mathbb{R}$, und der Punkt P (1 | 17 | 8).

Berechnen Sie den Abstand d des Punkts P von der Geraden g.

Lösung:

Die Lotebene L zu g durch P schneidet g im Punkt Q.

$$\begin{pmatrix} 4 \\ 1 \\ −1 \end{pmatrix} \circ \left[\vec{X} − \begin{pmatrix} 1 \\ 17 \\ 8 \end{pmatrix} \right] = 0; \quad L: 4x_1 + x_2 − x_3 − 13 = 0;$$

L ∩ g = {Q}: $4(−5 + 4\lambda) + (−1 + \lambda) − (2 − \lambda) − 13 = 0$;
$−20 + 16\lambda − 1 + \lambda − 2 + \lambda − 13 = 0$; $18\lambda − 36 = 0$; $\lambda = 2$ eingesetzt in die

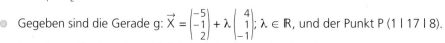

Gleichung von g: $\vec{Q} = \begin{pmatrix} -5 \\ -1 \\ 2 \end{pmatrix} + 2 \cdot \begin{pmatrix} 4 \\ 1 \\ -1 \end{pmatrix} = \begin{pmatrix} 3 \\ 1 \\ 0 \end{pmatrix}$; Q (3 | 1 | 0);

Die Länge $\overline{PQ}$ der Strecke [PQ] ist der gesuchte Abstand d:

$d = \sqrt{(3-1)^2 + (1-17)^2 + (0-8)^2} = \sqrt{4 + 256 + 64} = \sqrt{324} = 18.$

○ Die Geraden g: $\vec{X} = \begin{pmatrix} 3 \\ 3 \\ 2 \end{pmatrix} + \lambda \begin{pmatrix} 1 \\ 0 \\ -1 \end{pmatrix}$ und h: $\vec{X} = \begin{pmatrix} 3 \\ 3 \\ 2 \end{pmatrix} + \mu \begin{pmatrix} 0 \\ 1 \\ 2 \end{pmatrix}$; $\lambda, \mu \in \mathbb{R}$,

schneiden einander im Punkt S (3 | 3 | 2). Berechnen Sie die Größe φ ihrer spitzen (oder rechten) Schnittwinkel.

Lösung:

$\cos \varphi = \left| \dfrac{\vec{u} \circ \vec{v}}{|\vec{u}| \cdot |\vec{v}|} \right| = \left| \dfrac{\begin{pmatrix} 1 \\ 0 \\ -1 \end{pmatrix} \circ \begin{pmatrix} 0 \\ 1 \\ 2 \end{pmatrix}}{\sqrt{1^2 + 0^2 + (-1)^2} \cdot \sqrt{0^2 + 1^2 + 2^2}} \right| = \left| \dfrac{-2}{\sqrt{2} \cdot \sqrt{5}} \right| = \dfrac{\sqrt{10}}{5}$; $\varphi \approx 50{,}8°$

○ Die Gerade g: $\vec{X} = \begin{pmatrix} 3 \\ -2 \\ 0 \end{pmatrix} + \lambda \begin{pmatrix} 15 \\ -5 \\ 17 \end{pmatrix}$; $\lambda \in \mathbb{R}$, schneidet die Ebene E: $2x_1 - 3x_2 + 6x_3 - 12 = 0$

im Punkt S (3 | −2 | 0) (Nachweis nicht verlangt). Berechnen Sie die Größe φ ihrer spitzen Schnittwinkel.

Lösung:

$\sin \varphi = \left| \dfrac{\vec{u} \circ \vec{n}}{|\vec{u}| \cdot |\vec{n}|} \right| = \left| \dfrac{\begin{pmatrix} 15 \\ -5 \\ 17 \end{pmatrix} \circ \begin{pmatrix} 2 \\ -3 \\ 6 \end{pmatrix}}{\sqrt{15^2 + (-5)^2 + 17^2} \cdot \sqrt{2^2 + (-3)^2 + 6^2}} \right| = \left| \dfrac{30 + 15 + 102}{\sqrt{539} \cdot 7} \right| = \dfrac{147}{7\sqrt{539}} = \dfrac{3}{\sqrt{11}}$;

$\varphi \approx 64{,}8°$

○ Gegeben sind die Ebenen E_1: $2x_1 - 3x_2 + 4x_3 = 5$ und E_2: $x_1 + x_2 - x_3 = 0$. Berechnen Sie die Größe φ ihrer spitzen (oder rechten) Schnittwinkel.

Lösung:

$\cos \varphi = \left| \dfrac{\vec{n_1} \circ \vec{n_2}}{|\vec{n_1}| \cdot |\vec{n_2}|} \right| = \left| \dfrac{\begin{pmatrix} 2 \\ -3 \\ 4 \end{pmatrix} \circ \begin{pmatrix} 1 \\ 1 \\ -1 \end{pmatrix}}{\sqrt{2^2 + (-3)^2 + 4^2} \cdot \sqrt{1^2 + 1^2 + (-1)^2}} \right| = \left| \dfrac{2 - 3 - 4}{\sqrt{29} \cdot \sqrt{3}} \right| = \dfrac{5}{\sqrt{87}}$; $\varphi \approx 57{,}6°$

○ Gibt es Punkte, die von zwei zueinander windschiefen Geraden den gleichen Abstand haben?

○ Mithilfe welcher Proben (Stichproben) kann man untersuchen, ob zwei verschiedene Ebenengleichungen ein und dieselbe Ebene darstellen?

○ Welche geometrischen Probleme lassen sich günstiger lösen, wenn die Ebenengleichung(en) a) in Parameterform b) in Koordinatenform gegeben ist (sind)?

---

1. Ermitteln Sie jeweils den Abstand des Ursprungs O und des Punkts P von der Ebene E.

Aufgaben

a) E: $2x_1 + x_2 + 2x_3 - 2 = 0$; P (6 | −1 | 9) b) E: $x_1 - x_2 + 6 = 0$; P (7 | 7 | 2)

c) E: $x_1 - 2x_2 - 2x_3 = 0$; P (−1 | 1 | 3)   d) E: $3x_1 + 4x_3 - 10 = 0$; P (4 | −1 | 2)

$0; \dfrac{2}{3}; 2; 3; 3\sqrt{2}; 9$

Abstände zu 1. **L**

G 2. Gegeben:

(1) g: $\vec{X} = \begin{pmatrix} 7 \\ -13 \\ -4 \end{pmatrix} + \lambda \begin{pmatrix} 3 \\ 2 \\ 2 \end{pmatrix}$; $\lambda \in \mathbb{R}$; E: $2x_1 - 2x_2 - x_3 + 10 = 0$

(2) g: $\vec{X} = \begin{pmatrix} 0 \\ 7 \\ -1 \end{pmatrix} + \lambda \begin{pmatrix} -5 \\ 6 \\ -1 \end{pmatrix}$; $\lambda \in \mathbb{R}$; E: $x_1 + x_2 + x_3 + 12 = 0$

a) Zeigen Sie jeweils, dass die Gerade g parallel zur Ebene E ist.

b) Berechnen Sie jeweils den Abstand der Geraden g von der Ebene E.

c) Projizieren Sie jeweils g senkrecht auf E und geben Sie eine Gleichung der Bildgeraden g* an.

G 3. Ermitteln Sie jeweils den Abstand der beiden Parallelebenen E_1 und E_2

a) vom Ursprung   b) voneinander

und veranschaulichen Sie die relative Lage von E_1, E_2 und O.

(1) E_1: $2x_1 - 2x_2 - x_3 + 18 = 0$; E_2: $2x_1 - 2x_2 - x_3 + 27 = 0$
(2) E_1: $2x_1 - 2x_2 - x_3 + 18 = 0$; E_2: $2x_1 - 2x_2 - x_3 - 18 = 0$
(3) E_1: $3x_1 - 4x_2 - 10 = 0$; E_2: $-3x_1 + 4x_2 = 0$

0; 2; 3; 6; 9; 12

Abstände zu 3.   **L**

4. Finden Sie die Gleichungen derjenigen Ebenen, die parallel zur Ebene
E: $16x_1 + 8x_2 + 2x_3 = 0$ sind und vom Ursprung den Abstand 9 besitzen.

5. Ermitteln Sie jeweils den Abstand d der zueinander parallelen Geraden g und h
voneinander.

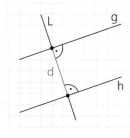

a) $g: \vec{X} = \begin{pmatrix} 4 \\ -1 \\ 1 \end{pmatrix} + \lambda \begin{pmatrix} -1 \\ 1 \\ 0 \end{pmatrix}$; $h: \vec{X} = \begin{pmatrix} 2 \\ -1 \\ 3 \end{pmatrix} + \lambda \begin{pmatrix} -1 \\ 1 \\ 0 \end{pmatrix}$; $\lambda, \mu \in \mathbb{R}$

b) $g: \vec{X} = \begin{pmatrix} 0 \\ 3 \\ 2 \end{pmatrix} + \lambda \begin{pmatrix} -2 \\ 1 \\ 0 \end{pmatrix}$; $h: \vec{X} = \begin{pmatrix} 0 \\ 3 \\ 4 \end{pmatrix} + \lambda \begin{pmatrix} 2 \\ -1 \\ 0 \end{pmatrix}$; $\lambda, \mu \in \mathbb{R}$

6. Zeigen Sie jeweils, dass die Geraden g und h einander schneiden, und berechnen
Sie die Größe φ ihrer spitzen Schnittwinkel.

a) $g: \vec{X} = \begin{pmatrix} 1 \\ 3 \\ 2 \end{pmatrix} + \lambda \begin{pmatrix} 0 \\ 2 \\ 1 \end{pmatrix}$; $h: \vec{X} = \begin{pmatrix} 3 \\ -1 \\ 6 \end{pmatrix} + \mu \begin{pmatrix} 1 \\ 0 \\ 3 \end{pmatrix}$; $\lambda, \mu \in \mathbb{R}$

b) $g: \vec{X} = \begin{pmatrix} 1 \\ 4 \\ 2 \end{pmatrix} + \lambda \begin{pmatrix} 1 \\ 2 \\ 3 \end{pmatrix}$; $h: \vec{X} = \begin{pmatrix} 0 \\ 2 \\ -1 \end{pmatrix} + \mu \begin{pmatrix} 1 \\ 0 \\ 3 \end{pmatrix}$; $\lambda, \mu \in \mathbb{R}$

c) $g: \vec{X} = \begin{pmatrix} 2 \\ 0 \\ -2 \end{pmatrix} + \lambda \begin{pmatrix} 0 \\ 1 \\ 2 \end{pmatrix}$; $h: \vec{X} = \begin{pmatrix} 1 \\ 2 \\ 3 \end{pmatrix} + \mu \begin{pmatrix} -1 \\ 0 \\ 1 \end{pmatrix}$; $\lambda, \mu \in \mathbb{R}$

(0 | −2 | 1); (0 | 2 | −1);
(1 | −1 | 0); (2 | 2 | 2);
(4 | −1 | −1)

*Schnittpunktskoordi-
naten zu 6. und 7.* **L**

7. Finden Sie jeweils heraus, in welchem Punkt S und unter welchem spitzen Winkel
φ die Gerade g die Ebene E schneidet.

a) $g: \vec{X} = \begin{pmatrix} 1 \\ -2 \\ 0 \end{pmatrix} + \lambda \begin{pmatrix} 1 \\ 0 \\ -1 \end{pmatrix}$; $\lambda \in \mathbb{R}$; E: $3x_1 - x_2 - x_3 = 1$

b) $g: \vec{X} = \begin{pmatrix} 3 \\ -9 \\ 7 \end{pmatrix} + \lambda \begin{pmatrix} 1 \\ 8 \\ -8 \end{pmatrix}$; $\lambda \in \mathbb{R}$; E: $2x_1 + 4x_2 - 3x_3 = 7$

8. Berechnen Sie jeweils die Größe φ eines der Schnittwinkel der beiden Ebenen E_1
und E_2.

a) E_1: $5x_1 + 2x_2 - 6x_3 = 12$ E_2: $x_1 + 5x_2 + 3x_3 + 4 = 0$
b) E_1: $2x_1 - 3x_2 - 4x_3 + 11 = 0$ E_2: $-11x_1 + 2x_2 - 7x_3 + 12 = 0$
c) E_1: $\begin{pmatrix} 2 \\ -1 \\ 3 \end{pmatrix} \circ \left[\vec{X} - \begin{pmatrix} 0 \\ 1 \\ -1 \end{pmatrix} \right] = 0$ E_2: $x_1 + 2x_2 = 1$

d) E_1: $\vec{X} = \begin{pmatrix} 1 \\ 1 \\ 1 \end{pmatrix} + \lambda \begin{pmatrix} 2 \\ 2 \\ -1 \end{pmatrix} + \mu \begin{pmatrix} 2 \\ 1 \\ 2 \end{pmatrix}$; E_2: $\vec{X} = \begin{pmatrix} 0 \\ 1 \\ 3 \end{pmatrix} + \rho \begin{pmatrix} -1 \\ 1 \\ 2 \end{pmatrix} + \sigma \begin{pmatrix} 0 \\ 1 \\ 0 \end{pmatrix}$; $\lambda, \mu, \rho, \sigma \in \mathbb{R}$

9. Gegeben sind die Gerade $g: \vec{X} = \begin{pmatrix} -3 \\ -3 \\ 1 \end{pmatrix} + \lambda \begin{pmatrix} 1 \\ 7 \\ 3 \end{pmatrix}$; $\lambda \in \mathbb{R}$, und der Punkt $A(-1 | a_2 | a_3)$.

a) Ermitteln Sie die Koordinaten a_2 und a_3 so, dass A auf der Geraden g liegt.

b) Das Lot l vom Punkt P (2 | 3 | 5) auf die Gerade g schneidet g im Punkt F.
Berechnen Sie die Koordinaten von F.

c) Spiegeln Sie die Punkte A (−1 | 11 | 7) und P (2 | 3 | 5) am Zentrum Z (−2 | 4 | 4)
– ihre Spiegelbilder heißen A* bzw. P* – und berechnen Sie den Flächeninhalt
des ebenen Vierecks APA*P* mit und ohne Verwendung des Vektorprodukts.

G 10. **a)** Begründen Sie, dass die Punkte D (8 | 2 | 6) und D* (0 | 8 | 4) symmetrisch bezüglich der Ebene E: $4x_1 - 3x_2 + x_3 - 6 = 0$ liegen.

b) Der Punkt S (2 | 2 | 2) soll an der Ebene E: $-2x_1 + 2x_2 + x_3 = 20$ gespiegelt werden.
Erläutern Sie die folgende Vorgehensweise zur Ermittlung der Koordinaten des Spiegelpunkts S*:
1. Schritt:
Gleichung der Lotgeraden l zu E durch S aufstellen: $\vec{X} = \begin{pmatrix} 2 \\ 2 \\ 2 \end{pmatrix} + \lambda \begin{pmatrix} -2 \\ 2 \\ 1 \end{pmatrix}$; $\lambda \in \mathbb{R}$.
2. Schritt:
Koordinaten des Fußpunkts F des Lots von S auf die Ebene E ermitteln: Aus $-2(2 - 2\lambda) + 2(2 + 2\lambda) + (2 + \lambda) = 20$ ergibt sich $\lambda = 2$, also $l \cap E = \{F (-2 | 6 | 4)\}$.
3. Schritt:
Lotstrecke [SF] über F hinaus verdoppeln: $\vec{S^*} = \vec{S} + 2 \cdot \vec{SF} = \begin{pmatrix} 2 \\ 2 \\ 2 \end{pmatrix} + 2 \cdot \begin{pmatrix} -4 \\ 4 \\ 2 \end{pmatrix} = \begin{pmatrix} -6 \\ 10 \\ 6 \end{pmatrix}$;
Spiegelpunkt von S an der Ebene E ist also S* (−6 | 10 | 6).

c) Spiegeln Sie den Punkt P (10 | −1 | 3) an der Ebene E: $7x_1 - 2x_2 + x_3 = 21$.

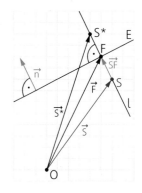

G 11. Gegeben seien eine Gerade g und ein Punkt T $\notin$ g in einem räumlichen kartesischen Koordinatensystem. Beschreiben Sie in mehreren Teilschritten einen Weg zur Ermittlung der Koordinaten zweier Punkte R und S der Geraden g, die zusammen mit T die Eckpunkte eines gleichseitigen Dreiecks bilden.

G 12. Vorgelegt seien zwei zueinander windschiefe Geraden g und h. Beschreiben Sie in mehreren Teilschritten, wie man den Abstand dieser beiden Geraden voneinander ermitteln kann. Veranschaulichen Sie dieses Problem zunächst mithilfe von drei Bleistiften, die Sie so halten, dass Sie sich die beiden zueinander windschief verlaufenden Geraden g und h und ihren Abstand voneinander gut vorstellen können.

13. Berechnen Sie jeweils die Radiuslänge r der Kugel K so, dass K die Ebene E berührt, und ermitteln Sie die Koordinaten des Berührpunkts B.

a) K: $x_1^2 + x_2^2 + x_3^2 = r^2$ E: $2x_1 - 2x_2 + x_3 = 9$
b) K: $x_1^2 + x_2^2 + x_3^2 = r^2$ E: $5x_1 + 14x_2 - 2x_3 + 50 = 0$
c) K: $(x_1 - 5)^2 + (x_2 - 1)^2 + (x_3 + 1)^2 = r^2$ E: $x_1 - 2x_2 + 2x_3 = 10$

G 14. Eine gerade Pyramide mit quadratischer Grundfläche besitzt die Spitze S (11 | 12 | 9); der Mittelpunkt der Grundfläche ist der Punkt M (7 | 10 | 5), und der Punkt P (10 | 10 | 10) liegt auf einer der vier Seitenkanten. Ermitteln Sie die Koordinaten der Eckpunkte der Grundfläche.

G 15. Gegeben ist die Gerade g: $\vec{X} = \begin{pmatrix} 3 \\ -2 \\ 3 \end{pmatrix} + \lambda \begin{pmatrix} 2 \\ 2 \\ 1 \end{pmatrix}$; $\lambda \in \mathbb{R}$.

Die Gerade h ist parallel zu g und verläuft durch den Punkt Q (5 | 6 | 1).

a) Ermitteln Sie den Abstand der Geraden g von der Geraden h.

b) Geben Sie eine Gleichung der durch g und h aufgespannten Ebene E an und berechnen Sie die Größe φ der spitzen Winkel, unter denen die Gerade

k: $\vec{X} = \begin{pmatrix} 2 \\ 1 \\ 7 \end{pmatrix} + \mu \begin{pmatrix} -3 \\ 1 \\ 0 \end{pmatrix}$; $\mu \in \mathbb{R}$, die Ebene E schneidet.

c) Eine gerade quadratische Pyramide hat ihre Spitze S auf der Geraden k [vgl. Teilaufgabe b)]. Je zwei Eckpunkte der Grundfläche liegen auf den Geraden g und h. Ermitteln Sie die Koordinaten der Spitze S sowie die Koordinaten der Eckpunkte der Pyramidengrundfläche.

Abituraufgabe

16. Eine Kugel mit Radiuslänge 7 berührt die Ebene
$E: 2x_1 + 6x_2 + 3x_3 = 60$ im Punkt S $(0 \mid 0 \mid 20)$.

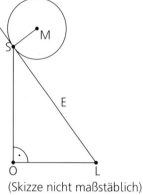

    a) Bestimmen Sie die Koordinaten der möglichen
       Kugelmittelpunkte.

Im Folgenden wird der Fall betrachtet, dass die Kugel zunächst den Mittelpunkt M $(2 \mid 6 \mid 23)$ hat (vgl. Skizze) und dann auf der Ebene E so rollt, dass ihre Spur auf der Halbgeraden [SL mit L $(3 \mid 9 \mid 0)$ liegt.

    b) Bestimmen Sie eine Gleichung der Geraden m,
       auf der sich der Kugelmittelpunkt bewegt.
       Die Kugel erreicht schließlich die x_1-x_2-Ebene
       und rollt auf dieser weiter.

(Skizze nicht maßstäblich)

    c) Berechnen Sie die Koordinaten des Schnittpunkts T
       der Geraden m [vgl. Teilaufgabe b)] mit der zur x_1-x_2-Ebene parallelen Ebene E*,
       in der sich nun der Kugelmittelpunkt bewegt. [*Zur Kontrolle*: T $(4,4 \mid 13,2 \mid 7)$]

    d) Bestimmen Sie den letzten Berührpunkt B, den die Kugel bei dem beschriebenen
       Abrollvorgang mit der Ebene E hat.

Abituraufgabe

17. Der Bearbeitungstisch einer Bohranlage (Ausgangslage ABCD) kann mithilfe einer Hydraulik um die Höhe h angehoben und um den Neigungswinkel α ($0° < \alpha \leq 90°$) um die Achse [$F_h G_h$] gekippt werden. Beide Bewegungen sind miteinander kombinierbar.

A $(8 \mid 4 \mid 0)$
B $(8 \mid 8 \mid 0)$
C $(4 \mid 8 \mid 0)$
D $(4 \mid 4 \mid 0)$
E_h $(8 \mid 4 \mid h)$
F_h $(8 \mid 8 \mid h)$
G_h $(4 \mid 8 \mid h)$
H_h $(4 \mid 4 \mid h)$

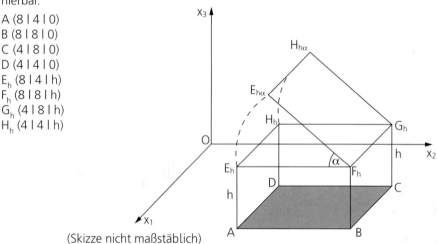

(Skizze nicht maßstäblich)

Bei einer bestimmten Lage des Bohrtisches befinden sich die vier Eckpunkte der Tischplatte $E_{h\alpha}$, F_h, G_h und $H_{h\alpha}$ in der Ebene mit der Gleichung $x_2 + x_3 = 12$.

    a) Berechnen Sie, um welche Höhe h der Bohrtisch angehoben ist.
       Berechnen Sie den Neigungswinkel α.

    b) Zur Kontrolle der Bohrtischanlage wird vom Punkt L $(0 \mid 10 \mid 20)$ aus ein Laserstrahl auf den Bohrtisch gerichtet, der bei oben beschriebener Lage am Punkt R $(6 \mid 6 \mid 6)$ der Bohrtischanlage reflektiert wird. Ein Kontrollsensor für den Empfang des reflektierten Strahles soll an der Wand der Werkhalle, die durch die Gleichung $x_2 = 13$ beschrieben wird, angebracht werden.
       Berechnen Sie die Koordinaten des Punkts, in dem der Kontrollsensor befestigt werden muss.

18. Vorgelegt ist die Schar von Ebenen E_a: $(2 - 2a)x_1 + 4x_2 + (a + 1)x_3 = 3 + 7a$; $a \in \mathbb{R}$.

a) Ermitteln Sie die Größe φ des spitzen Winkels, unter dem die x_3-Achse die Ebene E_3: $-x_1 + x_2 + x_3 = 6$ schneidet, sowie den Abstand des Ursprungs von E_3.

b) (1) Ermitteln Sie denjenigen Wert a_1 des Parameters a, für den die Ebene E_a senkrecht zur x_1-x_2-Ebene verläuft.
   (2) Für welchen Wert a_2 des Parameters a enthält die Ebene E_a den Ursprung?

c) Finden Sie jeweils heraus, für welchen Wert des Parameters a die Ebene E_a
   (1) parallel zur x_1-Achse ist.
   (2) parallel zur x_3-Achse ist.
   (3) den Punkt A $(-3 \mid 0 \mid -7)$ enthält.

d) Zeigen Sie, dass die Gerade g: $\vec{X} = \begin{pmatrix} -2 \\ 1 \\ 3 \end{pmatrix} + \lambda \begin{pmatrix} 1 \\ -1 \\ 2 \end{pmatrix}$; $\lambda \in \mathbb{R}$, in jeder Ebene der Schar liegt.

e) Berechnen Sie die Größe ε der beiden spitzen Winkel, die die Ebenen E_3 und E_0: $2x_1 + 4x_2 + x_3 = 3$ miteinander bilden.

f) Begründen Sie, dass die Ebene E_3 parallel zur Ebene E^*: $x_1 - x_2 - x_3 = 6$ ist, und berechnen Sie den Abstand der beiden Ebenen voneinander.

g) Untersuchen Sie jeweils, für welche Werte der Parameter c und a die Gerade

$$g_c: \vec{X} = \begin{pmatrix} -2 \\ c \\ 3 \end{pmatrix} + \mu \begin{pmatrix} -1 \\ 1 \\ -2 \end{pmatrix}; \mu \in \mathbb{R},$$

   (1) in der Ebene E_a liegt.
   (2) zur Ebene E_a echt parallel ist.
   (3) die Ebene E_a schneidet.

19. In einem kartesischen Koordinatensystem sind die Punkte A $(1 \mid 2 \mid 3)$, B $(4 \mid 5 \mid 3)$, **Abituraufgabe**
C $(1 \mid 2 \mid 10)$, D $(1 \mid 0 \mid 5)$ und F $(-3 \mid 4 \mid 2)$ sowie die Ebene E: $x_1 - x_2 + 1 = 0$ gegeben. Der Punkt C liegt in der Ebene E.

a) Weisen Sie nach, dass die durch die Punkte A und B verlaufende Gerade in der Ebene E liegt.
   Geben Sie die Koordinaten aller Schnittpunkte dieser Ebene mit den Koordinatenachsen an und beschreiben Sie die Lage der Ebene E im Koordinatensystem.

b) Durch die Punkte D und F verläuft die Gerade g. Berechnen Sie die Koordinaten des Schnittpunkts und die Größe φ der beiden spitzen Schnittwinkel der Geraden g mit der Ebene E.

c) Ein Punkt Q wird an der Ebene E gespiegelt; sein Spiegelpunkt ist Q′ $(-4 \mid -1 \mid 11)$.
   Ermitteln Sie die Koordinaten des Punkts Q sowie die Entfernung der Punkte Q und Q′ voneinander.

d) Das Dreieck ABC ist die Grundfläche von Pyramiden, die ein Volumen von 14 VE haben. Ermitteln Sie die Höhe einer solchen Pyramide.

W1 Wie lautet die Wertemenge W_f der Funktion f: $f(x) = e^{1 - x^2}$; $D_f = \mathbb{R}$?

W2 Wahr oder falsch? Wenn $f'(x_0) = 0$ und $f''(x_0) = 0$ ist, besitzt der Graph G_f der Funktion f einen Terrassenpunkt T $(x_0 \mid f(x_0))$. Geben Sie eine Begründung an.

W3 Welchen Wert hat f(8) und welchen Wert hat f(4), wenn für die Werte der Funktion f die Beziehung $3 \cdot f(x) + 5 \cdot f\left(\frac{64}{x}\right) = 4 \cdot x$; $x \in \mathbb{R}\backslash\{0\}$, gilt?

Fällt **Licht** auf einen undurchsichtigen Körper, dann entsteht hinter dem Körper ein **Schatten** dieses Körpers.

René Magritte (1898 bis 1967)
„Reproduction interdite"

Kommt das Licht von der Sonne, so können die Lichtstrahlen als parallel angesehen werden. Die den Schatten erzeugende Abbildung ist dann eine **Parallelprojektion**.

Ist die Lichtquelle punktförmig, gehen also die Lichtstrahlen von einem Punkt aus, so entsteht der Schatten durch **Zentralprojektion**.

Licht ...

- Ein Lichtstrahl geht vom Punkt P $(-10 \mid 4 \mid 16)$ aus und trifft die Spiegelfläche E: $x_1 + 2x_2 + 2x_3 = 66$ im Punkt M $(10 \mid 8 \mid 20)$. Finden Sie heraus, unter welchem Winkel zum Einfallslot der Lichtstrahl auf die Spiegelfläche E trifft. Der Lichtstrahl wird an der Spiegelfläche reflektiert und trifft dann im Punkt S auf die x_1-x_2-Ebene. Ermitteln Sie die Koordinaten des Punkts S. Bearbeiten Sie die Aufgabe anhand der Lösung und erläutern Sie die Bearbeitung Ihrem Nachbarn / Ihrer Nachbarin.

  Lösung:

  - Einfallswinkel:

    $$\vec{u} = \overrightarrow{PM} = \begin{pmatrix} 20 \\ 4 \\ 4 \end{pmatrix} = 4 \cdot \begin{pmatrix} 5 \\ 1 \\ 1 \end{pmatrix};$$

    $$\vec{n} = \begin{pmatrix} 1 \\ 2 \\ 2 \end{pmatrix};$$

    $$\cos \varphi = \frac{\begin{pmatrix} 5 \\ 1 \\ 1 \end{pmatrix} \circ \begin{pmatrix} 1 \\ 2 \\ 2 \end{pmatrix}}{\sqrt{27} \cdot 3} = \frac{9}{9\sqrt{3}} = \frac{1}{\sqrt{3}};$$

    $\varphi \approx 54{,}7°$

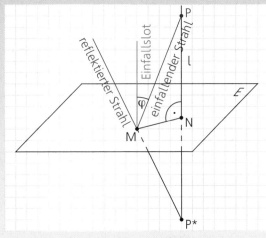

  - Das Lot l von P auf die Ebene E schneidet E im Punkt N:

    $$l: \vec{X} = \begin{pmatrix} -10 \\ 4 \\ 16 \end{pmatrix} + \lambda \begin{pmatrix} 1 \\ 2 \\ 2 \end{pmatrix}; \lambda \in \mathbb{R};$$

    $l \cap E$: $-10 + \lambda + 2(4 + 2\lambda) + 2(16 + 2\lambda) = 66$; $\lambda = 4$; N $(-6 \mid 12 \mid 24)$

  - Der reflektierte Lichtstrahl scheint vom Spiegelpunkt P* des Punkts P an der Ebene E herzukommen:

    $$\overrightarrow{OP^*} = \overrightarrow{OP} + 2 \cdot \overrightarrow{PN} = \begin{pmatrix} -10 \\ 4 \\ 16 \end{pmatrix} + 2 \cdot \begin{pmatrix} 4 \\ 8 \\ 8 \end{pmatrix} = \begin{pmatrix} -2 \\ 20 \\ 32 \end{pmatrix};$$ P* $(-2 \mid 20 \mid 32)$

  - Reflektierter Lichtstrahl s: $\vec{X} = \overrightarrow{OM} + \mu \overrightarrow{P^*M} = \begin{pmatrix} 10 \\ 8 \\ 20 \end{pmatrix} + \mu \begin{pmatrix} 12 \\ -12 \\ -12 \end{pmatrix}$; $\mu \in \mathbb{R}_0^+$

  - Schnittpunkt von s mit der x_1-x_2-Ebene: $20 - 12\mu = 0$; $\mu = \frac{5}{3}$; S $(30 \mid -12 \mid 0)$

... und Schatten

- Die Punkte A (4 | 0 | 0), B (0 | 6 | 0), C (−4 | 0 | 0), D (0 | −6 | 0) und S (0 | 0 | 12) sind die Eckpunkte einer vierseitigen Steinpyramide. Es soll der Schatten dieser Pyramide auf der x_1-x_2-Ebene und auf der ebenen Wand W gezeichnet und jeweils der Schattenflächeninhalt berechnet werden. Dabei gibt der Vektor $\vec{u} = \begin{pmatrix} 2 \\ -3 \\ -3 \end{pmatrix}$ die Richtung der Sonnenstrahlen an; die Wand W ist rechteckig und hat die Eckpunkte J (0 | −9 | 0), K (6 | 0 | 0), L (6 | 0 | 12) und M (0 | −9 | 12), ist also parallel zur Grundkante [AD] der Pyramide. Erläutern Sie Ihrem Nachbarn / Ihrer Nachbarin die dargestellte Teillösung der Aufgabe und berechnen Sie dann jeden der beiden Schattenflächeninhalte.

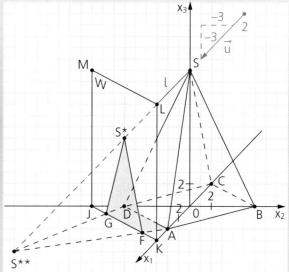

- Lichtstrahl l durch S: $\vec{X} = \begin{pmatrix} 0 \\ 0 \\ 12 \end{pmatrix} + \lambda \begin{pmatrix} 2 \\ -3 \\ -3 \end{pmatrix}$; $\lambda \in \mathbb{R}$

- l würde die x_1-x_2-Ebene im Punkt S** treffen:
  $\lambda = 4$; S** (8 | −12 | 0)

- Ebene, in der W liegt: $\vec{X} = \begin{pmatrix} 0 \\ -9 \\ 0 \end{pmatrix} + \sigma \begin{pmatrix} 6 \\ 9 \\ 0 \end{pmatrix} + \rho \begin{pmatrix} 0 \\ 0 \\ 12 \end{pmatrix}$;
  $\vec{n} = \begin{pmatrix} 2 \\ 3 \\ 0 \end{pmatrix} \times \begin{pmatrix} 0 \\ 0 \\ 1 \end{pmatrix} = \begin{pmatrix} 3 \\ -2 \\ 0 \end{pmatrix}$; E_W: $3x_1 - 2x_2 - 18 = 0$

- l trifft die Ebene E_W im Punkt S*:
  $3 \cdot 2\lambda - 2 \cdot (-3\lambda) - 18 = 0$; $\lambda = 1{,}5$;
  S* (3 | −4,5 | 7,5) $\in$ W

- Machen Sie sich klar,
  – dass die Ebene E: $3x_1 + 2x_2 = 0$ diejenige Symmetrieebene der geraden quadratischen Pyramide ABCDS ist, die die Mittelpunkte der beiden Grundkanten [DA] und [BC] enthält,
  – dass bei diesem Sonnenstand das Licht parallel zur Ebene E einfällt und
  – dass somit ein „Sonnensegel" DAS den gleichen Schatten werfen würde wie die Pyramide ABCDS.

1. Eine punktförmige Lichtquelle beleuchtet eine Projektionsleinwand. Beschreiben Sie, wie man den hellsten Punkt auf der Wand finden kann.

2. Ein ebener Spiegel liegt in der Ebene E: $x_2 + x_3 = 0$. Lichtstrahlen fallen in Richtung des Vektors $\begin{pmatrix} -1 \\ -2 \\ 1 \end{pmatrix}$ auf den Spiegel. Finden Sie heraus, in welcher Richtung sie reflektiert werden.

3. Ein Spielplatz liegt in der (horizontalen) x_1-x_2-Ebene. Auf ihm steht eine innen begehbare Kletterpyramide aus Holz mit den Eckpunkten A (3 | 8 | 0), B (12 | 11 | 0), C (9 | 20 | 0), D (0 | 17 | 0) und S (6 | 14 | 10). Auf den Spielplatz fällt paralleles Sonnenlicht in Richtung des Vektors $\begin{pmatrix} 0 \\ -4 \\ -3 \end{pmatrix}$. Zeichnen Sie in einem Koordinatensystem zunächst ein Schrägbild dieser Pyramide und tragen Sie dann den Pyramidenschatten auf dem waagrechten Boden ein.

Abituraufgabe

Zu 3.1 und 3.2:
Aufgaben 1. bis 4.

1. Gegeben sind die Punkte A (3 | 2 | 0), B (0 | 3 | 2) und C_k (1 + 3k | 2 – k | 4 – 2k);
   $k \in \mathbb{R}$.
   Zeigen Sie zunächst, dass alle Punkte C_k auf einer Geraden g liegen, und dann,
   dass diese Gerade g parallel zur Geraden AB verläuft, jedoch nicht mit AB zusam-
   menfällt.

2. Ermitteln Sie die Koordinaten des Schnittpunkts S der beiden Geraden
   $$g: \vec{X} = \begin{pmatrix} 4 \\ -3 \\ 5 \end{pmatrix} + \lambda \begin{pmatrix} -5 \\ 4 \\ 2 \end{pmatrix} \text{ und } h: \vec{X} = \begin{pmatrix} 5 \\ 1 \\ 4 \end{pmatrix} + \mu \begin{pmatrix} 1 \\ 4 \\ -1 \end{pmatrix}; \lambda, \mu \in \mathbb{R}.$$

3. Weisen Sie zunächst nach, dass die beiden Geraden $g: \vec{X} = \begin{pmatrix} 4 \\ 6 \\ 7 \end{pmatrix} + \lambda \begin{pmatrix} 3 \\ 2 \\ 0 \end{pmatrix}$ und

   $h: \vec{X} = \begin{pmatrix} -3 \\ 5 \\ -3 \end{pmatrix} + \mu \begin{pmatrix} 3 \\ -2 \\ 2 \end{pmatrix}; \lambda, \mu \in \mathbb{R}$, zueinander windschief sind. Zeigen Sie dann, dass die

   Gerade $k: \vec{X} = \begin{pmatrix} 1 \\ 4 \\ 7 \end{pmatrix} + \sigma \begin{pmatrix} -2 \\ 3 \\ 6 \end{pmatrix}; \sigma \in \mathbb{R}$, jede der beiden Geraden g und h senkrecht

   schneidet, und berechnen Sie die Länge der gemeinsamen Lotstrecke.

4. Überprüfen Sie jeweils rechnerisch, ob die beiden Geraden durch die farbig
   markierten Gitterpunkte einander schneiden, und finden Sie die Koordinaten der
   Geradenpunkte A bis D heraus.

a) 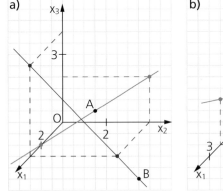   b) 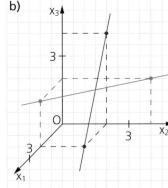   c)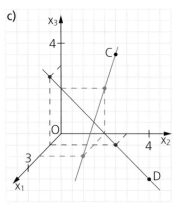

Abituraufgabe

Zu 3.3 und 3.4:
Aufgaben 5. bis 10.

5. In einem kartesischen Koordinatensystem sind die Punkte A (0 | 0 | 0), B (3 | 0 | 6),
   C (1 | 6 | 2) und D_k (5 – 2k | 1 | k); $k \in \mathbb{R}$, gegeben.

   a) Geben Sie eine Gleichung der Ebene E durch A, B und C in Normalenform an
      und bestimmen Sie dann k so, dass der Punkt D_k in der Ebene E liegt.
   b) Zeigen Sie, dass die Vektoren $\overrightarrow{AB}$ und $\overrightarrow{CD_k}$ für jeden Wert von $k \in \mathbb{R}$ zueinander
      orthogonal sind.

Abituraufgabe

6. In einem kartesischen Koordinatensystem sind der Punkt P (–6 | 8 | 7) und die
   Gerade $g: \vec{X} = \begin{pmatrix} -3 \\ -4 \\ 4 \end{pmatrix} + \lambda \begin{pmatrix} 2 \\ -2 \\ 1 \end{pmatrix}; \lambda \in \mathbb{R}$, gegeben.

   a) Geben Sie eine Gleichung der Ebene E, die den Punkt P und die Gerade g
      enthält, in Normalenform an.
   b) Durch $g_t: \vec{X} = \begin{pmatrix} -6 \\ 8 \\ 7 \end{pmatrix} + \mu \begin{pmatrix} 1 + 2t \\ 2 - 2t \\ 2 + t \end{pmatrix}; \mu, t \in \mathbb{R}$, ist eine Geradenschar mit gemeinsamem

      Punkt P gegeben. Zeigen Sie, dass alle Geraden dieser Schar in der Ebene E von
      Teilaufgabe a) liegen.

7. Gegeben sind die Ebene E: $x_2 - x_3 + 1 = 0$ und die Schar von Geraden

$$g_k: \vec{X} = \begin{pmatrix} -k^2 \\ 0 \\ 1 \end{pmatrix} + \lambda \begin{pmatrix} 3 \\ 2 \\ 2 \end{pmatrix}; \; k, \lambda \in \mathbb{R}.$$

a) Zeigen Sie: Alle Geraden g_k der Schar sind zueinander parallel und liegen in der Ebene E.

b) Begründen Sie, dass die Schar der Geraden g_k eine Halbebene bildet.

8. In einem kartesischen Koordinatensystem sind die Punkte C (0 | 0 | 6) und M (3 | 3 | 0) **Abituraufgabe**

sowie der Vektor $\vec{u} = \begin{pmatrix} -1 \\ 1 \\ 0 \end{pmatrix}$ gegeben.

Zeigen Sie, dass die Vektoren $\vec{u}$ und $\overrightarrow{CM}$ linear unabhängig sind. Stellen Sie eine Gleichung der Ebene E auf, die M enthält und $\vec{u}$ und $\overrightarrow{CM}$ als Richtungsvektoren besitzt.

9. Gegeben ist der Würfel ABCODFGH mit der Kantenlänge 4 LE; die drei Punkte I, J und K sind Kantenmittelpunkte dieses Würfels. Ermitteln Sie jeweils sowohl elementargeometrisch als auch mithilfe von Vektoren

a) das Volumen der Pyramide IJKF.

b) die Koordinaten der Punkte, in denen die Gerade IJ Koordinatenebenen durchstößt.

c) Zeigen Sie, dass die Würfeldiagonale OF die Grundfläche IJK der Pyramide IJKF im Schwerpunkt des Dreiecks IJK durchstößt.

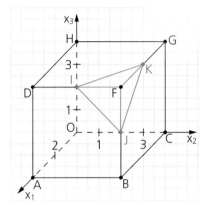

Hinweis:
Für den Ortsvektor $\vec{S}$ des Schwerpunkts S eines Dreiecks ABC gilt $\vec{S} = \frac{1}{3}(\vec{A} + \vec{B} + \vec{C})$.

10. Gegeben sind die Punkte A_r (5r – 2 | 1 | r), B_r (3r | 0 | 0) und C_r (r + 2 | r | 1); $r \in \mathbb{R}$. Finden Sie heraus, für welche Werte von r die drei Punkte eine Schar von Ebenen E_r eindeutig festlegen, und zeigen Sie, dass alle Ebenen dieser Schar zueinander parallel sind.

11. Vorgelegt sind die Geraden $g_a: \vec{X} = \begin{pmatrix} -1 \\ 0 \\ -1 \end{pmatrix} + \lambda \begin{pmatrix} a \\ 4 \\ 2 \end{pmatrix}$ und h: $\vec{X} = \begin{pmatrix} -1 \\ 0 \\ -1 \end{pmatrix} + \mu \begin{pmatrix} 1 \\ 4 \\ -1 \end{pmatrix}$; $\lambda, \mu \in \mathbb{R}$. **Zu 3.5:**
Aufgaben 11. bis 16.

Bestimmen Sie den Wert des Parameters $a \in \mathbb{R}$ so, dass die beiden Geraden einander unter einem Winkel von **a)** 45° **b)** 90° schneiden.

12. Finden Sie auf zwei verschiedenen Lösungswegen die Größe φ des Winkels heraus, unter dem je zwei Raumdiagonalen jedes Würfels einander schneiden.

13. Gegeben sind die Ebenen $E_1: 2x_1 - x_2 + 2x_3 = 1$ und $E_2: 2x_1 + 2x_2 + x_3 = 4$.

a) Zeigen Sie, dass die Gerade s: $\vec{X} = \begin{pmatrix} 1 \\ 1 \\ 0 \end{pmatrix} + \lambda \begin{pmatrix} -5 \\ 2 \\ 6 \end{pmatrix}$; $\lambda \in \mathbb{R}$, die Schnittgerade dieser beiden Ebenen ist.

b) Berechnen Sie die Größe φ der spitzen Schnittwinkel dieser beiden Ebenen.

c) Weisen Sie nach, dass der Punkt P (3,6 | –5,2 | –1,4) von beiden Ebenen gleichen Abstand hat. Was lässt sich also über seine Lage aussagen?

14. Geben Sie eine Gleichung der Schnittgeraden s der beiden Ebenen

$$E_1: \vec{X} = \begin{pmatrix} 4 \\ 0 \\ 0 \end{pmatrix} + \lambda \begin{pmatrix} -4 \\ 3 \\ 0 \end{pmatrix} + \mu \begin{pmatrix} -4 \\ 0 \\ 5 \end{pmatrix} \text{ und } E_2: \vec{X} = \begin{pmatrix} 4 \\ 0 \\ 0 \end{pmatrix} + \rho \begin{pmatrix} -4 \\ 3 \\ 0 \end{pmatrix} + \sigma \begin{pmatrix} -4 \\ 0 \\ 1 \end{pmatrix}; \; \lambda, \mu, \rho, \sigma \in \mathbb{R}, \text{ an und}$$

berechnen Sie die Größe φ eines der Schnittwinkel der beiden Ebenen.

15. Zeigen Sie, dass die Gerade g: $\vec{X} = \begin{pmatrix} 0 \\ -4 \\ 0 \end{pmatrix} + \lambda \begin{pmatrix} -3 \\ 4 \\ 2 \end{pmatrix}$; $\lambda \in \mathbb{R}$, parallel zur Ebene

E: $8x_1 + 3x_2 + 6x_3 = 12$ verläuft, und berechnen Sie den Abstand der Geraden g von der Ebene E.

16. In einem kartesischen Koordinatensystem sind die beiden Geraden

g: $\vec{X} = \begin{pmatrix} 5 \\ -3 \\ -4 \end{pmatrix} + \lambda \begin{pmatrix} -2 \\ 4 \\ 3 \end{pmatrix}$ und h: $\vec{X} = \begin{pmatrix} 2 \\ 0 \\ 0,5 \end{pmatrix} + \mu \begin{pmatrix} 2 \\ 2 \\ -3 \end{pmatrix}$; $\lambda, \mu \in \mathbb{R}$, gegeben.

a) Zeigen Sie, dass die beiden Geraden einander schneiden, und berechnen Sie die Koordinaten ihres Schnittpunkts S sowie die Größe φ ihrer spitzen Schnittwinkel.

b) Die Geraden g und h legen eine Ebene E fest; ermitteln Sie eine Koordinatengleichung dieser Ebene und berechnen Sie den Abstand des Ursprungs von E.

Weitere Aufgaben

17. Zeigen Sie, dass die Gerade g: $\vec{X} = \begin{pmatrix} 6 \\ -5 \\ 5 \end{pmatrix} + \lambda \begin{pmatrix} 3 \\ 2 \\ -2 \end{pmatrix}$; $\lambda \in \mathbb{R}$, echt parallel zur Geraden h

ist, die durch die Punkte A (8 | 3 | −1) und B (2 | −1 | 3) verläuft, und stellen Sie eine Gleichung der Ebene auf, in der g und h liegen.

a) Bestimmen Sie einen Punkt C auf der Geraden g so, dass das Dreieck ABC gleichschenklig ist.

b) Bestimmen Sie den Punkt D, in dem die Gerade g die x_1-x_2-Ebene durchstößt.

c) Durch den Punkt D aus Teilaufgabe b) verlaufen Geraden mit dem Richtungs

vektor $\vec{u_k} = \begin{pmatrix} 1 \\ k \\ 0 \end{pmatrix}$; $k \in \mathbb{R}$. Welche besondere Lage haben diese Geraden in Bezug

auf die x_1-x_2-Ebene?
Für welchen Wert von k steht die zugehörige Gerade auf g senkrecht?

Abituraufgabe

18. Gegeben sind die Punkte A (1 | 2 | 2) und P (2 | −3 | 5) sowie die Ebene

E_1: $\vec{X} = \begin{pmatrix} 1 \\ 2 \\ 2 \end{pmatrix} + \lambda \begin{pmatrix} 1 \\ 0 \\ 0 \end{pmatrix} + \mu \begin{pmatrix} 2 \\ 1 \\ 0 \end{pmatrix}$; $\lambda, \mu \in \mathbb{R}$.

Zeigen Sie, dass die drei Vektoren $\overrightarrow{AP}$, $\begin{pmatrix} 1 \\ 0 \\ 0 \end{pmatrix}$ und $\begin{pmatrix} 2 \\ 1 \\ 0 \end{pmatrix}$ linear unabhängig sind.

Was folgt daraus für die Lage des Punkts P bezüglich der Ebene E_1?

(1) a) Stellen Sie eine Gleichung der Ebene E_1 in Normalenform auf.
   [*Mögliches Ergebnis*: E_1: $x_3 - 2 = 0$]
   Welche besondere Lage hat E_1?

b) Der Punkt P* und der Punkt P liegen bezüglich der Ebene E_1 spiegelbildlich zueinander. Berechnen Sie die Koordinaten von P*.

c) Berechnen Sie den Flächeninhalt F des Dreiecks APP*.

(2) Gegeben ist weiter die Ebene E_2: $2x_1 + 3x_2 + 3x_3 - 10 = 0$.

a) Zeigen Sie, dass der Punkt P in E_2 liegt.

b) Ermitteln Sie eine Gleichung der Schnittgeraden s der beiden Ebenen E_1 und E_2.

$\left[\textit{Mögliches Ergebnis}: s: \vec{X} = \begin{pmatrix} -1 \\ 2 \\ 2 \end{pmatrix} + \mu \cdot \begin{pmatrix} 3 \\ -2 \\ 0 \end{pmatrix}; \mu \in \mathbb{R} \right]$

c) Berechnen Sie die Größe φ der beiden spitzen Winkel zwischen den Ebenen E_1 und E_2 (Ergebnis auf 2 Dezimalen gerundet).

19. In einem kartesischen Koordinatensystem ist ein Rechteck ABCD durch die Eckpunkte A (0 | 0 | 0), B (2 | 4 | 4), C (−2 | 8 | 2) und D (−4 | 4 | −2) gegeben.

a) Berechnen Sie die Größen der Schnittwinkel der Diagonalen des Rechtecks ABCD und schlussfolgern Sie auf die spezielle Form des Rechtecks.

b) Eine Gerade h verlaufe durch den Schnittpunkt der Diagonalen des Rechtecks ABCD und stehe senkrecht auf der Ebene, in der das Rechteck ABCD liegt. Ermitteln Sie eine Gleichung dieser Geraden h.

20. Finden Sie zu jedem der sechs Steckbriefe ① bis ⑥ die passende Ebenengleichung Ⓐ bis Ⓘ.

①
- Die Ebene ist zu keiner Basisebene parallel, jedoch parallel zu einer Koordinatenachse.
- Der Punkt A (4 | 2 | 3) liegt in der Ebene.
- Der Abstand des Ursprungs von der Ebene ist größer als 1 LE.
- Die Ebene steht senkrecht auf der Ebene E: $x_1 + 2x_2 - 4x_3 = 0$.

②
- Die Ebene ist zu einer Basisebene parallel.
- Der Abstand des Ursprungs von der Ebene ist größer als 2 LE.
- Die Kugel mit Mittelpunkt M (9 | 7 | 5) und Radiuslänge 2 LE berührt die Ebene.
- Spiegelt man die Ebene am Ursprung, so lässt sich ihr Spiegelbild durch die Gleichung $x_3 + 3 = 0$ beschreiben.
- Der Punkt A (1 | 3 | 3) liegt in der Ebene.

③
- Die Ebene ist zu einer Basisebene parallel.
- Der Abstand des Ursprungs von der Ebene ist größer als 2 LE.
- Die Kugel mit Mittelpunkt M (9 | 7 | 5) und Radiuslänge 4 LE berührt die Ebene.
- Spiegelt man die Ebene am Ursprung, so lässt sich ihr Spiegelbild durch die Gleichung $x_2 + 3 = 0$ beschreiben.
- Der Punkt A (1 | 3 | 3) liegt in der Ebene.

④
- Die Ebene ist zu keiner Basisebene parallel.
- Der Abstand des Ursprungs von der Ebene ist kleiner als 6 LE.
- Die Ebene schneidet die negative x_2-Achse.
- Spiegelt man die Ebene an der x_1-x_3-Ebene, so lässt sich ihr Spiegelbild durch die Gleichung $2x_1 - x_2 - 2x_3 + 6 = 0$ beschreiben.
- Der Ursprung und die Schnittpunkte der Ebene mit den Koordinatenachsen sind Eckpunkte einer dreiseitigen Pyramide mit dem Volumen 18 VE.

⑤
- Die Ebene ist zu keiner Basisebene parallel.
- Der Abstand des Ursprungs von der Ebene ist kleiner als 2 LE.
- Die Ebene schneidet die positive x_3-Achse.
- Spiegelt man die Ebene an der x_1-x_3-Ebene, so lässt sich ihr Spiegelbild durch die Gleichung $2x_1 - x_2 - 2x_3 + 3 = 0$ beschreiben.
- Die Ebene schneidet die x_1-Achse im Punkt A und die x_2-Achse im Punkt B; es ist $\overline{AB} = 1,5\sqrt{5}$ LE.

⑥
- Die Ebene ist zu keiner Basisebene parallel.
- Der Abstand des Ursprungs von der Ebene ist größer als 1 LE.
- Die Ebene schneidet die negative x_3-Achse.
- Jeder Normalenvektor der Ebene ist parallel zum Vektor $\begin{pmatrix} 1 \\ 0,5 \\ -1 \end{pmatrix}$.
- Der Punkt A (1 | 2 | −1) liegt in der Ebene.

Ⓐ $2x_1 + x_2 - 2x_3 - 6 = 0$　　Ⓑ $2x_1 + x_2 + 2x_3 - 6 = 0$　　Ⓒ $2x_1 - x_2 + 2x_3 - 6 = 0$

Ⓓ $2x_1 + x_2 - 2x_3 + 3 = 0$　　Ⓔ $2x_1 + x_2 - 2x_3 + 6 = 0$　　Ⓕ $2x_1 - 6 = 0$

Ⓖ $2x_2 - 6 = 0$　　Ⓗ $2x_3 - 6 = 0$　　Ⓘ $2x_1 - x_2 = 6$

21. Untersuchen Sie bei jeder der fünfzehn Aussagen, ob sie wahr ist. Halten Sie Ihr Ergebnis in Ihrem Heft fest und stellen Sie dann dort die falschen Aussagen richtig.

	Aussage	wahr	falsch
a)	Der Punkt A $(1 \mid 2 \mid 3)$ hat von der Ebene E: $2x_1 - 2x_2 - x_3 = 13$ einen Abstand von 6 LE.		
b)	Der Abstand der beiden zueinander parallelen Ebenen E_1: $2x_1 - 2x_2 + x_3 - 15 = 0$ und E_2: $2x_1 - 2x_2 + x_3 + 15 = 0$ voneinander beträgt 10 LE.		
c)	Die Gerade durch die Punkte A $(2 \mid 4 \mid -5)$ und B $(-2 \mid 8 \mid 3)$ verläuft senkrecht zur Ebene E: $2x_1 - 2x_2 + x_3 - 15 = 0$.		
d)	Die drei Vektoren $\begin{pmatrix} 1 \\ 2 \\ 0 \end{pmatrix}$, $\begin{pmatrix} 4 \\ 3 \\ -2 \end{pmatrix}$ und $\begin{pmatrix} 1 \\ 0 \\ 1 \end{pmatrix}$ sind komplanar.		
e)	Der Punkt S $(2 \mid -4 \mid 5)$ ist der Schwerpunkt des Dreiecks ABC mit A $(3 \mid 5 \mid 9)$, B $(0 \mid -6 \mid 0)$ und C $(3 \mid -11 \mid 9)$.		
f)	Wenn zwei Punkte von einer Ebene E den gleichen Abstand besitzen, dann liegen sie symmetrisch bezüglich E.		
g)	Der Punkt M $(2 \mid 5 \mid 8)$ ist der Mittelpunkt der Strecke [AB] mit A $(0 \mid 7 \mid 3)$ und B $(4 \mid 3 \mid 13)$.		
h)	Die Gerade AB mit A $(3 \mid 7 \mid 4)$ und B $(6 \mid 9 \mid 0)$ ist echt parallel zur Ebene E: $2x_1 + x_2 + x_3 - 12 = 0$.		
i)	Für $a = -1$ haben die beiden Geraden g: $\vec{X} = \begin{pmatrix} 0 \\ 0 \\ 2 \end{pmatrix} + \lambda \begin{pmatrix} 1 \\ 1 \\ a \end{pmatrix}$ und h: $\vec{X} = \begin{pmatrix} 0 \\ 4 \\ 2 \end{pmatrix} + \mu \begin{pmatrix} -1 \\ 1 \\ a \end{pmatrix}$; $\lambda, \mu \in \mathbb{R}$, miteinander genau einen Punkt gemeinsam.		
j)	Für $a = 2$ und für $a = -3$ stehen die Vektoren $\vec{u} = \begin{pmatrix} 1-a \\ 5 \\ -a \end{pmatrix}$ und $\vec{v} = \begin{pmatrix} 1 \\ 1 \\ a \end{pmatrix}$ aufeinander senkrecht.		
k)	Für $a = -1,25$ und $b = 12$ sind die Vektoren $\vec{u} = \begin{pmatrix} 1 \\ 3 \\ a \end{pmatrix}$ und $\vec{v} = \begin{pmatrix} 4 \\ b \\ -5 \end{pmatrix}$ kollinear.		
l)	Die Kugel K: $x_1^2 + x_2^2 + x_3^2 = 16$ berührt die Ebene E: $2x_1 - 2x_2 + x_3 - 12 = 0$.		
m)	Wenn der gerade Kreiszylinder Z (Radiuslänge $r = 5$; Höhe $h = 10$) die x_3-Achse als Achse hat und auf der x_1-x_2-Ebene steht, liegt der Punkt A $(3 \mid 4 \mid 6)$ auf der Zylinderoberfläche.		
n)	Die beiden Geraden g: $\vec{X} = \begin{pmatrix} 2 \\ -1 \\ 2 \end{pmatrix} + \lambda \begin{pmatrix} 1 \\ 0 \\ 1 \end{pmatrix}$ und h: $\vec{X} = \begin{pmatrix} 2 \\ -1 \\ 2 \end{pmatrix} + \mu \begin{pmatrix} 2 \\ 1 \\ -2 \end{pmatrix}$; $\lambda, \mu \in \mathbb{R}$, schneiden einander unter einem Winkel von etwa 46°.		
o)	Die beiden Ebenen E_1: $2x_1 - 2x_2 + x_3 - 15 = 0$ und E_2: $2x_1 + 2x_2 + x_3 = 0$ schneiden einander unter einem Winkel von etwa 6°.		

22. Welche Gerade verläuft durch den Punkt P (5 | 7 | 1) und ist parallel zu jeder der
beiden Ebenen $E_1: \vec{X} = \begin{pmatrix} 1 \\ -1 \\ -2 \end{pmatrix} + \lambda \begin{pmatrix} -1 \\ 0 \\ 2 \end{pmatrix} + \mu \begin{pmatrix} -1 \\ 3 \\ 5 \end{pmatrix}$ und $E_2: \vec{X} = \begin{pmatrix} 1 \\ 0 \\ 0 \end{pmatrix} + \rho \begin{pmatrix} 0 \\ 1 \\ 2 \end{pmatrix} + \sigma \begin{pmatrix} 1 \\ 2 \\ 0 \end{pmatrix}$;
$\lambda, \mu, \rho, \sigma \in \mathbb{R}$?

23. Gegeben sind die Punkte V (1 | −2 | 2), O (0 | 0 | 0) und L (−4 | 3 | 2).

    a) Berechnen Sie den Flächeninhalt des Dreiecks VOL.

    b) Eine Pyramide hat das Dreieck VOL als Grundfläche; ihre Spitze ist S.
Ermitteln Sie Gleichungen derjenigen Ebenen, in denen sich die Spitze S
bewegen kann, sodass das Volumen der Pyramide stets 75 VE beträgt.

G 24. a) Gegeben sei die Menge M aller Punkte X mit den Ortsvektoren
$\vec{X} = \vec{A} + \lambda \vec{u} + \mu \vec{v}$; $\lambda, \mu \in [0; 2]$. Unter welchen Bedingungen für $\vec{u}$ und $\vec{v}$
ergeben diese Punkte zusammen (1) eine Raute?   (2) eine Strecke?

    b) Die Gleichung $\vec{X} = \vec{A} + \lambda \vec{u} + \mu \vec{v}$; $\lambda, \mu \in \mathbb{R}$, stellt eine Ebene E dar.

        Welche zwei Lagebeziehungen kann die Gerade g: $\vec{X} = \vec{B} + \sigma(\vec{u} + \vec{v})$; $\sigma \in \mathbb{R}$, zu
dieser Ebene E aufweisen? Geben Sie ein Kriterium zur Unterscheidung dieser
beiden Möglichkeiten an.

25. Der Punkt P (4 | 8 | 10) rotiert um die Gerade AB mit A (8 | 10 | 12) und B (5 | 4 | 3).
Ermitteln Sie den Mittelpunkt M und die Radiuslänge r seiner Kreisbahn k.

26. Vorgelegt sind die Punkte A (2 | 4 | 5), B (3 | 4 | 4), C (1 | 5 | 3) und M (1 | 2 | 3).
Untersuchen Sie, ob der Punkt M der Mittelpunkt des Umkreises des Dreiecks ABC
ist.

27. Einem Zimmereibetrieb liegt für die Konstruktion eines Dachstuhls die nebenstehende
nicht maßstäbliche Skizze samt handschrift-
lichem Kommentar des Bauherrn vor. Für die
Übernahme in ein Konstruktionsprogramm
muss das Dach in einem dreidimensionalem
Koordinatensystem dargestellt werden.
Fertigen Sie dieses Schrägbild an.

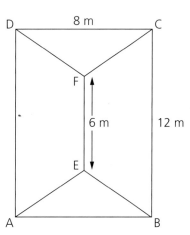

Gegenüber liegende Dachflächen jeweils gleich geneigt!

First [EF]: 3 m Höhe über Dachboden ABCD!

28. Durch die Punkte A (2 | 3 | −4), B (3 | −5 | 5) und C (1 | 7 | −4) wird die Ebene E_1
festgelegt; gegeben ist außerdem die Ebene $E_2: 6x_1 + 3x_2 + 2x_3 − 13 = 0$.

    a) Welche gegenseitige Lage haben die Ebenen E_1 und E_2?
Stellen Sie gegebenenfalls die Gleichung der Schnittgeraden auf.

    b) Welche Lage hat die durch den Ursprung und den Punkt P (2 | 2 | −9) festge-
legte Gerade g bezüglich der Ebene E_1 einerseits bzw. bezüglich der Ebene E_2
andererseits?
Berechnen Sie gegebenenfalls die Koordinaten der Schnittpunkte.

    c) Welche Wahlmöglichkeiten gibt es für den Wert des Parameters $q \in \mathbb{R}$, wenn
der Punkt Q (q^2 | q | 2) in der Ebene E_2 liegen soll?

29. Gegeben sind in einem kartesischen Koordinatensystem mit Ursprung O die Punkte A (5 | 2 | 2) und C (12 | 2 | 26) sowie die beiden Geraden g: $\vec{X} = \overrightarrow{OA} + r\begin{pmatrix} -3 \\ 0 \\ 4 \end{pmatrix}$; r ∈ ℝ, und h: $\vec{X} = \overrightarrow{OC} + s\begin{pmatrix} 7 \\ 0 \\ 24 \end{pmatrix}$; s ∈ ℝ.

a) Zeigen Sie, dass A der Schnittpunkt der beiden Geraden ist, und berechnen Sie die Größe φ ihrer spitzen Schnittwinkel.

b) Die Geraden g und h legen eine Ebene E fest. Ermitteln Sie eine Normalengleichung der Ebene E. Finden Sie heraus, welche besondere Lage E besitzt, und veranschaulichen Sie E in einem Koordinatensystem.

c) Ermitteln Sie die Koordinaten zweier Punkte B und B* auf der Geraden g so, dass die Dreiecke ABC und AB*C gleichschenklig mit der Basis [BC] bzw. [B*C] sind. Begründen Sie mithilfe einer Zeichnung, aber ohne Rechnung, dass das Dreieck B*BC rechtwinklig ist.

30. In einem kartesischen Koordinatensystem mit Ursprung O sind die Punkte A (–3 | 4 | 0) und C (–2 | 1 | 2) gegeben.

(1) a) Die Punkte O, A und C legen die Ebene E fest. Bestimmen Sie eine Gleichung von E in Normalenform.
[*Zur Kontrolle*: E: $8x_1 + 6x_2 + 5x_3 = 0$]

b) Z sei der Mittelpunkt der Strecke [AC]. Durch Spiegelung des Ursprungs O an Z entsteht der Punkt B. Berechnen Sie die Koordinaten von B.
[*Ergebnis*: B (–5 | 5 | 2)]

c) Berechnen Sie den Innenwinkel φ des Vierecks OABC bei O und begründen Sie, dass dieses Viereck ein Parallelogramm ist. Zeichnen Sie das Parallelogramm in ein Koordinatensystem ein (vgl. Skizze; Platzbedarf im Hinblick auf das Folgende: $-1 \le x_3 \le 11$).

d) Stellen Sie eine Gleichung der Geraden g = OA auf. Welche besondere Lage im Koordinatensystem hat g? Das Lot vom Punkt C auf die Gerade g schneidet g im Punkt F. Berechnen Sie die Koordinaten von F. Zeichnen Sie das Lot in das Koordinatensystem aus Teilaufgabe (1) c) ein.
[*Teilergebnis*: F (–1,2 | 1,6 | 0)]

e) Zeigen Sie, dass der Flächeninhalt des Parallelogramms OABC $5\sqrt{5}$ FE beträgt.

(2) Das Parallelogramm OABC aus Teilaufgabe (1) sei die Grundfläche einer vierseitigen Pyramide, deren Spitze S auf der positiven x_3-Achse liegt.

a) Bestimmen Sie die Koordinaten des Punkts S so, dass die Pyramide OABCS den Rauminhalt $\frac{50}{3}$ VE besitzt. Zeichnen Sie die Pyramide in das Koordinatensystem aus Teilaufgabe (1) c) ein.

b) Die Pyramide rotiert nun um ihre Kante OS. Der Eckpunkt B bewegt sich dabei auf einem Kreis. Geben Sie die Koordinaten des Mittelpunkts M dieses Kreises an und berechnen Sie seine Radiuslänge r.

W1 Wie viel Prozent der Werte der Integrale $\int_2^2 (4 - x^2)dx$, $\int_0^{\frac{3\pi}{2}} \cos x \, dx$, $\int_{\frac{\pi}{2}}^{\frac{3\pi}{2}} \sin x \, dx$, $\int_{-2}^2 x^2 \, dx$ und $\int_{-2}^2 x^3 \, dx$ sind nicht negativ? Finden Sie die Lösung durch Überlegen.

W2 Was versteht man im Zusammenhang mit radioaktivem Zerfall unter *Halbwertszeit*?

W3 Welchen Abstand hat der Ursprung O (0 | 0) von der Geraden g: $4x_1 + 3x_2 = 12$?

1. Gegeben sind die Punkte A (0 | −2 | −4), B (4 | 0 | 0) und C (3 | 4 | 2).
Begründen Sie, dass die Punkte A, B und C eine Ebene E festlegen, und ermitteln
Sie eine Koordinatengleichung von E.

  a) Berechnen Sie den Abstand des Ursprungs von der Ebene E und das Volumen V
der Pyramide OABC. [*Teilergebnis*: V = 8 VE]

  b) Begründen Sie, dass die Gerade g: $\vec{X} = \lambda \begin{pmatrix} 1 \\ -1 \\ 0 \end{pmatrix}$; $\lambda \in \mathbb{R}$, durch den Ursprung O und
parallel zur Ebene E verläuft. Ermitteln Sie das Volumen V* der Pyramide SABC,
wenn S ein beliebiger Punkt der Geraden g ist.

2. In einem kartesischen Koordinatensystem (1 LE = 1 cm) sind die sechs Punkte
R (6 | 0 | 0), U (6 | 8 | 0), D (0 | 8 | 0), O (0 | 0 | 0), L (0 | 0 | 5) und F (0 | 8 | 5) gege-
ben. Sie sind die Eckpunkte des geraden dreiseitigen Prismas RUDOLF. Die Punkte
A (2 | 3 | 4) und B (0 | −2 | 9) legen die Gerade g fest.

  a) Liegt der Punkt A innerhalb des Prismas?

  b) Stellen Sie das Prisma RUDOLF und die Gerade g in einem Schrägbild dar.

  c) Berechnen Sie die Koordinaten des Schnittpunkts S sowie die Größe φ der
spitzen Schnittwinkel der Geraden g mit der Ebene E_{RUF}. Liegt S innerhalb des
Rechtecks RUFL?

  d) Ermitteln Sie den Abstand der Geraden h: $\vec{X} = \lambda \begin{pmatrix} 2 \\ 5 \\ -5 \end{pmatrix}$; $\lambda \in \mathbb{R}$, von der zu ihr echt
parallelen Geraden g auf Millimeter gerundet.

  e) Berechnen Sie das Volumen und den Oberflächeninhalt des Prismas RUDOLF.

3. Gegeben sind die Ebenen E_1: $2x_1 - x_2 - 2x_3 - 3 = 0$ und E_2: $x_1 - 2x_2 + 2x_3 + 6 = 0$.

  a) Berechnen Sie die Größe φ eines der Schnittwinkel dieser beiden Ebenen und
zeigen Sie, dass die Gerade s: $\vec{X} = \begin{pmatrix} 0 \\ 1 \\ -2 \end{pmatrix} + \lambda \begin{pmatrix} 2 \\ 2 \\ 1 \end{pmatrix}$; $\lambda \in \mathbb{R}$, die Schnittgerade dieser
beiden Ebenen ist.

  b) Die Gerade g: $\vec{X} = \begin{pmatrix} 0 \\ 2 \\ -1 \end{pmatrix} + \mu \begin{pmatrix} 2 \\ 0 \\ 1 \end{pmatrix}$; $\mu \in \mathbb{R}$, wird in Richtung des Vektors $\vec{u} = \begin{pmatrix} 1 \\ 0 \\ -2 \end{pmatrix}$ auf
die Ebene E_1 projiziert.
Beschreiben Sie, wie Sie eine Gleichung der Bildgeraden g* erhalten, und geben
Sie an, welcher Punkt P bei dieser Projektion auf sich abgebildet wird.
(Eine Gleichung von g* und die Koordinaten des Punkts P müssen nicht angege-
ben werden.)

4. Begründen Sie, dass die Ebene E: $x_1 + 4x_2 + x_3 + 2 = 0$ die Kugel
K: $(x_1 + 8)^2 + (x_2 + 3)^2 + x_3^2 = 72$ schneidet, und berechnen Sie den Flächeninhalt
des Schnittkreises k.

5. In einem kartesischen Koordinatensystem sind die Punkte A (2 | 1 | 0), B (−2 | 4 | 2),
C (1 | 3 | −2) und D (−1 | 2 | 5) gegeben.

  a) Untersuchen Sie die Lagebeziehung der Geraden AB und CD zueinander.

  b) Durch die Punkte A, B und C ist eine Ebene eindeutig bestimmt.
Ermitteln Sie eine Koordinatengleichung dieser Ebene E.

  c) Die Punkte A, B, C und D sind die Eckpunkte einer Pyramide.
Zeichnen Sie diese Pyramide und prüfen Sie, ob der Punkt P (−6 | 7 | 4) auf der
Kante [AB] liegt.

6. Gegeben sind die Ebene E: $2x_1 - 2x_2 - x_3 = 12$ sowie die Ebene F durch die Punkte A $(1 \mid 2 \mid 4)$, B $(3 \mid 5 \mid 2)$ und C $(2 \mid 2 \mid 6)$.

a) Zeigen Sie, dass die beiden Ebenen E und F zueinander parallel sind, und ermitteln Sie ihren Abstand.

b) Ein Lichtstrahl geht vom Punkt P $(1 \mid 2 \mid 0)$ aus, verläuft durch den Punkt Q $(-6 \mid -5 \mid -7)$ und wird an der Ebene E reflektiert. Finden Sie heraus, in welchem Punkt der Lichtstrahl an der Ebene E reflektiert wird und in welchem Punkt der reflektierte Strahl die Ebene F trifft.

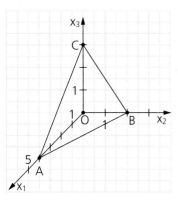

7. Die Achsenpunkte A, B und C (vgl. nebenstehende Abbildung) legen eine Ebene E und zusammen mit dem Ursprung eine dreiseitige Pyramide OABC fest.

a) Geben Sie eine Gleichung der Ebene E in Normalenform an und ermitteln Sie den Abstand des Ursprungs O von der Ebene E.

b) Ein gerader Kreiszylinder (r = 4 LE; h = 3 LE) steht auf der x_1-x_2-Ebene und hat die x_3-Achse als Zylinderachse.
Finden Sie heraus, welchen Bruchteil des Zylindervolumens die Pyramide OABC einnimmt.

Abituraufgabe

8. Ein Würfel hat folgende Eckpunkte: P_1 $(0 \mid 0 \mid 0)$, P_4 $(0 \mid 4 \mid 0)$ und P_6 $(4 \mid 0 \mid 4)$. Eine Ebene E schneidet die Kanten des Würfels in den Punkten A $(4 \mid 0 \mid 1)$, B $(3 \mid 4 \mid 0)$ und C $(0 \mid 4 \mid 3)$.

a) Zeichnen Sie ein Schrägbild des Würfels.
Geben Sie die Koordinaten der restlichen Eckpunkte des Würfels an.

b) Die Punkte A, B, C und D bilden in dieser Reihenfolge die Eckpunkte eines Parallelogramms.
Bestimmen Sie die Koordinaten des Punkts D.
Beschreiben Sie die Lage des Punkts D bezüglich des Würfels.
Tragen Sie das Parallelogramm in Ihre Zeichnung zu Teilaufgabe a) ein.
Ermitteln Sie, um welche Art von Parallelogramm es sich bei ABCD handelt.

c) Die Raumdiagonale $[P_4P_6]$ des Würfels liegt auf einer Geraden g.
Die Diagonale [AC] des Parallelogramms ABCD liegt auf einer Geraden h.
Untersuchen Sie die gegenseitige Lage der Geraden g und h.
Berechnen Sie gegebenenfalls die Koordinaten des Schnittpunkts und die Größen der Schnittwinkel der beiden Geraden.

d) Geben Sie eine Gleichung der Ebene E an.
T sei der Punkt, in dem die Gerade g aus Teilaufgabe c) die Ebene E durchstößt.
Weisen Sie nach, dass der Punkt T die Raumdiagonale $[P_4P_6]$ des Würfels im Verhältnis 1 : 1 teilt.
Beschreiben Sie die Lage des Punkts T bezüglich des Würfels.

e) Bestimmen Sie die Koordinaten desjenigen Punkts G auf der Geraden g aus Teilaufgabe c), der vom Punkt P_5 $(0 \mid 0 \mid 4)$ die kürzeste Entfernung hat.
Sind die Punkte P_3 $(4 \mid 4 \mid 0)$ und P_5 Spiegelpunkte bezüglich G?
Begründen Sie Ihre Antwort.

$\mathbb{N}$	Menge der natürlichen Zahlen		$P(x_1 \mid x_2 \mid x_3)$	Punkt P mit den Koordinaten x_1, x_2 und x_3
$\mathbb{N}_0$	Menge der natürlichen Zahlen und Null		g, h, …	Geraden
$\mathbb{Z}$	Menge der ganzen Zahlen		PQ	Gerade durch P und Q
$\mathbb{Q}$	Menge der rationalen Zahlen		[PQ	Halbgerade durch Q mit dem Anfangspunkt P
$\mathbb{R}$	Menge der reellen Zahlen		[PQ]	Strecke mit den Endpunkten P und Q
G	Grundmenge		$\overline{PQ}$	Länge der Strecke [PQ]
L	Lösungsmenge		r	Radius bzw. Radiuslänge eines Kreises oder einer Kugel
{ }, ∅	leere Menge			
$\mid a \mid$	(Absolut-) Betrag der Zahl a		k (M; r)	Kreislinie mit dem Mittelpunkt M und der Radiuslänge r
$\sqrt{a}$	Quadratwurzel aus a		∢ BAC	Winkel mit dem Scheitel A und den Schenkeln [AB und [AC bzw. Größe dieses Winkels
$\sqrt[n]{a}$	n-te Wurzel aus a			
n!	„n Fakultät"; $n \in \mathbb{N}_0$			
{a; b; c}	Menge aus den Elementen a, b und c		α, β, …	Bezeichnungen für Winkel bzw. für die Größe von Winkeln
=	gleich		sin α	Sinus des Winkels α
≠	ungleich, nicht gleich		cos α	Kosinus von α
≈	ungefähr gleich		tan α	Tangens von α
>	größer als		U	Umfangslänge
≧	größer oder gleich		U_{BCD}	Umfangslänge des Dreiecks BCD
<	kleiner als		A	Flächeninhalt
≦	kleiner oder gleich		A_{BCD}	Flächeninhalt des Dreiecks BCD
∈	Element von		LE	Längeneinheit
∉	nicht Element von		FE	Flächeneinheit
≙	entspricht		VE	Volumeneinheit
a^n	Potenz „a hoch n"		⊥	senkrecht auf
%	Prozent		‖	parallel zu
P, A, …	Punkte		≅	kongruent
O	Ursprung des Koordinatensystems		~	ähnlich
P (x ∣ y)	Punkt P mit den Koordinaten x und y		V	Volumen

Ω	Ergebnismenge
$P(E)$	Wahrscheinlichkeit des Ereignisses E
$P_B(A)$	bedingte Wahrscheinlichkeit von A unter der Bedingung B
$E(X)$	Erwartungswert der Zufallsgröße X
$Var(X)$	Varianz der Zufallsgröße X
$\sigma = \sqrt{Var(X)}$	Standardabweichung der Zufallsgröße X
$\binom{n}{k}$	Binomialkoeffizient
$B(n; p)$	Binomialverteilung
$F(n; p)$	kumulierte Binomialverteilung
$\ln x$	natürlicher Logarithmus von x
D_f	Definitionsmenge der Funktion f
W_f	Wertemenge der Funktion f
G_f	Graph der Funktion f
$\lim\limits_{x \to a} f(x)$	Grenzwert der Funktion f bei Annäherung an die Stelle a
$\lim\limits_{x \to a+} f(x)$	Grenzwert der Funktion f bei Annäherung an a von rechts
$\lim\limits_{x \to a-} f(x)$	Grenzwert der Funktion f bei Annäherung an a von links
$f'(x_0)$	Ableitung der Funktion f an der Stelle x_0
$f'(x)$	Ableitung des Funktionsterms f(x)
$f''(x)$	zweite Ableitung des Funktionsterms f(x)
$\int_a^b f(x)\,dx$	bestimmtes Integral der Funktion f mit den Integrationsgrenzen a und b
$\int f(x)\,dx$	unbestimmtes Integral der Funktion f
$\vec{v}$	Vektor v
$\overrightarrow{AB}$	Vektor mit Anfangspunkt A und Endpunkt B
$\vec{o}$	Nullvektor
$\binom{v_1}{v_2}, \begin{pmatrix} v_1 \\ v_2 \\ v_3 \end{pmatrix}$	Vektor mit den Koordinaten v_1, v_2 bzw. v_1, v_2, v_3
$\overrightarrow{OP}, \vec{P}$	Ortsvektor des Punkts P
$\vec{a} + \vec{b}$	Summe der Vektoren a und b
$r \cdot \vec{a}$	Vektor $\vec{a}$ multipliziert mit der reellen Zahl r
$|\vec{a}|$	Betrag des Vektors $\vec{a}$
$\vec{a} \circ \vec{b}$	Skalarprodukt der Vektoren $\vec{a}$ und $\vec{b}$
$\vec{a} \times \vec{b}$	Vektorprodukt der Vektoren $\vec{a}$ und $\vec{b}$
$\vec{n}^0$	Normaleneinheitsvektor

A	α	Alpha
B	β	Beta
Γ	γ	Gamma
Δ	δ	Delta
E	ε	Epsilon
Z	ζ	Zeta
H	η	Eta
Θ	θ	Theta
I	ι	Jota
K	κ	Kappa
Λ	λ	Lambda
M	μ	My
N	ν	Ny
Ξ	ξ	Xi
O	ο	Omikron
Π	π	Pi
P	ρ	Rho
Σ	σ	Sigma
T	τ	Tau
Y	υ	Ypsilon
Φ	φ	Phi
X	χ	Chi
Ψ	ψ	Psi
Ω	ω	Omega